大数据人才培养规划教材

U0191273

Python

机器学习编程与实战

Machine Learning: Programming and Actual Combat with Python

林耀进 张良均 ◉ 主编

张兴发 肖永火 李哲 ◉ 副主编

人民邮电出版社

北　京

图书在版编目（CIP）数据

Python机器学习编程与实战 / 林耀进，张良均主编
. -- 北京：人民邮电出版社，2020.7
大数据人才培养规划教材
ISBN 978-7-115-53253-4

Ⅰ. ①P… Ⅱ. ①林… ②张… Ⅲ. ①软件工具—程序
设计—教材 Ⅳ. ①TP311.561

中国版本图书馆CIP数据核字(2020)第006655号

内 容 提 要

本书采用常用技术与真实案例相结合的讲解方式，深入浅出地介绍了 Python 机器学习应用的主要内容。全书共 8 章，内容包括 Python 概述、NumPy 数值计算、pandas 基础、pandas 进阶、Matplotlib 绘图、scikit-learn、餐饮企业综合分析与预测、通信运营商客户流失分析与预测。前 6 章设置了选择题、填空题和操作题，后两章设置了操作题，希望通过练习和操作实践，读者可以巩固所学的内容。

本书可以作为高校大数据或人工智能专业的教材，也可作为机器学习爱好者的自学用书。

♦ 主　　编　林耀进　张良均
　　副 主 编　张兴发　肖永火　李　哲
　　责任编辑　左仲海
　　责任印制　王　郁　马振武

♦ 人民邮电出版社出版发行　北京市丰台区成寿寺路 11 号
　　邮编　100164　电子邮件　315@ptpress.com.cn
　　网址　https://www.ptpress.com.cn
　　固安县铭成印刷有限公司印刷

♦ 开本：787×1092　1/16
　　印张：17　　　　　　　　2020 年 7 月第 1 版
　　字数：407 千字　　　　　2025 年 1 月河北第 7 次印刷

定价：49.80 元

读者服务热线：(010)81055256　印装质量热线：(010)81055316
反盗版热线：(010)81055315
广告经营许可证：京东市监广登字 20170147 号

大数据专业系列图书
专家委员会

序 FOREWORD

随着大数据时代的到来，移动互联网和智能手机迅速普及，多种形态的移动互联网应用蓬勃发展，电子商务、云计算、互联网金融、物联网、虚拟现实、机器人等不断渗透并重塑传统产业，而与此同时，大数据当之无愧地成为了新的产业革命核心。

2019 年 8 月，联合国教科文组织以联合国 6 种官方语言正式发布《北京共识——人工智能与教育》，其中提出，各国要制定相应政策，推动人工智能与教育系统性融合，利用人工智能加快建设开放灵活的教育体系，促进全民享有公平、高质量、适合每个人的终身学习机会，这表明基于大数据的人工智能和教育均进入了新的阶段。

高等教育是教育系统中的重要组成部分，高等院校作为人才培养的重要载体，肩负着为社会培育人才的重要使命。教育部部长陈宝生于 2018 年 6 月 21 日在新时代全国高等学校本科教育工作会议上首次提出了"金课"的概念，"金专""金课""金师"迅速成为新时代高等教育的热词。如何建设具有中国特色的大数据相关专业，如何打造世界水平的"金专""金课""金师"和"金教材"是当代教育教学改革的难点和热点。

实践教学是在一定的理论指导下，通过实践引导，使学习者能够获得实践知识、掌握实践技能、锻炼实践能力、提高综合素质的教学活动。实践教学在高校人才培养中有着重要的地位，是巩固和加深理论知识的有效途径。目前，高校的大数据相关专业的教学体系设置过多地偏向理论教学，课程设置冗余或缺漏，知识体系不健全，且与企业实际应用契合度不高，学生无法把理论转化为实践应用技能。为了有效解决该问题，"泰迪杯"数据挖掘挑战赛组委会与人民邮电出版社共同策划了"大数据专业系列教材"。这恰与 2019 年 10 月 24 日教育部发布的《教育部关于一流本科课程建设的实施意见》（教高〔2019〕8 号）中提出的"坚持分类建设、坚持扶强扶特、提升高阶性、突出创新性、增加挑战度"原则完全契合。

"泰迪杯"数据挖掘挑战赛自 2013 年创办以来一直致力于推广高校数据挖掘实践教学，培养学生数据挖掘的应用和创新能力。挑战赛的赛题均为经过适当简化和加工的实际问题，来源于各企业、管理机构和科研院所等，非常贴近现实热点需求。赛题中的数据只做必要的脱敏处理，力求保持原始状态。竞赛围绕数据挖掘的整个流程，从数据采集、数据迁移、数据存储、数据分析与挖掘，最终到数据可视化，涵盖了企业应用中的各个环节，与目前大数据专业人才培养目标高度一致。"泰迪杯"数据挖掘挑战赛不依赖于数学建模，甚至不依赖传统模型的竞赛形式，使得"泰迪杯"数据挖掘挑战赛在全国各大高校反响热烈，且得到了全国各界专家学者的认可与支持。2018年，"泰迪杯"数据挖掘挑战赛增加了子赛项——数据分析职业技能大赛，为高职及中职技能型人才培养提供理论、技术和资源方面的支持。截至2019年，全国共有近800所高校、约1万名研究生、5万名本科生、2万名高职生参加了"泰迪杯"数据挖掘挑战赛和数据分析职业技能大赛。

本系列教材的第一大特点是注重学生的实践能力培养，针对高校实践教学中的痛点，首次提出"鱼骨教学法"的概念。以企业真实需求为导向，学生学习技能紧紧围绕企业实际应用需求，将学生需掌握的理论知识，通过企业案例的形式进行衔接，达到知行合一、以用促学的目的。第二大特点是以大数据技术应用为核心，紧紧围绕大数据应用闭环的流程进行教学。本系列教材涵盖了企业大数据应用中的各个环节，符合企业大数据应用真实场景，使学生从宏观上理解大数据技术在企业中的具体应用场景及应用方法。

在教育部全面实施"六卓越一拔尖"计划 2.0 的背景下，对于如何促进我国高等教育人才培养体制机制的综合改革，如何重新定位和全面提升我国高等教育质量的问题，本系列教材将起到抛砖引玉的作用，从而加快推进以新工科、新医科、新农科、新文科为代表的一流本科课程的"双万计划"建设；落实"让学生忙起来，管理严起来和教学活起来"措施，让大数据相关专业的人才培养质量有一个质的提升；借助数据科学的引导，在文、理、农、工、医等方面全方位发力，培养各个行业的卓越人才及未来的领军人才。同时本系列教材将根据读者的反馈意见和建议及时改进、完善，努力成为大数据时代的新型"编写、使用、反馈"螺旋式上升的系列教材建设样板。

佛山科学技术学院校长
教育部高校大学数学教学指导委员会副主任委员
泰迪杯数据挖掘挑战赛组织委员会主任
泰迪杯数据分析技能赛组织委员会主任

2019 年 10 月 于粤港澳大湾区

前 言 PREFACE

人 工智能技术的发展越来越迅速，已经渗透到现代人类的生活与工作中。人们
经常接触的语音助手就是人工智能技术应用的一种。大数据技术作为人工智
能技术的支撑，通过数据采集、处理、分析，从各行各业的海量数据中，获得有价值
的信息，能够为人工智能算法提供素材。

机器学习技术作为人工智能技术的一部分，更是与大数据技术息息相关。通过标
签将样本进行分类的有监督学习，无需标签就可以将样本划分为不同类型的无监督学
习，以及能够进行自主迭代进化的强化学习，都离不开大数据技术的支持。

Python 是时下流行的大数据与人工智能领域的编程语言之一，不仅汇集了 pandas、
NumPy、Matplotlib 等大数据分析相关的类库，还提供了囊括分类、聚类、回归、深度
学习、强化学习等机器学习方法的 scikit-learn、TensorFlow、PyTorch、Caffe 等类库，
大大提升了人工智能领域的编程效率，降低了学习难度。所以，"Python 程序设计"必
将成为高校机器学习相关专业的重要课程之一。

本书内容

本书全面贯彻党的二十大精神，以社会主义核心价值观为引领，加强基础研究、
发扬斗争精神，为建设教育强国、科技强国、人才强国、文化强国添砖加瓦。本书内
容由浅入深，涵盖了 Python 基础、NumPy、Matplotlib、pandas、scikit-learn 等内容。
按照认知的规律，本书结构以总分总的形式为主，让读者先从整体上理解相关知识，
辅以配套实例，验证与应用对应的知识，力争使读者实现理论与实践的双丰收。此外，
为了使读者能够将所学知识融会贯通，本书准备了两个项目案例，期望通过案例的形
式帮助读者加深对理论知识的理解，提升知识应用水平。

本书适用对象

● 开设了机器学习相关课程的高校的教师和学生。

目前，国内不少高校将机器学习引入到了教学中，数学、计算机、自动化、电子
信息、金融等相关专业都开设了与机器学习相关的课程，但这些课程将 Python 基础
与机器学习割裂开来，不够系统的同时增加了学生的课业负担。本书将 Python 基础
与机器学习常用编程库精炼整合起来，帮助读者在零基础的情况下快速学会机器学
习编程。

- 机器学习应用的开发人员。

机器学习应用开发人员的主要工作是将机器学习相关的算法应用于实际业务系统。本书提供了详细的机器学习接口用法与说明，能够帮助此类人员快速而有效地建立起数据分析应用的算法框架，以迅速完成开发。

- 进行机器学习应用研究的科研人员。

科研人员理论知识丰富，但为了实现机器学习算法，需要花费大量时间进行研究。本书可以帮助此类人员快速实现能力提升。同时，本书也可为科研系统提供机器学习相关的功能支撑。

资源下载及问题反馈

为了帮助读者更好地使用本书，泰迪云课堂提供了配套的教学视频。如需获取书中原始数据文件及 Python 程序代码，读者可以从"泰迪杯"数据挖掘挑战赛网站免费下载，也可登录人民邮电出版社教育社区（www.ryjiaoyu.com）下载。为方便教师授课，本书还提供了 PPT 课件、教学大纲、教学进度表和教案等教学资源，教师可扫码下载申请表，填写后发送至指定邮箱申请所需资料。同时欢迎读者加入 QQ 交流群"人邮大数据教师服务群"（669819871）进行交流探讨。

由于编者水平有限，加之编写时间仓促，书中难免出现一些疏漏和不足之处。如果读者有更多的宝贵意见，欢迎在泰迪学社微信公众号（TipDataMining）回复"图书反馈"进行反馈。更多本系列图书的信息可以在"泰迪杯"数据挖掘挑战赛网站查阅。

编　者
2023 年 5 月

泰迪云课堂

"泰迪杯"数据挖掘
挑战赛网站

申请表下载

目 录 CONTENTS

第 1 章 Python 概述

人工智能已成为当今世界上最受人瞩目的领域之一。为加快建设网络强国、数字中国，国内各大公司纷纷在人工智能领域加大投入，部分公司已经在这个领域里取得了令人瞩目的成果。机器学习技术作为人工智能技术的一部分，也受到了重点关注，并随着技术的不断发展不知不觉地渗透进了人们的生活。与此同时，Python 具有简洁的语法和强大的第三方机器学习库，已成为入门机器学习的首选语言。

1.1 Python 简介

1.1.1 Python 语言

Python 语言是一门解释型、动态、强类型的编程语言。它既支持面向过程编程，又支持面向对象编程，甚至支持函数式编程，是能广泛用于多种编程领域的语言，已具有 20 多年的发展历史，成熟且稳定。它集合了许多编程语言的特性，拥有许多编程语言所没有的优点。Python 语言的特性如表 1-1 所示。

表 1-1　Python 语言的特性

特点	优点	缺点
开源	免费；所有函数、对象都可溯源；良好的社区环境；第三方支持性强	代码加密困难；第三方库质量参差不齐
语法简洁	学习周期短、难度低；代码可读性强	无
解释型语言	代码结果实时输出，方便定位异常；程序发布简单，无须编译	相较于 C++，程序执行效率较低
动态	自动定义数据类型、小幅度降低代码量	略微降低了可读性
强类型	类型前后一致，方便溯源、管理；小幅提升了代码可读性	如果需要其他类型，则需要自主转换
面向过程	性能高；设计简单	程序耦合程度高
面向对象	维护方便；可扩展性强；复用性高	需具备面向对象的思想；执行效率相较于面向过程略低
函数式编程	代码简洁；代码可读性强；易于并发编程；代码易于管理	将问题抽象成函数的能力需长期练习

1.1.2 Python 与机器学习

Python 作为一门理想的集成语言，将各种技术绑定在一起，除了为用户提供更方便的功能之外，还是一个理想的黏合平台，在开发人员与外部库的低层次集成人员之间搭建连接，用 C/C++ 实现更高效的算法。开发者在 Python 中封装了很多优秀的依赖库，其常用依赖库如表 1-2 所示。

表 1-2　Python 常用依赖库

库名	介绍
NumPy	支持多维数组与矩阵运算，针对数组运算提供了大量的数学函数库。 通常与 SciPy（Scientific Python）和 Matplotlib（绘图库）一起使用，这种组合广泛用于替代 Matlab，是一个流行的技术平台
pandas	pandas 是一个开放源码的 BSD 许可的 Python 库，基于 NumPy 创建，为 Python 编程语言提供了高性能的、易于使用的数据结构和数据分析工具。pandas 应用领域广泛，包括金融、经济、统计、分析等学术和商业领域
SQLAlchemy	这是一种既支持原生 SQL，又支持 ORM 的工具。ORM 是一种 Python 对象与数据库关系表的映射关系，可有效提高写代码的速度，同时兼容多种数据库系统，如 SQLite、MySQL、PostgreSQL，代价为性能上的一些损失，其余类似的数据库开发库还有 MySQL-python、MySQLclient、PyMySQL
Matplotlib	这是第一个 Python 可视化库，有许多其他程序库建立在其基础之上或者直接调用该库，可以很方便地得到数据的大致信息，功能非常强大，也非常复杂
Seaborn	利用 Matplotlib，用简洁的代码即可制作美观的图表，其与 Matplotlib 的最大区别为默认绘图风格和色彩搭配都更具现代美感
scikit-learn	这是 Python 机器学习标准库，又称 sklearn，在众多机器学习模块中比较优秀，汇集了各种监督学习、非监督学习、半监督学习的方法，提供现成的功能来实现诸如线性回归、分类器、SVM、K-Means 和神经网络等算法，并包含一些可直接用于训练和测试的样本数据集。除 scikit-learn 以外，Python 中其他类似的机器学习库还有 Orange3、XGBoost、NuPIC、Milk 等
TensorFlow	这是由 Google 团队开发的神经网络模块，是采用数据流图来进行数值计算的开源软件库，可绘制计算结构图，为一系列可人机交互的计算操作，编辑好的 Python 文件将被转换成更高效的 C++代码，并在后端进行计算。其他比较常用的深度学习库还有 Caffe、Theano、Keras

1.1.3　Python 环境配置

1. Anaconda 简介

Anaconda 是一种 Python 集成开发环境，可以便捷地获取库且提供对库的管理功能。Anaconda 支持包含 Conda、Python 在内的超过 180 个科学库及其依赖项，其主要特点为开源、安装过程简单、高性能使用 Python 和 R 语言、免费的社区支持等，包含的科学库还有 NumPy、SciPy、IPython Notebook 等。Anaconda 支持目前主流的多种系统平台，包含 Windows、Mac OS 和 Linux（x86/Power 8）。

2. 安装 Anaconda 3

登录 Anaconda 官网 https://www.anaconda.com/download，依据操作系统选择下载合适的安装包版本，本书案例操作使用 64 位 Windows 操作系统，故此处选择 Anaconda3-5.2.0-Windows-x86_64 版本，安装步骤与一般的软件安装步骤类似，安装过程中需要注意权限设置，如图 1-1 所示。

在图 1-1 所示的对话框中，第一个复选框表示将 Anaconda 加入环境变量，加入后可通过命令行运行 Anaconda；第二个复选框表示默认使用 Python 3.6，用户可按需求进行权限设置。

图 1-1　权限设置

3．Jupyter Notebook 的使用

Anaconda 3 中集成了 Jupyter Notebook，因此在 Anaconda 3 安装完毕后，用户便可以开始使用 Jupyter Notebook。

（1）进入 Jupyter Notebook

进入 Jupyter Notebook 可使用两种方式：一种是直接在 Anaconda 3 菜单栏中选择的 Jupyter Notebook 选项；另一种是通过 CMD 命令行窗口进入。若安装 Anaconda 3 时选择添加了环境变量，则可以在 CMD 命令行窗口中输入"jupyter notebook"来启动 Jupyter Notebook。若安装 Anaconda 3 时没有选择添加环境变量，又想通过 CMD 命令行窗口进行启动，则可以在系统环境变量中手动添加如下路径。

```
.\Anaconda3;
.\Anaconda3\Library\mingw-w64\bin;
.\Anaconda3\Library\usr\bin;
.\Anaconda3\Library\bin;
.\Anaconda3\Scripts;
```

修改环境变量时需要依据 Anaconda 3 的安装路径对手动添加的路径做对应修改。

启动后，浏览器地址栏中会默认显示地址"http://localhost:8888"。其中，"localhost"指的是本机地址，"8888"是当前 Jupyter Notebook 程序占用的端口号。若同时启动了多个 Jupyter Notebook，则默认端口"8888"被占用，因此地址栏中的数字将从"8888"起，每多启动一个 Jupyter Notebook，端口号就加 1，如"8889""8890"。

若想通过自定义端口号启动 Jupyter Notebook，则可以在终端中输入以下命令。

```
jupyter notebook --port <port_number>
```

其中，"<port_number>"为用户想要指定的自定义端口号，可直接以数字的形式写在命令当中，数字的两边不需要加"＜＞"。例如，"jupyter notebook --port 8999"表示在端口号为"8999"的服务器上启动 Jupyter Notebook。

（2）Jupyter Notebook 的基本使用方法

启动成功后，进入 Jupyter Notebook 主界面，如图 1-2 所示。

单击右上角的"New"下拉按钮，在弹出的下拉列表中选择"Python 3"选项，即可创建一个 Python 文件，如图 1-3 所示。

图 1-2　Jupyter Notebook 主界面

创建成功后，进入文件编辑界面，如图 1-4 所示。

图 1-3　创建 Python 文件

图 1-4　文件编辑界面

在图 1-4 所示的界面中可对扩展名为.py 的文件进行操作，如单击"Jupyter"图标旁边的"Untitled"即可修改文件名。此界面中常用工具按钮及其功能如表 1-3 所示。

表 1-3　常用工具按钮及其功能

工具按钮	功能	工具按钮	功能
保存当前 PY 文件		▶ Run	运行当前选中的单元格
✚	添加单元格	■	停止运行
✂	删除单元格	C	重启内核
⧉	复制当前单元格	⏩	重启内核后重新运行整个 PY 文件
📋	将复制的单元格粘贴为新单元格	Code ▼	当前单元格状态
⬆	将当前选中的单元格上移	⌨	打开命令选项板
⬇	将当前选中的单元格下移		

在单元格中输入命令，单击"Run"按钮，将在单元格下输出结果，并自动新建一个单元格，如图 1-5 所示。

图 1-5　运行单元格中的命令

1.2 **Python 基础知识**

世界上大多数计算机语言是 C-like 语言，其基础语法与 C 语言非常相似。Python 是 C-like 语言的一种，也是一门解释型语言。本节将全面介绍 Python 的基础知识，包括固定语法、运算符、数据类型、输入/输出操作与文件 I/O 等。

1.2.1 固定语法

就像每种自然语言都有各自的语法一样，计算机语言同样依赖语法规则支撑自身体系，如编程基本规范由一些简明的语法所确定，可以称之为固定语法。Python 的固定语法与多数编程语言相似，但也有其特殊之处，正是这些特殊之处形成了 Python 语言的特色，包括声明、注释、缩进、多行语句、保留字符和赋值等，如表 1-4 所示。

表 1-4 Python 固定语法

固定语法	作用	示例
声明	用于为脚本文件指定特定的字符编码格式,在文件的首行或第二行插入一行注释,通过声明,源文件中的所有字符都被当作 coding 指代的 UTF-8 编码对待	声明: `# -*- coding: utf-8 -*-`

注释	使用文字对代码进行说明,主要用于提高程序的可读性,只用于向编程人员展示代码信息,编译器会自动忽略注释的内容。注释包括单行注释和多行注释,单行注释以#号开头,#号后到换行前之间的所有字符都属于注释部分;多行注释同样可以使用#号,需要在每一行前都加上#号,或使用 3 层单引号或 3 层双引号将注释对象包括起来,使用引号进行多行注释时,需要保证前后使用的引号类型一致,不可以混用	单行注释:
		`# 单行注释`
		`print(x)  # 写在代码后的注释`
		多行注释:
		`# 使用#号的多行注释`
		`# 使用#号的多行注释`
		`'''`
		`该多行注释使用的是 3 个单引号`
		`该多行注释使用的是 3 个单引号`
		`'''`
		`"""`
		`该多行注释使用的是 3 个双引号`
		`该多行注释使用的是 3 个双引号`
		`"""`

缩进	代码行首的空白称为缩进,用于标示代码结构,可用 4 个空格或制表符创建。缩进空格数不一致时,会导致代码运行出错	缩进:
		`if a > b:`
		`    print('a > b')`
		`else:`
		`    print('a<=b')`

多行语句	通过反斜杠 (\) 可以实现长语句的换行,且不被机器识别成多个语句,避免语句过于冗长,提高代码可读性。在[]、{}、()等不同括号内,多行语句换行时不需要使用反斜杠(\)。Python 也支持在一行中实现多个语句,通常只用于多个短语句。在一行中实现多个语句时,需要使用分号（;）将短语句隔离开来	反斜杠换行:
		`total_price = apple_price + \`
		`banana_price + \`
		`pear_price`
		方括号内换行:
		`total_price = sum([apple_price,`
		`             banana_price,`
		`             pear_price])`
		单行多语句:
		`apple_price = 1; banana_price =`
		`1.5; pear_price = 0.5`

Python 机器学习编程与实战

固定语法	作用	示例
保留字符	保留字符标明了 Python 中不允许用作标识符的字符,这些保留字符不能再作为一般标识符使用。在代码中使用保留字符时,可能会提示错误。其中,标识符指变量、函数、类、模块及其他对象的名称,可以包含字母、数字和下划线(_),但必须以非数字字符开始。特殊符号如$、%、@等,不能用在标识符中,并且对英文字母大小写敏感	保留字符: `'False', 'None', 'True', 'and', 'as', 'assert', 'break', 'class', 'continue', 'def', 'del', 'elif', 'else', 'except', 'finally', 'for', 'from', 'global', 'if', 'import', 'in', 'is', 'lambda', 'nonlocal', 'not', 'or', 'pass', 'raise', 'return', 'try', 'while', 'with', 'yield'`

赋值	赋值方式有基本赋值、序列赋值、链接赋值和增量赋值 4 种。
	基本赋值将变量放在左侧,值放在右侧,中间以等号(=)连接。序列赋值将多个变量排列成变量序列,变量之间使用逗号相连,使用等号作为赋值符号,后接值序列,值之间用逗号相连。链接赋值将多个变量用等号相连,在最后一个变量后用等号连接一个赋值。增量赋值又称为增强赋值,将原始赋值语句改写,去掉赋值符号右侧变量,将赋值符号右侧运算符挪至赋值符号左侧,形成新的运算式
		基本赋值:
		
		`num_int = 1`
		序列赋值:
		
		`num_int, string, list1 = 123, 'str', [4,6]`
		链接赋值:
		
		`str1 = str2 = str3 = 'STR`
		增量赋值:
		
		`num = 100`
		`num += 10`

1.2.2 运算符

运算符是运算法则的具体体现,Python 提供了算术运算符、赋值运算符、比较运算符、逻辑运算符、位运算符、身份运算符和成员运算符等 7 类运算符,可以实现丰富多样的运算功能。

1. 算术运算符

Python 中的算术运算符如表 1-5 所示。

表 1-5　Python 中的算术运算符

运算符	说明
+	加:两个对象相加
−	减:得到负数或者一个数减去另一个数
*	乘:两个数相乘或返回一个被重复若干次的字符串
/	除:x 除以 y
%	取模:返回除法的余数
**	幂:返回 x 的 y 次幂
//	取整除:返回商的整数部分

算术运算结果的数字类型和运算数的类型有关。进行除法(/)运算时,不管商为整数还是浮点数,运算结果始终为浮点数。要得到整型的商,需要用双斜杠(//)做整除,且除

数必须是整型的。对于其他运算，只要任一运算数为浮点数，运算结果就是浮点数。

2．赋值运算符

Python 的赋值运算符除基础赋值运算符（＝）外，还包括加法赋值运算符（＋）、减法赋值运算符（－）等。严格地说，除基础赋值运算符外，其他的属于特殊的赋值运算符。Python 中的赋值运算符如表 1-6 所示。

表 1-6　Python 中的赋值运算符

运算符	说明	运算符	说明
＝	基础赋值运算	/=	除法赋值运算
+=	加法赋值运算	%=	取模赋值运算
—=	减法赋值运算	**=	幂赋值运算
*=	乘法赋值运算	//=	取整除赋值运算

表 1-6 中的特殊赋值运算符可以看作变量的快速更新，更新意味着该变量是存在的，对于一个之前不存在的变量，不能使用特殊赋值运算符。

3．比较运算符

Python 中的比较运算符如表 1-7 所示。所有比较运算符返回 1 表示真，返回 0 表示假，分别与特殊的变量 True 和 False 等价。注意，这些变量名首字母要大写。

表 1-7　Python 中的比较运算符

运算符	说明
==	等于：比较对象是否相等
!=	不等于：比较两个对象是否不相等
>	大于：返回 x 是否大于 y
<	小于：返回 x 是否小于 y
>=	大于等于：返回 x 是否大于等于 y
<=	小于等于：返回 x 是否小于等于 y

比较运算符也可用于字符之间的比较，Python 中的字符使用 ASCII 编码，每个字符都有属于自己的 ASCII 码，字符比较的本质就是字符 ASCII 码的比较。

4．逻辑运算符

Python 中的逻辑运算符包含 and、or 和 not，如表 1-8 所示。

表 1-8　Python 中的逻辑运算符

运算符	逻辑表达式	说明
and	x and y	与：x 为 False 时，"x and y" 返回 False，否则返回 y 的计算值
or	x or y	或：x 为 True 时，"x or y" 返回 x 的值，否则返回 y 的计算值
not	not x	非：x 为 True 时，"not x" 返回 False，否则返回 True

5. 位运算符

Python 中的位运算符如表 1-9 所示。

表 1-9　Python 中的位运算符

运算符	说明
&	按位与：参与运算的两个值相应位都为 1，则该位的结果为 1，否则为 0
|	按位或：只要对应的两个二进制位有一个为 1，结果位就为 1
^	按位异或：当两个对应的二进制位相异时，结果为 1
~	按位取反：对每个二进制位取反，把 1 变为 0，把 0 变为 1。~x 类似于-x-1
<<	左移动：二进制位左移，由 "<<" 右边的数指定移动位数，高位丢弃，低位补 0
>>	右移动：左边运算数的二进制位全部右移，右边的数指定移动的位数

在按位运算中，取反运算较难理解，因为涉及补码的计算。十进制数的二进制原码包括符号位和二进制值，以 "60" 为例，其二进制原码为 "0011 1100"，第一位为符号位，0 代表正数，1 代表负数。正数的补码与二进制原码相同，负数的补码则为二进制原码符号位保持不变，其余各位取反后在最后一位上加 1。

取反运算可以总结为以下 5 个步骤。

（1）取十进制数的二进制原码。

（2）对原码取补码。

（3）补码取反（得到最终结果的补码）。

（4）取反结果再取补码（得到最终结果的原码）。

（5）二进制原码转换为十进制数。

6. 身份运算符

身份运算符用于比较两个对象的存储单位，Python 中的身份运算符如表 1-10 所示。

表 1-10　Python 中的身份运算符

运算符	说明
is	判断两个对象的存储单位是否相同
is not	判断两个对象的存储单位是否不同

在身份运算中，内存地址相同的两个变量进行 is 运算时，返回 True；内存地址不同的两个变量进行 is not 运算时，返回 True。

7. 成员运算符

成员运算符的作用是判断某个指定值是否存在于某一序列中，包括字符串、列表和元组，Python 中的成员运算符如表 1-11 所示。

表 1-11　Python 中的成员运算符

运算符	说明
in	如果在指定序列中找到指定值，返回 True，否则返回 False
not in	如果在指定序列中未找到指定值，返回 True，否则返回 False

8. 运算优先级

在 Python 中，运算通常以表达式的形式进行。表达式由运算符和运算数组成，例如，"1+2" 就是一个表达式，其中的 "+" 是运算符，"1" 和 "2" 则是运算数。一个表达式往往有不止一个运算符，当一个表达式中存在多个运算符时，就需要考虑运算的顺序，即运算符的优先级。

运算符的优先级如表 1-12 所示，从上往下依次降低，同一优先级的运算符按从左到右的顺序进行运算。

表 1-12　运算符的优先级

运算符	说明	运算符	说明
**	幂（最高优先级）	<= < > >=	比较运算
~ + -	按位取反、一元加号和减号（最后两个的方法名为+@和-@）	<> == !=	等于运算
* / % //	乘、除、取模和取整除	= %= /= //= -= += *= **=	赋值运算
+ -	加法、减法	is　is not	身份运算
>> <<	右移、左移运算	in　not in	成员运算
&	位运算 "AND"	and　or　not	逻辑运算
^ |	位运算		

1.2.3　数据类型

计算机内部的所有数据都可以看作对象，变量在程序中起到指向数据对象的作用，变量赋值其实是把数据对象和变量关联起来的过程。Python 中的常用数据类型有 number、str、list、tuple、dict 和 set 6 种，其中，number 和 str 属于基础数据类型，list、tuple、dict 和 set 属于复合数据类型。

1. 基础数据类型

（1）number

number 又称为数值型，是专门用于存储数值的数据类型，具有不可改变性。Python 支持 4 种不同的数值数据类型，如表 1-13 所示。

表 1-13　Python 支持的数值数据类型

数据类型	说明	示例
int	整型数，仅表示广为使用的十进制整数，若需要用到二进制数、八进制数和十六进制数，则需要分别通过 bin 函数、oct 函数和 hex 函数进行创建或转换	1、10、100
float	浮点数，既有整数部分又有小数部分的数值类型	15.20、−21.9、30.1+e18
complex	复数，由实部（real）和虚部（imag）组成的数值类型。复数的实部和虚部都是浮点数	3.14j、45j、9322e−36j
bool	布尔值，只有 True（1）和 False（0）两种取值，因 bool 继承了 int 类型，所以 True 可以等价于数值 1，False 可以等价于数值 0。bool 值可以直接用于数学运算	0、1

给变量指定一个数值时,number 对象就被创建,并在内存中分配了存储空间。通过 type 函数可以判断 number 对象的类型。不同 number 类型通过函数可以互相转换,使用代表 number 类型的函数即可。也可以进行混合运算,运算时先自动转换成同一类型,再进行运算,转换遵守一定的方向:int 向 float 转换,非 complex 向 complex 转换。

（2）str

str 又称为字符串,是存放着 Unicode 字符序列,用于表示文本的数据类型。str 可以由任何字符构成,包括字母、数值、符号或标点符号及其任意组合,如"Hello,word!""1+1"等。

创建一个 str 时,除字符外,还要在字符序列的首尾加上引号。使用单引号（'）、双引号（"）是等效的,但需要保证 str 两端的引号类型相同。如果要指定一个多行的 str,则需要使用三引号（'''）。

str 支持索引,索引一般写为"变量[下标]"和"变量[头下标:尾下标]"两种格式。"变量[下标]"格式能够索引单个字符,"变量[头下标:尾下标]"格式能够进行切片（索引连续的多个元素）。

除一般的索引格式外,str 还支持按步长索引,即指定步长后,每隔固定的步数索引一次字符,其格式为"变量[头下标:尾下标:步长]";此外,通过"变量[::-1]"索引式可以将整个 str 反向排序。

Python 为 str 提供了极为丰富的方法,使 str 具备了极佳的可操作性。str 方法中的一部分是用于查询的,str 查询方法如表 1-14 所示。

表 1-14　str 查询方法

方法	说明	方法	说明
string.find	检查 str 中是否包含某字符,返回索引值在字符串中的起始位置,否则返回-1	string.startswith	检查 str 是否以指定对象开头
string.rfind	从右侧开始检索字符串,检查 str 中是否包含某字符,与 find 方法的作用类似	string.endswith	检查 str 是否以指定字符结尾
string.index	检查 str 中是否包含某字符,返回索引值在字符串中的起始位置,否则抛出异常	string.istitle	检查 str 是否标题化
string.rindex	从右侧开始检索字符串,检查 str 中是否包含某字符,与 index 方法的作用类似	string.count	计算指定字符出现的次数

有的 str 方法提供了改写功能,str 改写方法如表 1-15 所示。

表 1-15　str 改写方法

方法	说明	方法	说明
string.strip	删除 str 首尾空格	string.lower	转换 str 中的大写字母为小写字母
string.lstrip	删除 str 左边的空格	string.swapcase	翻转 str 中的大小写字母
string.rstrip	删除 str 末尾的空格	string.capitalize	将 str 中的首字符大写
string.upper	转换 str 中的小写字母为大写字母	string.replace	替换 str 中的字符

有的 str 方法提供了除查询与改写功能外的其他功能，str 其他方法如表 1-16 所示。

表 1-16　str 其他方法

方法	说明	方法	说明
string.encode	以指定编码格式编码 str	string.join	以 str 为分隔，合并序列为新的 str
string.decode	以指定编码格式解码 str	string.split	以指定字符为分隔，切片 str
string.splitlines	按行分隔，返回以各行作为元素的序列	string.format	格式化 str

Python 的 str 和其他语言的相同，也有转义字符，Python 中的转义字符如表 1-17 所示。

表 1-17　Python 中的转义字符

转义字符	说明	转义字符	说明
\	续行符，用在行尾	\\	反斜杠符号
\'	单引号	\"	双引号
\a	响铃	\b	退格
\e	转义	\000	空
\n	换行	\v	纵向制表符
\t	横向制表符	\r	回车
\f	换页	\o	八进制数
\x	十六进制数	\other	其他字符以普通格式输出

另外，可以使用"+"和"*"分别实现 str 的连接和重复操作。

2. 复合数据类型

计算机语言中的容器是指根据某种方式组合数据元素形成的数据元素集合，即数据类型。可以存放多种类型元素的容器被称为复合数据类型。Python 中的容器包含序列、映射和集合，几乎所有 Python 容器都可以归结为这 3 类。

Python 中的序列包括 str、list、tuple、Unicode 字符串及 buffer 对象等，其中，str、list、tuple 最为常用。Python 中唯一的映射类型是 dict，dict 中的每个元素都存在相应的名称（称为键）与之一一对应。Python 中的集合概念相当于数学中的集合。集合类型包括 set（可变集合）与 frozenset（不可变集合）。

（1）list

list 又称为列表，属于序列类数据，是包含 0 个或多个对象引用的有序序列。list 中的所有数据项都是对象引用，因此 list 可以存放任意数据类型的数据项，既可以是 int、float、str 等基础数据类型，又可以是 list、tuple、dict 等高级数据类型。list 是 Python 中最通用的复合数据类型。

list 可以用方括号[ ]创建，空的方括号创建空的 list，包含多个项的 list 可以在方括号中使用逗号分隔的项序列创建；也可以通过 list 函数创建，list 函数最多接收一个参数，不带参数调用函数时返回空 list，带参数时返回参数的浅复制（在有指针的情况下，浅复制只是增加了一个指针指向已经存在的内存）；对复杂参数（非基本元素，如高级变量）则尝试将给出的对象转换为 list。索引、连接及重复是灵活运用 list 这一数据类型的基础操作，list 的这 3 种操作的操作方式和 str 的对应操作类似。

Python 为 list 提供了一些常用的内置方法，可以实现 list 的查询、增删和排序等功能。list 的常用方法如表 1-18 所示。

表 1-18　list 的常用方法

方法	说明	方法	说明
list.index()	定位 list 中的首个匹配项	list.pop()	按位置删除 list 中的元素
list.count()	统计 list 中某个元素出现的次数	list.remove()	按对象删除 list 中的第一个匹配项
list.insert()	在 list 中的指定位置插入元素	list.reverse()	反向排序 list 元素
list.append()	追加元素至 list 末尾	list.sort()	对原 list 进行排序
list.extend()	将一个 list 扩展至另一个 list 中		

（2）tuple

tuple 又称为元组，与 list 同属于序列类数据，是包含 0 个或多个对象引用的有序序列。与 list 不同的是，tuple 是不可更改的数据类型。

tuple 可以用圆括号()创建，空的圆括号创建空的 tuple；包含一个或多个项的 tuple 可以使用逗号分隔元素；如果 tuple 内只包含一个元素，则需要在元素后加上逗号予以区分。有时，tuple 必须被包含在圆括号中，以避免语义二义性。例如，要将 tuple(1,2,3)传递给一个函数，应该写成 function((1,2,3))的形式，以免被识别成传递 "1,2,3" 这 3 个数字变量。

tuple 支持索引，其索引方式与 str、list 类似；与 list 相同的是，tuple 可以进行连接、重复操作；与 list 不同的是，tuple 中的元素无法做增删操作，只能使用 del 函数删除整个 tuple。

Python 为 tuple 提供的内置方法较少，主要用于查询。tuple 的内置方法如表 1-19 所示。

表 1-19　tuple 的内置方法

方法	说明
tuple.count	计算某一元素在 tuple 中出现的次数
tuple.index	找出某一元素在 tuple 中首次出现的位置

（3）dict

dict 又称为字典，属于映射类数据。dict 通过键而不是位置来索引。键是不可变对象（如 number、str、tuple）的对象引用，值是可以指向任意类型对象的对象引用。dict 是 Python 中唯一一种映射数据类型，具有可变性，dict 的长度可以增大或减小，同 list 一样。dict 的值可以无限制地取任何 Python 对象，既可以是 Python 内置的标准数据，又可以是用户自定义的。同一个键不允许出现两次，创建 dict 时，如果同一个键被赋值两次，则只有后一个值会被记住。键固定不变，所以只能用 number、str 或 tuple 充当。注意，可变的数据类型不能充当 dict 中的键。

dict 可以用花括号{}创建，空的花括号创建空的 dict；非空的花括号包含一个或多个逗号分隔的项，每个项包含一个键、一个冒号及一个值。通过 dict 函数也可以创建 dict，不带参数时返回一个空的 dict；带一个映射类型参数时，返回以该参数为基础的 dict，当参数本身为 dict 时，返回该参数的浅复制。也可以使用序列型参数，前提是序列中的每个项是包含两个对象的序列，第一个作为键，第二个作为值。

dict 的主要索引方式是通过键索引值，这与 str 等变量截然不同。通过 dict 的索引功能，可以实现 dict 的查、改、增、删，且不需要用到 Python 提供的内置方法。Python 为 dict 提供了丰富的内置方法，通过内置方法也可以实现查询、增删和创建。dict 常用的内置方法如表 1-20 所示。

表 1-20　dict 常用的内置方法

方法	说明	方法	说明
dict.items	返回 dict 的所有键值对	dict.update	将 dict 的键值对更新到另一个 dict 中
dict.keys	返回 dict 的所有键	dict.copy	将一个 dict 的内容复制给另一个 dict
dict.values	返回 dict 的所有值	dict.pop	删除指定键的值
dict.get	以键查值，返回指定键的值	popitem	随机返回并删除 dict 中的一对键和值
dict.setdefault	以键查值，如果键不存在，则添加键	dict.clear	清空 dict

（4）set

Python 中有两种内置集合类型——set 和 frozenset。set 是引用 0 个或多个对象的无序组合，所引用的对象都是不可变的，所有内置的固定数据类型（如 float、frozenset、int、str、tuple）都是不可变的。本书以下所指的集合都是 set。

set 可以使用 {} 或 set 函数创建。使用 {} 创建集合时，使用 {} 包裹一个或多个项，项与项间用 "," 分割；空的 set 无法用 {} 创建。使用 set 函数创建 set 时，不带参数时，返回空 set；带一个参数时，返回参数的浅复制；带多个参数时，尝试将给定的对象转换为 set。

set 是可变的，但由于其中的项是无序的，因此没有索引的概念。set 可变而无法索引，这使得它无法进行查询和修改元素的操作，但仍支持元素的增删，并可以实现清空和复制操作。set 的常用操作基本上都需要通过内置方法实现。set 常用的内置方法如表 1-21 所示。

表 1-21　set 常用的内置方法

方法	说明	方法	说明
set.add	将元素添加到 set 中，如该元素已存在，则不做操作	set.discard	删除指定元素，指定删除一个不存在的元素时不会报错
set.update	通过更新添加元素，对象可以是其他高级变量	set.clear	清除 set 中的所有元素
set.pop	set 中的随机删除	set.copy	返回 set 的浅复制
set.remove	删除指定元素，指定删除一个不存在的元素时会报错		

set 起源于数学，与数学集合相似，Python 中的 set 也有子集、并集、交集、差集和对称差集等概念，并能进行集合运算，其说明和操作如表 1-22 所示。

表 1-22　set 集合运算的说明和操作

概念	说明	操作
子集	集合的部分	使用运算符 "<" 或 issubset 函数
并集	两个集合所有元素构成的集合	使用运算符 "|" 或 issubset 函数
交集	两个集合共有元素组成的集合	使用运算符 "&" 或 intersection 函数
差集	属于某一个集合，但不属于另一个集合的元素组成的集合	使用运算符 "-" 或 difference 函数
对称差集	两个集合除去交集部分的元素组成的集合	使用运算符 "^" 或 symmetric_difference 函数

1.2.4　Python I/O

计算机程序用于执行任务，是满足人类需求的工具。有信息的输入，程序才能接收指令，理解需求；有信息的输出，运行结果才能被反馈给用户。在编程中，信息输入操作称为 Input，输出操作称为 Output，信息输入与输出统称为 Input/Output，简写为 I/O。

相比其他语言，Python 中的 I/O 操作更加简单方便，通过简单的指令就可以实现基本的输入和输出。此外，I/O 并不仅仅指信息输入和输出，还包括文件的输入和输出。

1. input 与 print

（1）input

input 函数用于交互式的信息输入，相当于一个容器，用户从键盘上输入的信息先存放在容器中，再被变量引用，可以接纳多种数据类型，包括 number、str 等基础变量及 list、tuple、dict、set 等高级变量。使用 input 函数时，可以在括号内添加 str 以提示输入。需要注意的是，Python 3 中的 input 函数将所有接收的数据类型都默认为 str。要得到需要的数据类型，需要强制转换输入数据的类型。

（2）print

print 函数可以实现多样化的输出操作，使用 print 函数进行输出操作时，可以在函数的括号中插入 str 以向屏幕上输出指定的文字，如输出 "hello,world!" 的程序；要输出被赋值的变量，在 print 函数的括号中插入变量名即可。

print 函数也可以接收多个 str，需要用逗号隔开，print 函数会依次打印每个 str，遇到逗号时则输出一个空格，因此输出的 str 是拼起来的。print 函数也可以自动计算结果，如运行 "print(number1+number2)" 语句时，解释器会自动计算出相加的结果并输出。

2. 格式化输出

格式化输出主要是为了方便修改语句，减少编写代码的工作量，并且包含自动取位、转换进制等功能。Python 中的格式化输出方法有两种，即 "%+格式符" 的方法和 format 函数的方法。

"%+格式符" 的方法是一种较早的格式化输出方法，使用方式是在百分号（%）后加上相应的格式符以占位，再进行替换和输出。Python 中的格式符可分别用于 str、整型数据和 float 的输出。Python 中的格式符如表 1-23 所示。

表 1-23　Python 中的格式符

输出类型	格式符	作用
str	%s	字符串（采用 str 函数的显示）
	%r	字符串（采用 repr 函数的显示）
	%c	单个字符
整数	%b	二进制整数
	%d	十进制整数
	%i	十进制整数
	%o	八进制整数
	%x	十六进制整数
float	%e	指数（基底写为 e）
	%E	指数（基底写为 E）
	%f	浮点数
	%F	浮点数
	%g	指数（e）或浮点数（根据显示长度选用）

　　format 函数是更为强大的格式化输出工具，format 函数收集位置参数和关键字参数的任意集合，使用它们的值替换 str 中的占位符。该方法使用花括号（{}）作为特殊字符代替%，{}中可以不带参数、带数字编号或带关键字编号进行占位和替换，前两种属于位置替换方法，后一种属于关键字替换方法。

　　format 函数也支持格式符，其格式符如表 1-24 所示。

表 1-24　format 函数的格式符

格式符	说明
'c'	字符，打印前将整数转换成对应的 Unicode 字符串
'b'	二进制，将数字以 2 为基数进行输出
'o'	八进制，将数字以 8 为基数进行输出
'd'	十进制，将数字以 10 为基数进行输出
'x'	十六进制，将数字以 16 为基数进行输出，9 以上的位数用小写字母表示
'e'	幂符号，用科学记数法打印数字，'e'表示幂
'g'	一般格式，将数值以 fixed-point 格式输出，数值特别大时以幂形式打印
'n'	数字，值为整数时等效于'd'，为 float 时等效于'g'
'%'	百分数，数值乘以 100 后以 fixed-point('f')格式输出，值后有一个百分号

3. 文件 I/O

（1）open

　　内置函数 open 的作用是打开一个文件，创建一个 file 对象以进行调用。在打开文件的基础上，才可以实现后续的文件读写操作。open 函数的基本语法格式如下。

```
open(filename, mode)
```

open 函数常用的参数及说明如表 1-25 所示。

表 1-25　open 函数常用的参数及说明

参数名称	说明
filename	接收文件名，表示文件名称，无默认值
mode	接收模式名，表示文件打开模式，默认模式为只读

mode 参数决定了打开文件的模式，这个参数是非强制的，默认的文件访问模式为只读（r），文件访问模式及说明如表 1-26 所示。

表 1-26　文件访问模式及说明

模式	说明
r	以只读方式打开文件，文件的指针将会放在文件的开头。这是默认模式
rb	以二进制格式打开一个文件用于只读，文件指针将会放在文件的开头。这是默认模式
r+	打开一个文件用于读写，文件指针将会放在文件的开头，读取时与模式 r-段写入时，从开头开始改写文件
rb+	以二进制格式打开一个文件用于读写，文件指针将会放在文件的开头
w	打开一个文件只用于写入，如果该文件已存在，则将其覆盖；如果该文件不存在，则创建新文件
wb	以二进制格式打开一个文件只用于写入，如果该文件已存在，则将其覆盖，覆盖时创建的文件为空文件；如果该文件不存在，则创建新文件
w+	打开一个文件用于读写，如果该文件已存在，则将其覆盖；如果该文件不存在，则创建新文件
wb+	以二进制格式打开一个文件用于读写，如果该文件已存在，则将其覆盖；如果该文件不存在，则创建新文件
a	打开一个文件用于追加，如果该文件已存在，则文件指针将会放在文件的结尾，即新的内容将会被写入到已有内容之后；如果该文件不存在，则创建新文件进行写入
ab	以二进制格式打开一个文件用于追加，如果该文件已存在，则文件指针将会放在文件的结尾，即新的内容将会被写入到已有内容之后；如果该文件不存在，则创建新文件进行写入
a+	打开一个文件用于读写，如果该文件已存在，则文件指针将会放在文件的结尾，文件打开时会是追加模式，该模式不会清空原有内容；如果该文件不存在，则创建新文件用于读写
ab+	以二进制格式打开一个文件用于追加，如果该文件已存在，则文件指针将会放在文件的结尾；如果该文件不存在，则创建新文件用于读写

（2）read

在 Python 中，读取文件的内容需要先以只读的模式打开一个文件，可以用 open 函数传入文件名和模式标识符，再使用 read 函数读取文件中的内容。read 函数可以从打开的文件中一次性读取全部内容，内容被读取到内存中并以一个 str 对象表示。read 函数的基本语法格式如下。

```
f = open(filename, mode)
f.read(size)
```

read 函数常用的参数及说明如表 1-27 所示。

表 1-27 read 函数常用的参数及说明

参数名称	说明
size	接收 number,表示读取的字节数。默认为文件中的所有字符

在表 1-27 中,size 表示要从文件中读取的字符数,该方法从文件的开头开始读入,每调用一次就读取 size 个字符的内容。如果没有传入 size,则程序会尝试尽可能多地读取内容,一直到文件的末尾。

(3)write

在 Python 中,写入文件和读出文件的操作方式是相似的,先调用 open 函数并传入标识符'w'或'wb',再使用 write 函数进行写入。write 函数的基本语法格式如下。

```
f = open(filename, mode)
f.write('str')
```

write 函数常用的参数及说明如表 1-28 所示。

表 1-28 write 函数常用的参数及说明

参数名称	说明
str	接收任意 str,表示写入的文本内容。默认为空

write 函数可将任何 str 写入到打开的文件中,需要注意,Python 中的 str 可以是二进制数据,而不限于文字。若要写入 str 以外的内容,则需要先将要写入的内容转换成 str。

(4)close

close 函数可以刷新缓存中任何还未写入的信息并关闭文件,关闭之后的文件便不能再进行写入。使用完文件后应该关闭,关闭文件的本质是使文件指针与文件脱离,关闭后不再能通过该指针对原来与其联系的文件进行操作。如果文件使用完后不关闭,则文件对象会一直占用操作系统的资源。此外,操作系统同一时间能打开的文件数量是有限的,写入文件时,数据会占用操作系统的内存,待计算机空闲时再慢慢写入,不调用 close 函数的后果是可能只写一部分信息到磁盘中,其他信息会丢失。

close 函数的基本语法格式如下。

```
fileObject.close()
```

close 函数常用的参数及说明如表 1-29 所示。

表 1-29 close 函数常用的参数及说明

参数名称	说明
fileObject	接收文件名,表示正在使用的文件对象。无默认值

Python 程序代码需要在末尾使用 close 函数关闭文件,以保证信息的完整。

1.3 控制语句

Python 中用于操纵控制流的常用语句集有 if-elif-else 语句、for 语句、while 语句、break 语句及 continue 语句等。本节将重点介绍 Python 常用的控制流语句以及与控制流功能非常类似的用于异常处理的 try-except-else 语句。

1.3.1 条件语句

条件语句通过一个或多个布尔表达式的执行结果（真值或假值）决定下一步的执行方向。在 Python 中，实现选择结构最普遍的工具是 if 语句。此外，try 语句专门用于异常处理，其内在逻辑也符合选择结构。

1. if、elif 与 else

if 语句中包含 3 种条件判断句式，即 if、elif 和 else，其中，if 与 elif 部分都包含判断条件，当判断条件都不成立时，程序才能执行 else 部分的代码。

if 语句最基础的形式是 if-else，if-else 语句的形式很简单，通过条件判断的结果即可决定下一步的执行方向，具有两条分支。实际工作中，需要用到的条件分支数目可能多到难以想象，需要扩展 if 语句的分支，使用 elif 可实现简洁、减少过分缩排的效果。由于 if-elif-else 语句提供了更多条件分支，因此被普遍使用，其基本语法格式如下。

```
if 条件表达式 1：
    操作语句 1
elif 条件表达式 2：
    操作语句 2
else：
    操作语句 3
```

if-elif-else 语句常用的参数及说明如表 1-30 所示。

表 1-30　if-elif-else 语句常用的参数及说明

参数	说明
条件表达式	接收布尔表达式，表示判断条件是否成立。无默认值
操作语句	接收操作语句，表示执行一段代码。无默认值

该语句执行时，按照从上到下的顺序依次检查每个条件表达式返回值的情况，任何一个条件表达式只要返回真值，就执行该表达式下面的操作语句，若所有条件表达式都返回假值，则执行 else 下面的操作语句。if-elif-else 语句相对于 if-else 语句优势明显，可以实现更为复杂的功能。例如，使用 if-elif-else 语句实现年龄段的判断，示例如代码 1-1 所示。

代码 1-1　使用 if-elif-else 语句实现年龄段的判断示例

```
In[1]:    age = input('请输入您的年龄：')
          age = int(age)
          if age < 18:
              print('未成年人！')
          elif age >= 18 and age <= 25:
              print('青年人！')
          elif age > 25 and age <= 60:
              print('中年人！')
          else:
              print('老年人！')
Out[1]:   请输入您的年龄：20
          青年人！
```

代码 1-1 通过比较运算符实现了年龄段划分，并能区分年龄段界限，避免逻辑出错。

if 语句支持嵌套，即在一个 if 语句中嵌入另一个 if 语句，从而构成不同层次的选择结构。嵌套的意义在于实现多层选择结构，使用嵌套对条件语句的功能有升华作用，这与 elif 是相似的，elif 能对有限的条件分支进行扩展，嵌套则提供了建立多层选择结构的工具，两者分别在不同的维度上提升了 if 语句的功能性。使用嵌套需要以不同的缩进长度划分代码结构的层次，因此嵌套时要特别注意缩进的规范性。使用 if 语句时，需要注意以下几点。

（1）条件判断语句应尽量简单，若语句复杂，则应当将运算先放到一个变量中。

（2）Python 的条件语句中允许使用常用的数值比较运算（==,! =, >, >=, <, <=）。

（3）Python 允许无限次 if 语句嵌套，但在实际编程中，如果必须用到 3 到 4 级嵌套，则建议考虑用其他方法编写代码，因为嵌套超过两层会使程序的运行效率大打折扣。

2. try、except 与 else

Python 使用 try 语句处理异常，该语句一般包括 try、except 和 else 3 个句式，组成 try-except-else 的形式。try 语句可以视为一种条件分支，与 if 语句的区别是，try 语句并不包含条件判断式，执行的流向也不取决于条件表达式，而依赖于代码块能否执行。其内在逻辑和运行流程与 if 语句是相似的，符合条件分支的特征，其基本语法格式如下。

```
try:
    操作语句 1
except 错误类型 1:
    操作语句 2
except 错误类型 2:
    操作语句 3
else:
    操作语句 4
```

try-except-else 语句的参数及说明如表 1-31 所示。

表 1-31　try-except-else 语句的参数及说明

参数	说明
错误类型	接收 Python 异常名，表示符合该异常则执行下方语句。无默认值
操作语句	接收操作语句，表示执行一段代码。无默认值

在 try 语句中，except 与 else 代码块都是可选的。except 代码块可以有 0 个或多个；else 代码块可以有 0 个或 1 个。但要注意，else 语句的存在必须以 except 语句的存在为前提，在没有 except 语句的 try 语句中使用 else 语句会引发语法错误。使用多个 except 代码块时，必须坚持对其进行规范排序，即从最具针对性的异常到最通用的异常。

除自然发生的异常外，Python 中的 raise 语句可用于故意引发异常，用于在指定条件下抛出异常。使用该语句引发异常时，只需在 raise 后输入异常名即可，如代码 1-2 所示。

代码 1-2　使用 raise 语句引发异常示例

```
In[2]:    # 尝试引发异常
          try:
              raise IndexError
          except KeyError:
              print('in KeyError except')
          except IndexError:
              print('in IndexError except')
          else:
              print('no exception')
Out[2]:   in IndexError except
```

1.3.2　循环语句

循环语句又称为重复结构，用于反复执行某一操作。Python 中主要有两种循环语句，即 for 语句和 while 语句，前者采用遍历的形式指定循环范围，后者视判断式返回值的情况决定是否执行语句。要更灵活地操纵循环的流向，就要用到 break、continue 和 pass 等语句。

1. for

for 循环是迭代循环，在 Python 中相当于一个通用的序列迭代器，可以遍历任何有序序列，如 str、list、tuple 等；也可以遍历任何可迭代对象，如 dict。在 for 语句中，for 和 in 搭配组成 for-in 循环结构，for-in 循环结构可以依次把 list 或 tuple 中的每个元素迭代出来。

for 语句的基本语法格式如下。

```
for 变量 in 序列:
    操作语句
```

for 语句参数及说明如表 1-32 所示。

表 1-32　for 语句常用的参数及说明

参数	说明
序列	接收序列，表示遍历范围。无默认值
操作语句	接收操作语句，表示执行一段代码。无默认值

程序的执行从 "for 变量 in 序列" 开始，该语句先把序列中的每个元素代入变量，执行一遍操作语句，重复的次数就是序列中元素的个数。例如，使用 for 语句依次输出 list 中的姓名，示例如代码 1-3 所示。

代码 1-3　使用 for 语句依次输出 list 中的姓名示例

```
In[3]:    # 单纯遍历的 for 语句
          names = ['Michael', 'Bob', 'Tracy']
          # 遍历输出 names 中的元素
          for name in names:
              print(name)
Out[3]:   Michael
          Bob
          Tracy
```

和条件语句一样，循环语句也可以嵌套，作用同样是丰富程序的功能性。例如，需要设计一个成绩录入系统，就必然要录入姓名和课程这两类信息，仅靠一层循环是无法实现的，这时可使用两层循环结构。理论上，for 循环也可以无限嵌套，但并不推荐使用这种方式。

2. while

while 语句是 Python 中最常用的递归结构。区别于 for 循环，while 循环结构包含条件判断式，是一种条件循环，属于当型循环。

while 语句最基本的形式包括一个位于顶部的布尔表达式和一个或多个属于 while 代码块的缩进语句，也可以在结尾处包含一个 else 代码块，它与 while 代码块是同级的，组成 while-else 的形式。while 语句的基本语法格式如下。

```
while 条件表达式:
    操作语句 1
    操作语句 2
```

while 语句参数及说明如表 1-33 所示。

表 1-33　while 语句参数及说明

参数	说明
条件表达式	接收布尔表达式，表示判断条件是否成立。无默认值
操作语句	接收操作语句，表示执行一段代码。无默认值

执行 while 语句时，只要顶部的条件表达式返回真值，就一直执行 while 部分嵌套的递归代码，当条件表达式返回假值时，不再执行操作语句，程序跳出 while 循环。

如果布尔表达式不带有<、>、==、! =、in、not in 等运算符，仅仅给出数值之类的条件，则也是可以的。当 while 后写入一个非零整数时视为真值，执行循环体；写入 0 时视为假值，不执行循环体；也可以写入 str、list 或任何序列，长度非零则视为真值，执行循环体，否则视为假值，不执行循环体。

如果布尔表达式始终返回 1，while 语句就会变成无限循环。制造无限循环有两种方式，既可以在 while 后写入一个固定的真值，又可以写入一个一直生成真值的表达式。要终止无限循环，可以按 Ctrl+C 组合键。

3. break、continue 和 pass

循环语句中还可以嵌入 break、continue 和 pass 语句，以灵活地改变流向，实现更多功能，如表 1-34 所示。

表 1-34　break、continue 和 pass 语句

语句	说明
break	用于终止循环语句的执行。使用该语句时，即使循环条件判断为真，或序列未被完全递归，循环语句也会立刻停止执行。其通常配合条件判断语句使用，因为程序的终止必须在某一条件被满足时执行。break 只终止本层循环，如有多层嵌套的循环，在其中一层循环中写入 break，则只在这层循环中生效，程序将跳到上一层循环中继续执行
continue	用于跳出当前循环，并执行下一次循环。循环执行至 continue 处时，先忽略本次循环，在本层仍满足条件的剩余循环次数中继续执行，不会终止这一层循环
pass	空语句，不做任何操作，只起到占位的作用，其功能是保持程序结构的完整性

在 for 循环中可以使用 break、continue 和 pass 语句，示例如代码 1-4 所示。

代码 1-4   在 for 循环中使用 break、continue 和 pass 语句示例

```
In[4]:    # 第一层循环，遍历次数为 4
          for i in range(4):
              if i == 3:
                  break
              print("-----%d-----"% i)
          # 第二层循环，遍历次数为 5
              for j in range(5):
                  if j == 2:      # 当 j 等于 2 时，不执行操作
                      pass
                  elif j == 4:  # 当 j 等于 4 时，不执行循环
                      continue
                  else:
                      print(j)

Out[4]:   -----0-----
          0
          1
          3
          -----1-----
          0
          1
          3
          -----2-----
          0
          1
          3
```

代码 1-4 中，break 语句在第一层循环遍历到 3 时跳出了循环，continue 语句在第二层循环遍历至 4 时不执行本次循环，pass 语句在第二层循环遍历至 2 时不执行操作，继续本层循环。

1.4   函数

在程序中，同一段代码可能要多次用到。如果代码由混杂冗余的流程控制语句组成，则可读性会变差。为提高代码的重用率及应用的模块性，Python 提供了函数这一程序结构。函数是为了提高编程的效率而定义的一种代码部件，将需要重复使用的代码封装并加以注释，使用时可直接调用，并且不需要探究源码。使用函数这一工具，可以给编程带来很大的便利。

本节将介绍 Python 中与函数相关的知识，包括内置函数、自定义函数与匿名函数。

1. 内置函数

内置函数是安装 Python 后无须调用任何库即可直接使用的函数，这些函数提供了编程所需的最基础的功能。Python 中的内置函数多且全面，按属性和功能差异可以分为数据对象相关函数、数学计算函数、str 相关函数、序列对象相关函数、I/O 功能函数及查询与判断函数等。Python 常用内置函数如表 1-35 所示。

表 1-35 Python 常用内置函数

类型	常用函数
数据对象相关函数	int、float、complex、bool、str、dict、set
数学计算函数	max、min、sum、abs、round
str 相关函数	format、compile、repr
序列对象相关函数	iter、range、slice、zip、map、sorted、filter、next
I/O 功能函数	input、print、open、close、read、write
查询与判断函数	type、id、isinstance、len、all、any、callable

2. 自定义函数

除内置函数外，Python 也支持用户自定义函数，可以提高编程效率。自定义函数对代码的阅读者也有好处，只需知道如何正确地传递参数、函数将返回什么样的值，就可以充分利用封装起来的复杂逻辑，从而增强代码的可读性与可用性。

（1）def 语句

在 Python 中，一般使用 def 语句自定义函数。def 语句的首行包括标识符 def、函数名和圆括号，任何传入的参数都放在圆括号中；之后为函数的执行体，以冒号起始，换行缩进；如果函数有返回值，则以 return 表达式结束函数，不带 return 表达式的情况相当于返回 None 值；执行体的内容不能为空，至少要用 pass 来表示空语句，否则函数将无法执行。

def 语句的基本语法格式如下。

```
def function(par1, par2, …):
    suite
    return expression
```

def 语句的参数及说明如表 1-36 所示。

表 1-36 def 语句的参数及说明

参数名称	说明	参数名称	说明
function	函数名	suite	函数的执行体
par1, par2, …	参数	expression	返回值表达式

def 可以视作创建函数的一个声明，该函数将创建名为 function 的函数；函数可以传入 par1、par2 等参数，并代入执行语句 suite；expression 是一段可执行代码，程序最终返回其执行结果。def 语句中可以不包含 suite，要对传入参数进行的操作可以放在 expression 中。

函数中的 return 语句用于返回结果对象，一旦遇到 return 语句，函数就执行完毕，并将结果返回，既使 return 后还有语句，也不会被执行，因此可以用不包含内容的 return 表达式结束函数。函数可以没有返回值，可以有一个返回值，也可以有多个返回值，返回值的数据类型也没有限制。

例如，使用 def 语句创建一个幂运算函数，如代码 1-5 所示。

代码 1-5　使用 def 语句创建一个幂运算函数示例

In[1]:	```
	def exponent(a, b):
	    x = a ** b
	    return x
	print('自定义幂运算的返回值为: ', exponent(3, 6))
	``

Out[1]:	自定义幂运算的返回值为: 729

使用 def 语句创建的自定义函数的输入与输出设定非常灵活，参数和返回值都可以有或没有，也可以有单个或多个参数或者返回值。尽管函数可以有多个返回值，但是实际上此时函数返回的是一个 tuple。

（2）参数

参数的名称和位置一旦被确定，函数的接口定义就完成了。除正常定义的必选参数外，还可以使用默认参数、可变参数和关键字参数，这使得函数定义的接口不仅可以处理复杂的参数，还能简化调用者的代码。在函数体内部的参数列表中，可以预先定义某些参数的值，称为默认参数。与之相应，非默认参数为不在函数体内预先给定默认值的参数。Python 不允许带默认值的参数定义在没有默认值的参数之前，因为这样写是有歧义的。在 Python 中，函数的参数主要有三大类，如表 1-37 所示。

表 1-37　函数参数的分类

名称	说明
位置和关键字参数	Python 默认的参数类型。位置参数的形式往往是简单的数字，数字的排序是有意义的，代表了参数的位置；关键字参数类似于 dict 中的元素，关键字与值成对出现，值有对应的关键字，没有位置的概念
不定数量的位置参数	在定义时需要一个星号（*）前缀，传递参数时，可以在原有参数的后面添加 0 个或多个参数，这些参数将会被放在 tuple 中并传入函数。带星号前缀的参数必须定义在不带两个星号的参数之后
不定数量的关键字参数	在定义时参数名称前面需要有两个星号（**）作为前缀，在传递参数的时候，可以在原有的参数后面添加任意 0 个或多个关键字参数，这些参数会被放在 dict 中并传入函数。带两个星号前缀的参数必须定义在所有带默认值的参数之后

函数的参数不需要声明数据类型，这也有一定的弊端，程序员可能会因不清楚参数的数据类型而输入错误的参数。所以自定义函数时，一般在开头注明函数的用途、输入和输出。

例如，使用 def 语句定义一个含有位置参数、默认参数、不定数量的位置参数和不定数量的关键字参数的自定义函数，示例如代码 1-6 所示。

代码 1-6　使用 def 语句定义含有不同类型参数的自定义函数示例

In[2]:	```
	# 定义含有不同类型参数的自定义函数
	def func(a, b=1, *numbers, **kwargs):
	    print(a, b, numbers, kwargs)
	
	print(func(2))
	``

Out[2]:	2 1 () {}
In[3]:	`print(func(4, 2, 3, 4, c=2, d=3))`
Out[3]:	4 2 (3, 4) {'c': 2, 'd': 3}

由代码 1-6 可以发现参数放置的排列规律：默认参数必须放在非默认参数的后面，不定数量的位置参数需要放在位置参数后面，而不定数量的关键字参数需放在最后。

3. 匿名函数

有时，不需要显式地定义函数，创建匿名函数可能会更加方便。所谓匿名函数，即没有具体名称的函数。在 Python 中，可以使用 lambda 语句来创建匿名函数，lambda 的主体是一个表达式，而不是一个代码块，其函数体比使用 def 语句创建的简单很多。

使用 lambda 语句创建匿名函数的基本语法格式如下。

```
f = lambda par1, …, parn : exp
```

lambda 语句的参数及说明如表 1-38 所示。

表 1-38　lambda 语句的参数及说明

参数名称	说明
par	表示参数
exp	表示输出值的计算表达式

在 lambda 语句中，冒号前是函数参数，多个函数使用逗号分隔，冒号右边是返回值。创建匿名函数时不需要写 return 表达式，返回值是 exp 表达式代入参数后的结果，允许传入多个参数，但只能有一个返回值。匿名函数也是一个函数对象，因此可以把匿名函数赋值给一个变量，再利用变量调用该函数。

使用 lambda 语句创建匿名函数有一些优势：编写脚本时可以省去定义函数的过程，使代码变得精简；对于一些抽象的不会在其他地方复用的函数，给一个函数命名也是难题（需要避免重名），创建匿名函数则不需要考虑函数命名的问题。例如，使用 lambda 语句创建一个求平方的匿名函数，如代码 1-7 所示。

代码 1-7　使用 lambda 语句创建一个求平方的匿名函数示例

```
In[4]:    f = lambda x: x**2
          print('50 的平方为：', f(50))
Out[4]:   50 的平方为：2500
```

lambda 语句中的表达式可以含有结构语句，但比较受限制，多于两条分支的结构无法嵌入。构建包含分支结构的 lambda 语句示例如代码 1-8 所示。

代码 1-8　构建包含分支结构的 lambda 语句示例

```
In[5]:    f1 = lambda x: '传入的参数为 1' if x == 1 else '传入的参数不为 1'
          print(f1(10))
Out[5]:   '传入的参数不为 1'
```

小结

Python 是一门高级计算机程序语言，本章介绍了 Python 的相关背景知识、环境配置、Python 基础知识、控制语句和函数，主要内容如下。

（1）Python 已有 20 多年的发展历史，关键特性包括解释型、动态、强类型。同时，相比于其他语言，Python 应用于机器学习领域具有非常大的优势。

（2）Python 拥有固定语法，提供多种运算符，内置多种数据类型，并提供 I/O 文件读写功能。

（3）Python 含有两类控制语句，即条件语句和循环语句。条件语句在 Python 中实现了选择结构，用于决定下一步的执行方向；而循环语句实现了重复结构，用于反复执行某一操作。

（4）Python 除了提供了大量的内置函数外，还提供了自定义函数的功能。自定义函数提供了多种参数，包含默认参数、可变参数和关键字参数。Python 还提供了一种匿名函数，程序员无须显式地创建函数。

课后习题

1. 选择题

（1）下面不属于 Python 特性的是（　　）。

    A. 解释型　　　　　　　　　　B. 静态

    C. 动态　　　　　　　　　　　D. 面向对象

（2）下列关于注释的说法正确的是（　　）。

    A. 单行注释只能使用#号创建

    B. 多行注释只能使用#号创建

    C. 使用引号创建注释时，须保证前后引号数目相同，类型不必一致

    D. 注释的主要目的在于使代码美观

（3）下列关于运算符的说法正确的是（　　）。

    A. 算术运算符包括加、减、乘、除 4 种

    B. 运算符"="和运算符"=="是等效的

    C. 逻辑表达式 x or y，若 x 为 False，则返回 x

    D. 指数运算符的优先级最高

（4）下列关于 if 语句的说法正确的是（　　）。

    A. 一个完整的 if 语句必须包含 if、elif 和 else，否则无法执行

    B. 在 if 语句的单行形式中，必须将布尔表达式放在最前端

    C. 理论上，elif 可以实现无限个条件分支

    D. if 语句的嵌套次数可以尽可能多，并无不良影响

（5）下列关于循环语句的说法正确的是（　　）。

    A. for 语句是一种当型循环

    B. while 语句是一种直到型循环

    C. 使用 while 语句创建了无限循环时，一定是因为顶端布尔表达式只包含常数

    D. for 语句和 while 语句都支持嵌套，并且可以相互嵌套

（6）下列关于循环控制语句的说法正确的是（　　）。

    A. break 语句的作用是终止整个程序

  B.　continue 语句的作用是终止整层循环

  C.　pass 语句的作用是终止一层循环中的某一次循环

  D.　break 和 continue 语句采用不同方式终止循环，pass 语句仅仅是一个占位符

（7）下列关于 def 语句与 lambda 语句的说法错误的是（　　）。

  A.　def 语句允许传入多个参数、输出多个返回值

  B.　无返回值的 def 语句也可能输出信息

  C.　lambda 语句只能是单行的形式

  D.　lambda 语句不支持嵌入结构体

2.　填空题

（1）Python 语言作为一门_____语言，在程序发布时_____编译。

（2）Jupyter Notebook 以_____的形式打开，可在_____界面中直接编写和运行代码。

（3）若想通过 CMD 命令行窗口启动 Jupyter Notebook，则需要_____。

（4）实现多行语句需要使用_____，但在_____、_____、_____内的长语句使用逗号即可。

（5）同一优先级运算符的运算顺序是_____。

（6）在 try-except 语句中，如果 try 代码块执行不成功，则程序将执行_____代码块。

（7）for 语句是_____循环，while 语句是_____循环。

（8）break 语句终止_____循环，continue 语句终止_____循环。

（9）自定义函数的参数分为三大类，分别是_____、_____、_____。

（10）在 lambda 语句中，冒号之前是_____，冒号之后是_____。

3.　操作题

（1）安装 Anaconda 3。

（2）编写可运行的代码，声明格式为"UTF-8"，判断 $\dfrac{6^3}{4}$ 的运算结果是否在 list[18,20,54] 中。

（3）使用 if-elif-else 语句实现一个猜食材的程序。程序将询问匿名食材 A、B、C、D、E 的味道和颜色，猜出该食材是柠檬（sour，yello）、醋（sour，colourless）、白糖（sweet，white）、黑巧克力（bitter，black）、苦瓜（bitter，green）还是青椒（spicy，green）。

（4）使用 def 语句和 lambda 语句分别创建一个函数，该函数的功能是判断 3^5 是否与 12^2-1 相等，并输出判断结论。

第2章 NumPy 数值计算

NumPy 是最著名的 Python 库之一，常用于高性能计算，在机器学习方面还有一个主要作用，即作为在算法之间传递数据的容器。NumPy 提供了两种基本的对象，即 ndarray（N-dimensional Array）对象和 ufunc（Universal Function，即通用函数）对象。ndarray 是一个具有矢量算术运算和复杂广播能力的快速且节省空间的多维数组，ufunc 则提供了对数组进行快速运算的标准数学函数。

2.1 ndarray 的创建与索引

Python 内置了一个 array 模块，array 和 list 不同，它直接保存数值，类似于 C 语言中的一维数组。但它不支持多维数组功能，且没有配套对应的计算函数，因此不适合做数值运算。基于 NumPy 的 ndarray 在极大程度上改善了 Python 内置 array 模块的不足，本节将重点介绍 ndarray 的创建与索引。

2.1.1 创建 ndarray

在 NumPy 中，可以由函数 array、arange、linspace、logspace、zeros、eye、diag 及 ones 等创建 ndarray。此外，NumPy 还提供了随机数相关函数，也可用于创建 ndarray。本节将从 NumPy 的数据类型开始介绍几种创建 ndarray 的方法。

1. ndarray 数据类型

NumPy 比原生 Python 支持的数据类型更丰富。这些数据类型大多以数字结尾，表示其在内存中占有的位数。同时，为了能够更容易地确定一个 ndarray 所需的存储空间，同一个 ndarray 中所有元素的类型必须是一致的。NumPy 基本数据类型与其取值范围如表 2-1 所示。

表 2-1　NumPy 基本数据类型与其取值范围

类型	描述
布尔型	bool，用一位存储的布尔类型（值为 True 或 False）
整型	int32 或 int64，由所在平台决定其精度的有符号整型，取值为 $-2^{31}\sim2^{31}-1$ 和 $-2^{63}\sim2^{63}-1$，同样属于整型的还有 int8 和 int16
无符号整型	uint32 或 uint64，非负整数，无符号整型，取值为 $0\sim2^{32}-1$ 和 $0\sim2^{64}-1$，同样属于无符号整型的还有 uint8 和 uint16
浮点数	包括 float16（16 位半精度浮点数）、float32（32 位单精度浮点数）和 float64 或 float（64 位双精度浮点数）。其中，float16 用 1 位表示正负号，5 位表示指数，10 位表示尾数；float32 用 1 位表示正负号，8 位表示指数，23 位表示尾数；float64 用 1 位表示正负号，11 位表示指数，52 位表示尾数
复数	complex64、complex128 或 complex，其中，complex64 用两个 32 位浮点数表示实部和虚部，complex128 用两个 64 位浮点数表示实部和虚部

表 2-1 中共计罗列了 15 种数据类型，其中实数数据类型有 13 种。这些实数数据类型之间可实现互相转换，部分示例如代码 2-1 所示。

代码 2-1　ndarray 数据类型转换部分示例

In[1]:	import numpy as np print('整数 42 转换为浮点数的结果为: ', np.float64(42))
Out[1]:	整数 42 转换为浮点数的结果为: 42.0
In[2]:	print('浮点数 42.0 转换为整数的结果为: ', np.int8(42.0))
Out[2]:	浮点数 42.0 转换为整数的结果为: 42
In[3]:	print('浮点数 42 转换为布尔型的结果为: ', np.bool(42.0))
Out[3]:	浮点数 42 转换为布尔型的结果为: True
In[4]:	print('整数 0 转换为布尔型的结果为: ', np.bool(0))
Out[4]:	整数 0 转换为布尔型的结果为: False
In[5]:	print('布尔型数据 True 转换为浮点数的结果为: ', np.float(True))
Out[5]:	布尔型数据 True 转换为浮点数的结果为: 1.0
In[6]:	print('布尔型数据 False 转换为整型的结果为: ', np.int8(False))
Out[6]:	布尔型数据 False 转换为整型的结果为: 0

2. 创建 ndarray

（1）array 函数

NumPy 提供了多种创建 ndarray 的方式，如 array 函数可以创建一维或多维 ndarray，其基本语法格式如下。

```
numpy.array(object, dtype=None, copy=True, order='K', subok=False, ndmin=0)
```

array 函数的常用参数及说明如表 2-2 所示。

表 2-2　array 函数的常用参数及说明

参数名称	说明
object	接收 array、list、tuple 等，表示用于创建 ndarray 的数据。无默认值
dtype	接收 data-type，表示创建的 ndarray 的数据类型。如果未给定，则选择保存对象所需的最小字节数的数据类型。无默认值
ndmin	接收 int，指定生成 ndarray 应该具有的最小维数。默认为 0

创建一维 ndarray 与二维 ndarray 示例如代码 2-2 所示。

代码 2-2　创建一维 ndarray 与二维 ndarray 示例

In[7]:	arr1 = np.array([1, 2, 3, 4]) print('创建的一维 ndarray 为: ', arr1)
Out[7]:	创建的 ndarray 为: [1 2 3 4]
In[8]:	arr2 = np.array([[1, 2, 3, 4], [4, 5, 6, 7], [7, 8, 9, 10]]) print('创建的二维 ndarray 为: \n', arr2)
Out[8]:	创建的二维 ndarray 为: [[1 2 3 4] [4 5 6 7] [7 8 9 10]]

Python 机器学习编程与实战

常用的 ndarray 属性主要有维数、尺寸、元素总数、数据类型、每个元素的存储字节数等，分别用 ndim、shape、size、dtype 和 itemsize 来表示，这些属性的说明如表 2-3 所示。

表 2-3　ndarray 的属性及说明

属性	说明
ndim	返回 int，表示 ndarray 的维数
shape	返回 tuple，表示 ndarray 的尺寸，对于 *n* 行 *m* 列的矩阵，其形状将为(n,m)
size	返回 int，表示 ndarray 的元素总数，这等于形状元素的乘积
dtype	返回 data-type，描述 ndarray 中元素类型的对象
itemsize	返回 int，表示 ndarray 的每个元素的大小（以字节为单位）。例如，数据类型 float64 具有 itemsize 8（= 64/8），数据类型的一个 complex32 具有 itemsize 4（= 32/8），相当于 ndarray.dtype.itemsize

查看表 2-3 中的 ndarray 属性，可获取 ndarray 的基本信息，示例如代码 2-3 所示。

代码 2-3　查看 ndarray 属性示例

In[9]:	`print('ndarray arr2 的维数为: ', arr2.ndim)`
Out[9]:	ndarray arr2 的维数为: 2
In[10]:	`print('ndarray arr2 的形状为: ', arr2.shape)`
Out[10]:	ndarray arr2 的形状为:　(3, 4)
In[11]:	`print('ndarray arr2 的数据类型为: ', arr2.dtype)`
Out[11]:	ndarray arr2 的数据类型为: int32
In[12]:	`print('ndarray arr2 的元素个数为: ', arr2.size)`
Out[12]:	ndarray arr2 的元素个数为: 12
In[13]:	`print('ndarray arr2 每个元素的大小为: ', arr2.itemsize)`
Out[13]:	ndarray arr2 每个元素的大小为: 4

（2）其他函数

array 函数创建 ndarray 虽然通用，但是并不方便。针对一些特殊的 ndarray，NumPy 提供了其他 ndarray 创建函数，如表 2-4 所示。

表 2-4　其他 ndarray 创建函数

函数名称	说明
arange	创建等差数列（指定开始值、终值和步长）
linspace	创建等差数列（指定开始值、终值和元素个数）
logspace	创建等比数列
zeros	创建值全部为 0 的矩阵
eye	创建单位矩阵（对角线元素为 1，其余为 0）
diag	创建对角矩阵（对角线元素为指定值，其余为 0）
ones	创建值全部为 1 的矩阵

arange 函数类似于 Python 内置的 range 函数，通过指定开始值、终值和步长来创建一维 ndarray，创建的 ndarray 不含终值，示例如代码 2-4 所示。

代码 2-4　使用 arange 函数创建 ndarray 示例

In[14]:	`print('使用 arange 函数创建的 ndarray 为: \n',np.arange(0, 1, 0.1))`
Out[14]:	使用 arange 函数创建的 ndarray 为:
	[0. 0.1 0.2 0.3 0.4 0.5 0.6 0.7 0.8 0.9]

linspace 函数通过指定开始值、终值和元素个数来创建一维 ndarray，默认设置包括终值，示例如代码 2-5 所示。

代码 2-5　使用 linspace 函数创建 ndarray 示例

In[15]:	`print('使用 linspace 函数创建的 ndarray 为: \n',` `        np.linspace(0, 1, 12))`
Out[15]:	使用 linspace 函数创建的 ndarray 为:
	[0. 0.09090909 0.18181818 0.27272727 0.36363636 0.45454545
	0.54545455 0.63636364 0.72727273 0.81818182 0.90909091 1.]

logspace 函数和 linspace 函数类似，不同之处在于，logspace 创建的是等比数列。例如，使用 logspace 函数创建从 1（10^0）到 100（10^2）的 20 个元素的等比数列，示例如代码 2-6 所示。

代码 2-6　使用 logspace 函数创建等比 ndarray 示例

In[16]:	`print('使用 logspace 函数创建的 ndarray 为:\n', np.logspace(0, 2, 20))`
Out[16]:	使用 logspace 函数创建的 ndarray 为:
	[1. 1.27427499 1.62377674 2.06913808 2.6366509
	3.35981829 4.2813324 5.45559478 6.95192796 8.8586679
	11.28837892 14.38449888 18.32980711 23.35721469 29.76351442
	37.92690191 48.32930239 61.58482111 78.47599704 100.]

除了创建等差、等比数列的函数外，NumPy 还提供了特殊矩阵形式的 ndarray 创建函数。其中，zeros 函数用于创建值全部为 0 的矩阵，示例如代码 2-7 所示。

代码 2-7　使用 zeros 函数创建 ndarray 示例

In[17]:	`print('使用 zeros 函数创建的 ndarray 为: \n', np.zeros((2, 3)))`
Out[17]:	使用 zeros 函数创建的 ndarray 为:
	[[0. 0. 0.]
	[0. 0. 0.]]

eye 函数用于生成单位矩阵，其主对角线上的元素值为 1，其他元素值为 0，示例如代码 2-8 所示。

代码 2-8　使用 eye 函数创建 ndarray 示例

```
In[18]:    print('使用 eye 函数创建的 ndarray 为: \n ', np.eye(3))
Out[18]:   使用 eye 函数创建的 ndarray 为:
           [[ 1.  0.  0.]
            [ 0.  1.  0.]
            [ 0.  0.  1.]]
```

diag 函数用于创建对角矩阵，示例如代码 2-9 所示，对角矩阵是一个除对角线以外其他元素都为 0 的方阵，对角线上的元素为指定值。

代码 2-9　使用 diag 函数创建 ndarray 示例

```
In[19]:    print('使用 diag 函数创建的 ndarray 为: \n', np.diag([1, 2, 3, 4]))
Out[19]:   使用 diag 函数创建的 ndarray 为:
           [[1 0 0 0]
            [0 2 0 0]
            [0 0 3 0]
            [0 0 0 4]]
```

ones 函数用于创建值全部为 1 的矩阵，示例如代码 2-10 所示。

代码 2-10　使用 ones 函数创建 ndarray 示例

```
In[20]:    print('使用 ones 函数创建的 ndarray 为: \n', np.ones((2, 3)))
Out[20]:   使用 ones 函数创建的 ndarray 为:
           [[ 1.  1.  1.]
            [ 1.  1.  1.]]
```

3. 生成随机数 ndarray

NumPy 提供了强大的生成随机数的功能，使用随机数也可以创建 ndarray。随机数相关函数都在 random 模块中，包括可以生成服从多种概率分布的随机数的函数。numpy.random 模块中的部分函数如表 2-5 所示。

表 2-5　numpy.random 模块中的部分函数

函数名称	说明
seed	确定随机数生成器的种子
permutation	返回一个序列的随机排列或返回一个随机排列的范围
shuffle	对一个序列进行随机排序
random	产生 0~1 中的随机浮点数
rand	产生指定形状的随机数 ndarray
randint	产生给定上下限范围的随机整数 ndarray
randn	产生正态分布的随机数
binomial	产生二项分布的随机数
normal	产生正态（高斯）分布的随机数
beta	产生 beta 分布的随机数
chisquare	产生卡方分布的随机数
gamma	产生 gamma 分布的随机数
uniform	产生在[0,1)中均匀分布的随机数

其中，random 函数是最常见的生成随机数的函数，示例如代码 2-11 所示。

代码 2-11　生成随机数示例

In[21]:	`print('random 函数生成的随机数 ndarray 为: \n', np.random.random(100))`
Out[21]:	random 函数生成的随机数 ndarray 为: [0.15343184　0.51581585　0.07228451　……　0.24418316 　0.92510545　0.57507965]

注：此处部分结果已省略。

除使用 random 函数生成普通随机数外，NumPy 可以生成符合各类分布的随机数。以 rand 函数为例，使用 rand 函数可以生成服从均匀分布的指定形状的随机数 ndarray，示例如代码 2-12 所示。

代码 2-12　生成服从均匀分布的指定形状的随机数 ndarray 示例

In[22]:	`print('rand 函数生成的服从均匀分布的随机数 ndarray 为: \n', np.random.rand(4, 5))`
Out[22]:	rand 函数生成的服从均匀分布的随机数 ndarray 为: [[0.125901　0.92100812　0.40711827　0.93465124　0.70179531] [0.21059197　0.16788253　0.28053323　0.32883797　0.92432218] [0.2089053　0.69187281　0.40223019　0.54251514　0.6484934] [0.77817522　0.62140403　0.16323499　0.68029592　0.68748271]]

另外，除了生成浮点数外，NumPy 还提供了其他类型的随机数，如生成整数随机数的 randint 函数。randint 函数能够根据给定的上下限范围生成随机整数 ndarray，其基本语法格式如下。

```
numpy.random.randint(low, high=None, size=None, dtype='l')
```

randint 函数的常用参数及说明如表 2-6 所示。

表 2-6　randint 函数的常用参数及说明

参数名称	说明
low	接收 int，表示随机范围下限。无默认值
high	接收 int，表示随机范围上限。无默认值
size	接收整数 tuple，指定生成 ndarray 的 shape。无默认值

使用 randint 函数可生成指定上下限的随机整数 ndarray，示例如代码 2-13 所示。

代码 2-13　使用 randint 函数生成指定上下限的随机整数 ndarray 示例

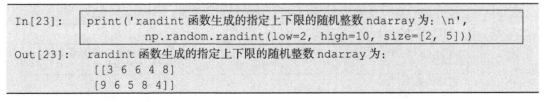

In[23]:	`print('randint 函数生成的指定上下限的随机整数 ndarray 为: \n',` 　　　　`np.random.randint(low=2, high=10, size=[2, 5]))`
Out[23]:	randint 函数生成的指定上下限的随机整数 ndarray 为: [[3 6 6 4 8] [9 6 5 8 4]]

2.1.2　ndarray 的索引和切片

索引和切片是 ndarray 使用频率最高的操作。相较于 list，ndarray 的索引和切片在功能上更加丰富，在形式上更多样。ndarray 的高效率在很大程度上归功于其索引的易用性。

1. 一维 ndarray 的索引和切片

生成一维 ndarray 的索引和切片的方法很简单，与 list 的索引和切片方法一致，示例如代码 2-14 所示。

代码 2-14　一维 ndarray 的索引和切片示例

In[24]:	arr = np.arange(10) print('使用元素位置索引结果为: ', arr[5])
Out[24]:	使用元素位置索引结果为: 5
In[25]:	print('使用元素位置切片结果为: ', arr[3:5])
Out[25]:	使用元素位置切片结果为: [3 4]
In[26]:	print('省略单个位置切片结果为: ', arr[:5])
Out[26]:	省略单个位置切片结果为: [0 1 2 3 4]
In[27]:	print('使用元素反向位置切片结果为: ', arr[:-1])
Out[27]:	使用元素反向位置切片结果为: [0 1 2 3 4 5 6 7 8]

In[28]:	arr[2:4] = 100, 101 # 修改对应下标的值
	print('修改后的 ndarray arr 为: ', arr)

Out[28]:	修改后的 ndarray arr 为: [0 1 100 101 4 5 6 7 8 9]
In[29]:	print('元素位置等差索引结果为: ', arr[1:-1:2])
Out[29]:	元素位置等差索引结果为: [1 101 5 7]

In[30]:	# 步长为负数时，开始位置必须大于结束位置
	print('元素位置负数步长等差索引结果为: ', arr[5:1:-2])

Out[30]:	元素位置负数步长等差索引结果为: [5 101]

2. 多维 ndarray 的索引和切片

多维 ndarray 的每一个维度都有一个索引，各个维度的索引之间以逗号隔开。多维 ndarray 的索引和切片示例如代码 2-15 所示。

代码 2-15　多维 ndarray 的索引和切片示例

In[31]:	arr = np.array([[1, 2, 3, 4, 5], [4, 5, 6, 7, 8], [7, 8, 9, 10, 11]]) print('创建的二维 ndarray arr 为: \n', arr)
Out[31]:	创建的二维 ndarray arr 为: [[1 2 3 4 5] [4 5 6 7 8] [7 8 9 10 11]]
In[32]:	print('切片结果为: ', arr[0, 3:5]) # 访问第 0 行中第 3 例和第 4 列的元素
Out[32]:	切片结果为: [4 5]
In[33]	print('切片结果为: \n', arr[1:, 2:]) # 访问第 1 行和第 2 行中第 2 列、 第 3 列和第 4 列的元素
Out[33]:	切片结果为: [[6 7 8] [9 10 11]]
In[34]:	print('切片结果为: \n', arr[:, 2:]) # 访问第 3 列的所有元素
Out[34]:	切片结果为: [3 6 9]

ndarray 在索引和切片的时候除了使用整型的数据外，还可以使用布尔型数据，示例如代码 2-16 所示。

代码 2-16　使用布尔型数据索引和切片示例

| In[35]: | `# 索引第 1 行、第 3 行中第 2 列的元素`
`mask = np.array([1, 0, 1], dtype=np.bool)`
`print('使用布尔值 ndarray 索引结果为: ', arr[mask, 2])` |
| Out[35]: | 使用布尔值 ndarray 索引结果为: [3 9] |

3. 花式索引

花式索引是一个 NumPy 术语，是在基础索引方式上衍生出的功能更强大的索引方式。它能够使用整数 ndarray 进行索引，示例如代码 2-17 所示。

代码 2-17　使用整数 ndarray 索引示例

In[36]:	`arr = np.empty((8, 4))`
	`for i in range(8):`
	`        arr[i] = i`
	`print('创建的二维 ndarray arr 为: \n', arr)`

Out[36]:	创建的二维 ndarray arr 为:
	`[[0. 0. 0. 0.]`
	` [1. 1. 1. 1.]`
	` [2. 2. 2. 2.]`
	` [3. 3. 3. 3.]`
	` [4. 4. 4. 4.]`
	` [5. 5. 5. 5.]`
	` [6. 6. 6. 6.]`
	` [7. 7. 7. 7.]]`

In[37]:	`print('以特定顺序索引 arr 结果为: \n', arr[[4, 3, 0, 6]])`

Out[37]:	以特定顺序索引 arr 结果为:
	`[[4. 4. 4. 4.]`
	` [3. 3. 3. 3.]`
	` [0. 0. 0. 0.]`
	` [6. 6. 6. 6.]]`

In[38]:	`print('以特定逆序索引 arr 结果为: \n', arr[[-3, -5, -7]])`

Out[38]:	以特定逆序索引 arr 结果为:
	`[[5. 5. 5. 5.]`
	` [3. 3. 3. 3.]`
	` [1. 1. 1. 1.]]`

对二维 ndarray 传入两个索引 ndarray 进行花式索引，返回的是一个一维 ndarray，示例如代码 2-18 所示。此时，其中两个 ndarray 的元素一一对应。

代码 2-18　花式索引示例

| In[39]: | `arr = np.array([np.arange(i*4, i*4+4) for i in np.arange(6)])`
`print('创建的二维 ndarray arr 为: \n', arr)` |
| Out[39]: | 创建的二维 ndarray arr 为:
`[[ 0  1  2  3]`
` [ 4  5  6  7]`
` [ 8  9 10 11]` |

	[12 13 14 15] 　[16 17 18 19] 　[20 21 22 23]]
In[40]:	# 返回一个 ndarray 最终的元素(1,0)、(5,3)、(4,1)、(2,2) print('使用二维 ndarray 索引 arr 结果为: ', arr[[1, 5, 4, 2], [0, 3, 1, 2]])
Out[40]:	使用二维 ndarray 索引 arr 结果为: [4 23 17 10]

若需要使用 ndarray 索引的方式来生成某个区域索引器，则需要配合使用 ix 函数，示例如代码 2-19 所示。

代码 2-19　使用 ix 函数生成区域索引器示例

In[41]:	# 利用 ix 函数将两个一维的整数 ndarray 转换为方形区域的索引器 print('使用 ix 成片索引 arr 结果为: \n', arr[np.ix_([1, 5, 4, 2], [0, 3, 1, 2])])
Out[41]:	使用 ix 成片索引 arr 结果为: [[4 7 5 6] 　[20 23 21 22] 　[16 19 17 18] 　[8 11 9 10]]

在使用 NumPy 的过程中，使用花式索引常常会引起误会，所以在实际使用的过程中应尽可能使用一般索引方式，必须使用花式索引时需做好代码注释。

2.2　ndarray 的基础操作

ndarray 作为 NumPy 中最常用的数据类型，其操作灵活、多样。本节将介绍 ndarray 的基础操作，包括设置 ndarray 的形状、展平 ndarray、组合 ndarray、分割 ndarray 及 ndarray 的排序与搜索等。

2.2.1　变换 ndarray 的形态

1. 设置 ndarray 形状

（1）使用 reshape 方法

NumPy 中的 reshape 方法用于改变 ndarray 的形状。reshape 方法仅改变原始数据的形状，不改变原始数据的值，且不改变原 ndarray，示例如代码 2-20 所示。

代码 2-20　通过 reshape 方法设置 ndarray 的形状示例

In[1]:	Import mumpy as np
	arr = np.arange(12) # 创建一维 ndarray
	print('创建的一维 ndarray arr 为: ', arr)

Out[1]:	创建的一维 ndarray arr 为: [0 1 2 ..., 9 10 11]

In[2]:	arr1 = arr.reshape(3, 4) # 设置 ndarray 的维度
	print('改变形状后的 ndarray arr1 为: \n', arr1)

Out[2]:	改变形状后的 ndarray arr1 为: [[0 1 2 3] 　[4 5 6 7] 　[8 9 10 11]]
In[3]:	print('形状改变后 ndarray arr1 的维度为: ', arr1.ndim)
Out[3]:	形状改变后 ndarray arr1 的维度为: 2

（2）使用 resize 方法

resize 方法也提供了类似 reshape 方法的功能，但 resize 方法会直接作用于所操作的 ndarray，示例如代码 2-21 所示。

代码 2-21　通过 resize 方法设置 ndarray 的形状示例

```
In[4]:    arr.resize(2, 6)
          print('resize 改变原 ndarray 形状，ndarray arr 变为: \n', arr)
Out[4]:   resize 改变原 ndarray 形状，ndarray arr 变为:
          [[ 0  1  2  3  4  5]
           [ 6  7  8  9 10 11]]
```

（3）设置 shape 属性

通过修改 ndarray 的 shape 属性也可以实现 ndarray 形状的更改，但这种方法将直接作用于所操作的 ndarray，示例如代码 2-22 所示。

代码 2-22　通过修改 shape 属性改变 ndarray 维度示例

```
In[5]:    arr.shape = (4, 3)
          print('通过重新设置 shape 属性后，ndarray arr 为: \n', arr)
Out[5]:   通过重新设置 shape 属性后，ndarray arr 为:
          [[ 0  1  2]
           [ 3  4  5]
           [ 6  7  8]
           [ 9 10 11]]
```

2. 展平 ndarray

（1）使用 ravel 方法

展平是指将多维 ndarray 转换成一维 ndarray 的操作过程，是一种特殊的 ndarray 形状变换。在 NumPy 中，可以使用 ravel 方法完成 ndarray 的横向展平，示例如代码 2-23 所示。

代码 2-23　使用 ravel 方法展平 ndarray 示例

```
In[6]:    arr = np.arange(12).reshape(3, 4)
          print('创建的二维 ndarray arr 为: \n', arr)
Out[6]:   创建的二维 ndarray arr 为:
          [[ 0  1  2  3]
           [ 4  5  6  7]
           [ 8  9 10 11]]
In[7]:    print('ndarray arr 横向展平后为: ', arr.ravel())
Out[7]:   ndarray arr 横向展平后为: [ 0  1  2  3  4  5  6  7  8  9 10 11]
```

（2）使用 flatten 方法

flatten 方法也可以展平 ndarray，与 ravel 方法的区别是，flatten 方法可以选择横向或纵向展平，示例如代码 2-24 所示。

代码 2-24　使用 flatten 方法展平 ndarray 示例

In[8]:	`print('ndarray arr 使用 flatten 方法横向展平后为：\n', arr.flatten())`
Out[8]:	ndarray arr 使用 flatten 方法横向展平后为：[0 1 2 3 4 5 6 7 8 9 10 11]
In[9]:	`print('ndarray arr 使用 flatten 方法纵向展平后为：\n',` `    arr.flatten('F'))`
Out[9]:	ndarray arr 使用 flatten 方法纵向展平后为： [0 4 8 1 5 9 2 6 10 3 7 11]

3. 组合 ndarray

将多个 ndarray 组合为一个全新的 ndarray，这一操作称为组合 ndarray。NumPy 中提供了横向组合、纵向组合、深度组合等多种组合方式，分别使用 hstack、vstack、concatenate、dstack 函数来完成。除了深度组合方式外，其余组合方式结果的维度与原 ndarray 相同。

（1）使用 hstack 函数

使用 hstack 函数可实现 ndarray 的横向组合，示例如代码 2-25 所示。

代码 2-25　使用 hstack 函数实现 ndarray 的横向组合示例

In[10]:	`arr1 = np.arange(12).reshape(3, 4)` `print('创建的 ndarray arr1 为：\n', arr1)`
Out[10]:	创建的 ndarray arr1 为： [[0 1 2 3] [4 5 6 7] [8 9 10 11]]
In[11]:	`arr2 = arr1*3` `print('创建的 ndarray arr2 为：\n', arr2)`
Out[11]:	创建的 ndarray arr2 为： [[0 3 6 9] [12 15 18 21] [24 27 30 33]]
In[12]:	`print('hstack 横向组合 ndarray arr1 与 arr2 为：\n',` `    np.hstack((arr1, arr2)))`
Out[12]:	hstack 横向组合 ndarray arr1 与 arr2 为： [[0 1 2 3 0 3 6 9] [4 5 6 7 12 15 18 21] [8 9 10 11 24 27 30 33]]

（2）使用 vstack 函数

使用 vstack 函数可实现 ndarray 的纵向组合，示例如代码 2-26 所示。

代码 2-26　使用 vstack 函数实现 ndarray 的纵向组合示例

In[13]:	`print('vstack 纵向组合 ndarray arr1 与 arr2 为：\n',` `    np.vstack((arr1, arr2)))`
Out[13]:	vstack 纵向组合 ndarray arr1 与 arr2 为： [[0 1 2 3] [4 5 6 7] [8 9 10 11] [0 3 6 9] [12 15 18 21] [24 27 30 33]]

（3）使用 concatenate 函数

使用 concatenate 函数既可以实现横向组合，又能巩固实现纵向组合。当参数 axis=1 时为横向组合，当参数 axis=0 时为纵向组合，示例如代码 2-27 所示。

代码 2-27　使用 concatenate 函数组合 ndarray 示例

```
In[14]:    print('concatenate 横向组合 arr1 与 arr2 为: \n',
               np.concatenate((arr1, arr2), axis=1))
Out[14]:   concatenate 横向组合 arr1 与 arr2 为:
           [[ 0  1  2  3  0  3  6  9]
            [ 4  5  6  7 12 15 18 21]
            [ 8  9 10 11 24 27 30 33]]
In[15]:    print('concatenate 纵向组合 arr1 与 arr2 为: \n',
               np.concatenate((arr1, arr2), axis=0))
Out[15]:   concatenate 纵向组合 arr1 与 arr2 为:
           [[ 0  1  2  3]
            [ 4  5  6  7]
            [ 8  9 10 11]
            [ 0  3  6  9]
            [12 15 18 21]
            [24 27 30 33]]
```

（4）深度组合

所谓深度组合，就是指对一系列 ndarray 沿着纵轴方向进行层叠组合，类似于 Python 的内置函数 zip。NumPy 提供的 dstack 函数可实现 ndarray 的深度组合，示例如代码 2-28 所示。

代码 2-28　使用 dstack 函数深度组合 ndarray 示例

```
In[16]:    print('dstack 深度组合 arr1 与 arr2 为:\n', np.dstack((arr1, arr2)))
Out[16]:   dstack 深度组合 arr1 与 arr2 为:
           [[[ 0  0]
             [ 1  3]
             [ 2  6]
             [ 3  9]]

            [[ 4 12]
             [ 5 15]
             [ 6 18]
             [ 7 21]]

            [[ 8 24]
             [ 9 27]
             [10 30]
             [11 33]]]
In[17]:    arr3 = []
           for x, y in list(zip(arr1, arr2)):
               arr3.append(list(zip(x, y)))
           arr3 = np.array(arr3)
           print('zip 函数实现深度合并的 arr3 与 dstack 实现的等价: \n',
               arr3 == np.dstack((arr1, arr2)))
Out[17]:   zip 函数实现深度合并的 arr3 与 dstack 实现的等价:
           [[[ True  True]
```

```
    [ True   True]
    [ True   True]
    [ True   True]]

   [[ True   True]
    [ True   True]
    [ True   True]
    [ True   True]]

   [[ True   True]
    [ True   True]
    [ True   True]
    [ True   True]]]
```

4. 分割 ndarray

将一个数组拆分为多个，这一操作称为分割 ndarray。在 NumPy 中可以对 ndarray 进行横向、纵向或深度分割，分别使用 hsplit、vsplit、split 和 dsplit 函数实现。通过这些函数可以将 ndarray 分割成相同大小的子 ndarray，也可以根据位置将其分割为目标形状。分割后的每一个 ndarray 维度都与原 ndarray 相同。

（1）使用 hsplit 函数

使用 hsplit 函数可实现 ndarray 的横向分割，示例如代码 2-29 所示。

代码 2-29　使用 hsplit 函数实现 ndarray 的横向分割示例

```
In[18]:    arr = np.arange(16).reshape(4, 4)
           print('创建的二维 ndarray arr 为: \n', arr)
Out[18]:   创建的二维 ndarray arr 为:
           [[ 0  1  2  3]
            [ 4  5  6  7]
            [ 8  9 10 11]
            [12 13 14 15]]
In[19]:    print('hsplit 横向分割 arr 为: \n', np.hsplit(arr, 2))
Out[19]:   hsplit 横向分割 arr 为:
           [array([[ 0,  1],
                   [ 4,  5],
                   [ 8,  9],
                   [12, 13]]), array([[ 2,  3],
                   [ 6,  7],
                   [10, 11],
                   [14, 15]])]
```

（2）使用 vsplit 函数

使用 vsplit 函数可实现 ndarray 的纵向分割，示例如代码 2-30 所示。

代码 2-30　使用 vsplit 函数实现 ndarray 的纵向分割示例

```
In[20]:    print('vsplit 纵向分割 arr 为: \n', np.vsplit(arr, 2))
Out[20]:   vsplit 纵向分割 arr 为:
           [array([[0, 1, 2, 3],
                   [4, 5, 6, 7]]), array([[ 8,  9, 10, 11],
                   [12, 13, 14, 15]])]
```

（3）使用 split 函数

使用 split 函数同样可以实现 ndarray 的横向和纵向分割，当 axis=1 时为横向分割，当 axis=0 时为纵向分割，示例如代码 2-31 所示。

代码 2-31　使用 split 函数分割 ndarray 示例

```
In[21]:    print('split 横向分割 arr 为: \n', np.split(arr, 2, axis=1))
Out[21]:   split 横向分割 arr 为:
           [array([[ 0,  1],
                  [ 4,  5],
                  [ 8,  9],
                  [12, 13]]), array([[ 2,  3],
                  [ 6,  7],
                  [10, 11],
                  [14, 15]])]
In[22]:    print('split 纵向分割 arr 为: \n', np.split(arr, 2, axis=0))
Out[22]:   split 纵向分割 arr 为:
           [array([[0, 1, 2, 3],
                  [4, 5, 6, 7]]), array([[ 8,  9, 10, 11],
                  [12, 13, 14, 15]])]
```

（4）深度分割

使用 dsplit 函数可实现 ndarray 的深度分割，但被分割的 ndarray 必须是三维 ndarray，且分割的数目必须为 shape 属性中下标为 2 的值的公约数，示例如代码 2-32 所示。

代码 2-32　使用 dsplit 函数实现 ndarray 的深度分割示例

```
In[23]:    arr = np.arange(12).reshape(2, 2, 3)
           print('创建的三维 ndarray arr 为: \n', arr)
Out[23]:   创建的三维 ndarray arr 为:
           [[[ 0  1  2]
             [ 3  4  5]]

            [[ 6  7  8]
             [ 9 10 11]]]
In[24]:    print('dsplit 深度分割 arr 为: \n', np.dsplit(arr, 3))
Out[24]:   dsplit 深度分割 arr 为:
           [array([[[0],
                   [3]],

                  [[6],
                   [9]]]), array([[[ 1],
                   [ 4]],

                  [[ 7],
                   [10]]]), array([[[ 2],
                   [ 5]],

                  [[ 8],
                   [11]]])]
```

2.2.2 排序与搜索

1. 排序

NumPy 提供的排序方式主要可以概括为直接排序和间接排序两种。直接排序指对数值直接进行排序；间接排序是指根据一个或多个键对数据集进行排序。NumPy 提供的常用排序函数有 sort 和 argsort 函数。

（1）使用 sort 函数

sort 函数是最常用的排序函数，其基本语法格式如下。

```
numpy.sort(a, axis=-1, kind='quicksort', order=None)
```

sort 函数的常用参数及说明如表 2-7 所示。

表 2-7　sort 函数的常用参数及说明

参数名称	说明
a	接收 array，表示想要排序的 ndarray。无默认值
axis	接收 int，表示指定的轴，axis=1 时指定横轴，axis=0 时指定纵轴。默认为-1，即 ndarray 被横向展开排序
kind	接收 str，表示排序的算法，可取 quicksort、mergesort、heapsort、stable。默认为 quicksort

使用 sort 函数进行排序示例如代码 2-33 所示，完全按照数值大小进行排序，不考虑不同行列之间的关联关系。

代码 2-33　使用 sort 函数进行排序示例

In[25]:	`np.random.seed(42)  # 设置随机种子`
	`arr = np.random.randint(1, 10, size=12).reshape(4, 3)`
	`print('创建的随机数 ndarray arr 为: \n', arr)`

Out[25]:	创建的随机数 ndarray arr 为: [[7 4 8] [5 7 3] [7 8 5] [4 8 8]]
In[26]:	`print('默认排序后 ndarray arr 为: \n', np.sort(arr))`
Out[26]:	默认排序后 ndarray arr 为: [[4 7 8] [3 5 7] [5 7 8] [4 8 8]]
In[27]:	`print('展平排序的 ndarray arr 为: ', np.sort(arr, axis=None))`
Out[27]:	展平排序的 ndarray arr 为: [3 4 4 5 5 7 7 7 8 8 8 8]
In[28]:	`print('横轴排序后 ndarray arr 为: \n', np.sort(arr, axis=1))`
Out[28]:	横轴排序后 ndarray arr 为: [[4 7 8] [3 5 7] [5 7 8] [4 8 8]]
In[29]:	`print('纵轴排序后 ndarray arr 为: \n', np.sort(arr, axis=0))`
Out[29]:	纵轴排序后 ndarray arr 为: [[4 4 3] [5 7 5] [7 8 8] [7 8 8]]

（2）使用 argsort 函数和 lexsort 函数

argsort 函数和 lexsort 函数可以在给定一个或多个键时得到一个由整数构成的索引 ndarray，索引值表示数据在新的顺序下的位置。配合花式索引即可实现基于某一列或者某一行的排序。

argsort 函数的基本语法格式如下。

```
numpy.argsort(a, axis=-1, kind='quicksort', order=None)
```

argsort 函数的常用参数及说明如表 2-8 所示。

表 2-8 argsort 函数的常用参数及说明

参数名称	说明
a	接收 array，表示想要排序的 ndarray。无默认值
axis	接收 int，表示指定的轴，axis=1 时指定横轴，axis=0 时指定纵轴。默认为-1，即 ndarray 被展开排序
kind	接收 string，表示排序的方法，可取 quicksort、mergesort、heapsort、stable。默认为 quicksort

argsort 函数的使用方法类似于 sort 函数，只是返回的值不相同，示例如代码 2-34 所示。

代码 2-34 使用 argsort 函数进行排序示例

```
In[30]:    print('横轴排序后 arr 的下标为: \n', np.argsort(arr, axis=1))
Out[30]:   横轴排序后 arr 的下标为:
           [[1 0 2]
           [2 0 1]
           [2 0 1]
           [0 1 2]]
In[31]:    print('展平排序后 arr 的下标为: ', np.argsort(arr, axis=None))
Out[31]:   展平排序后 arr 的下标为: [ 5 1 9 3 8 0 4 6 2 7 10 11]
```

2. 搜索

NumPy 提供了一些在 ndarray 内实施搜索的函数，包括用于找到最大值、最小值以及满足给定条件的元素的函数。

（1）使用 argmax 和 argmin 函数

使用 argmax 和 argmin 函数可以求最大元素和最小元素的索引，其基本语法格式如下。

```
numpy.argmax(a, axis=None, out=None)
numpy.argmin(a, axis=None, out=None)
```

argmax 和 argmin 函数的常用参数及说明如表 2-9 所示。

表 2-9 argmax 和 argmin 函数的常用参数及说明

参数名称	说明
a	接收 array，表示想要搜索的 ndarray。无默认值
axis	接收 int，表示指定的轴，axis=1 时指定横轴，axis=0 时指定纵轴。默认情况下，索引的是平铺的 ndarray

使用 argmax 和 argmin 函数求最大元素和最小元素的索引时，如果存在多个最大值，则仅求出第一次出现的最大值的索引，示例如代码 2-35 所示。

代码 2-35　使用 argmax 和 argmin 函数进行搜索示例

```
In[32]:    arr = np.arange(6, 12).reshape(2, 3)
           print('创建的 ndarray arr 为: \n', arr)
Out[32]:   创建的 ndarray arr 为:
           [[ 6  7  8]
            [ 9 10 11]]
In[33]:    print('ndarray arr 中最大元素的索引为: ', np.argmax(arr))
           print('ndarray arr 中最小元素的索引为: ', np.argmin(arr))
Out[33]:   ndarray arr 中最大元素的索引为: 5
           ndarray arr 中最小元素的索引为: 0
In[34]:    print('ndarray arr 中各列最大元素的索引为:', np.argmax(arr, axis=0))
           print('ndarray arr 中各行最小元素的索引为:', np.argmin(arr, axis=1))
Out[34]:   ndarray arr 中各列最大元素的索引为: [1 1 1]
           ndarray arr 中各行最小元素的索引为: [0 0]
```

（2）使用 where 函数

使用 where 函数可以返回输入的 ndarray 中满足给定条件的元素的索引，其基本语法格式如下。

```
np.where(condition, x, y)
```

where 函数的常用参数及说明如表 2-10 所示。

表 2-10　where 函数的常用参数及说明

参数名称	说明
condition	接收 array、bool，表示搜索的条件。无默认值
x	接收 array，表示搜索对象。无默认值
y	接收 array，表示不满足条件的值的替换值。无默认值

若只有条件（condition），没有 x 和 y，则输出满足条件的元素的下标，示例如代码 2-36 所示。

代码 2-36　没有 x 和 y 参数的 where 函数的使用示例

```
In[35]:    arr = np.arange(12).reshape(4, 3)
           print('创建的 ndarray arr 为: \n', arr)
Out[35]:   创建的 ndarray arr 为:
           [[ 0  1  2]
            [ 3  4  5]
            [ 6  7  8]
            [ 9 10 11]]
In[36]:    print('where 输出 ndarray arr 满足条件的元素的下标为: \n',
               np.where (arr > 6))
Out[36]:   where 输出 ndarray arr 满足条件的元素的下标为:
           (array([2, 2, 3, 3, 3], dtype=int64), array([1, 2, 0, 1, 2],
           dtype=int64))
```

有 x 和 y 参数对，满足条件（condition）时，输出值为 x，否则输出值为 y，示例如代码 2-37 所示。

代码 2-37　有 x 和 y 参数的 where 函数的使用示例

In[37]:	`arr1 = np.arange(12).reshape(3, 4)` `print('创建的 ndarray arr1 为: \n', arr1)`

Out[37]:	创建的 ndarray arr1 为:
	`[[ 0  1  2  3]`
	` [ 4  5  6  7]`
	` [ 8  9 10 11]]`

In[38]:	`arr2 = np.arange(-12, 0).reshape(3, 4)` `print('创建的 ndarray arr2 为: \n', arr2)`

Out[38]:	创建的 ndarray arr2 为:
	`[[ -12 -11 -10  -9]`
	` [ -8  -7  -6  -5]`
	` [ -4  -3  -2  -1]]`

In[39]:	`exp = arr1 > 5` `print('arr1 大于 5 的布尔 ndarray 为: \n', exp)`

Out[39]:	arr1 大于 5 的布尔 ndarray 为:
	`[[False False False False]`
	` [False False  True  True]`
	` [ True  True  True  True]]`

In[40]:	`print('where 函数搜索符合条件的 arr1 与 arr2 为: \n',` `        np.where(exp, arr1, arr2))`

Out[40]:	where 函数搜索符合条件的 arr1 与 arr2 为:
	`[[-12 -11 -10  -9]`
	` [ -8  -7   6   7]`
	` [  8   9  10  11]]`

代码 2-37 中条件为 exp，分别对应最后的输出结果。第一个值从 arr1 的第一个数 0 和 arr2 的第一个数 -12 中选择，因为条件为 False，所以选择的是 -12，以此类推。

（3）使用 extract 函数

使用 extract 函数可以返回输入的 ndarray 中满足给定条件的元素。extract 函数的基本语法格式如下。

```
numpy.extract(condition,arr)
```

extract 函数的常用参数及说明如表 2-11 所示。

表 2-11　extract 函数的常用参数及说明

参数名称	说明
condition	接收 array，表示搜索的条件。无默认值
arr	接收 array，表示满足条件的元素。无默认值

使用 extract 函数选取符合条件的元素示例如代码 2-38 所示。

代码 2-38　使用 extract 函数选取符合条件的元素示例

In[41]:	`arr = np.arange(9).reshape(3, 3)` `print('创建的 ndarray arr 为: \n', arr)`

Out[41]:	创建的 ndarray arr 为:
	`[[0 1 2]`
	` [3 4 5]`
	` [6 7 8]]`

In[42]:	`exp = (arr % 2) == 0` `print('arr 能被 2 整除的布尔 ndarray 为: \n', exp)`

Out[42]:	arr 能被 2 整除的布尔 ndarray 为: [[True False True] [False True False] [True False True]]
In[43]:	print('arr 基于条件 exp 提取的元素为: \n', np.extract(exp, arr))
Out[43]:	arr 基于条件 exp 提取的元素为: [0 2 4 6 8]

2.3　ufunc

ufunc 是一种能够对 ndarray 中的所有元素进行操作的函数，因此，ndarray 能够运用向量化运算来处理整个数组。而完成同样的任务，Python 的列表通常需要借助循环语句遍历列表，并对逐个元素进行相应的处理。

2.3.1　ufunc 的广播机制

广播（Broadcasting）是指不同形状的 ndarray 之间执行算术运算的方式。当执行 ufunc 函数进行 ndarray 计算时，ufunc 会对两个数据的每个对应元素进行计算，执行这种计算方式的前提是两个 ndarray 的形状一致。若两个 ndarray 的形状不一致，则 NumPy 会实行广播机制。NumPy 中的广播机制并不容易理解，特别是在高维 ndarray 计算时，为了更好地使用广播机制，需要遵循以下 4 个原则。

（1）让所有输入的 ndarray 都向其中 shape 最长的 ndarray 看齐，shape 中不足的部分通过在前面加 1 补齐。

（2）输出 ndarray 的 shape 是输入 ndarray 的 shape 各个轴上的最大值。

（3）如果输入 ndarray 的某个轴和输出 ndarray 的对应轴的长度相同或其长度为 1，则此 ndarray 能够用于计算，否则会出错。

（4）当输入 ndarray 的某个轴的长度为 1，且沿着此轴运算时，使用此轴上的第一组值。

以一维 ndarray 和二维 ndarray 举例说明广播的运算机制。一维 ndarray 的广播机制示例如代码 2-39 所示。

代码 2-39　一维 ndarray 的广播机制示例

In[1]:	import numpy as np arr1 = np.array([[0, 0, 0], [1, 1, 1], [2, 2, 2], [3, 3, 3]]) print('创建的 ndarray arr 为: \n', arr1)
Out[1]:	创建的 ndarray arr 为: [[0 0 0] [1 1 1] [2 2 2] [3 3 3]]
In[2]:	arr2 = np.array([1, 2, 3]) print('创建的 ndarray arr2 为: ', arr2)
Out[2]:	创建的 ndarray arr2 为: [1 2 3]
In[3]:	print('arr1 与 arr2 相加结果为: \n', arr1 + arr2)
Out[3]:	arr1 与 arr2 相加结果为: [[1 2 3] [2 3 4] [3 4 5] [4 5 6]]

代码 2-39 中计算两个 ndarray 的和的过程如图 2-1 所示。

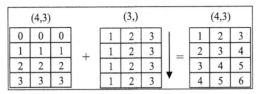

图 2-1 计算两个 ndarray 的和的过程

二维 ndarray 的广播机制示例如代码 2-40 所示。

代码 2-40 二维 ndarray 的广播机制示例

```
In[4]:    arr3 = np.arange(1, 5).reshape(4, 1)
          print('创建的 ndarray arr3 为: \n', arr3)
Out[4]:   创建的 ndarray arr3 为:
          [[1]
          [2]
          [3]
          [4]]
In[5]:    print('arr1 与 arr3 相加结果为: \n', arr1 + arr3)
Out[5]:   arr1 与 arr3 相加结果为:
          [[1 1 1]
          [3 3 3]
          [5 5 5]
          [7 7 7]]
```

二维 ndarray 的广播机制原理如图 2-2 所示。

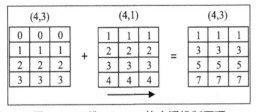

图 2-2 二维 ndarray 的广播机制原理

2.3.2 常用 ufunc 运算

常用的 ufunc 运算有算术运算、三角函数、集合运算、比较运算、逻辑运算和统计计算等。

1. 算术运算

ufunc 支持算术运算，并且有运算符和函数两种方式，和数值运算的使用方式一样，但输入 ndarray 时，必须具有相同的形状或符合 ndarray 广播规则，如表 2-12 所示。

表 2-12 算术运算

运算符	函数格式	说明
+	add(x,y)	ndarray x 各元素与 ndarray y 各元素的和，返回数值型 ndarray
−	subtract(x,y)	ndarray x 各元素与 ndarray y 各元素的差，返回数值型 ndarray

运算符	函数格式	说明
*	multiply(x,y)	ndarray x 各元素与 ndarray y 各元素的积，返回数值型 ndarray
/	divide(x,y)	ndarray x 各元素与 ndarray y 各元素的商，返回数值型 ndarray
**	power(x,y)	ndarray x 各元素的 ndarray y 各元素次幂，返回数值型 ndarray

使用运算符进行 ndarray 的算术运算示例如代码 2-41 所示。

代码 2-41 使用运算符进行 ndarray 的算术运算示例

```
In[6]:    arr1 = np.array([1, 2, 3])
          arr2 = np.array([4, 5, 6])
          print('ndarray arr1, arr2 相加结果为: ', arr1+arr2)
Out[6]:   ndarray arr1, arr2 相加结果为: [5 7 9]
In[7]:    print('ndarray arr1, arr2 相减结果为: ', arr1-arr2)
Out[7]:   ndarray arr1, arr2 相减结果为: [-3 -3 -3]
In[8]:    print('ndarray arr1, arr2 相乘结果为: ', arr1*arr2)
Out[8]:   ndarray arr1, arr2 相乘结果为: [ 4 10 18]
In[9]:    print('ndarray arr1, arr2 相除结果为: ', arr1/arr2)
Out[9]:   ndarray arr1, arr2 相除结果为: [0.25 0.4  0.5 ]
In[10]:   print('ndarray arr1, arr2 幂运算结果为: ', arr1**arr2)
Out[10]:  ndarray arr1, arr2 幂运算结果为: [  1  32 729]
```

除基础的四则运算外，NumPy 还提供了其他数学运算函数，如表 2-13 所示。

表 2-13 其他数学运算函数

函数格式	说明	函数格式	说明
negative(x)	求 ndarray x 各元素的相反数，返回数值型 ndarray	exp(x)	求自然数 E 的 ndarray x 各元素次幂，返回数值型 ndarray
absolute(x)	求 ndarray x 各元素的绝对值，返回 0 或正整数 ndarray	sqrt(x)	求 ndarray x 各元素的平方根，返回数值型 ndarray
fabs(x)	求 ndarray x 各元素的绝对值，返回 0 或正整数 ndarray，仅适用于 float 和 mteger 类型	curt(x)	求 ndarray x 各元素的立方根，返回数值型 ndarray
rint(x)	求 ndarray x 各元素最近的整数，返回整数 ndarray	reciprocal(x)	求 ndarray x 各元素的倒数，返回数值型 ndarray
sign(x)	求 ndarray x 各元素的符号，返回仅含 -1、1 的 ndarray	conj(x)	求 ndarray x 各元素的共轭复数，返回数值型 ndarray
log1p(x)	求 ndarray x 各元素以自然数 E 为底的对数，返回数值型 ndarray	log2(x)	返回 ndarray x 各元素以 2 为底的对数，返回数值型 ndarray
log(x)	求 ndarray x 个元素的对数，返回数值型 ndarray	log10(x)	返回 ndarray x 各元素以 10 为底的对数，返回数值型 ndarray

部分其他数学运算函数的使用示例如代码 2-42 所示。

代码 2-42　部分其他数学运算函数的使用示例

| In[11]: | ```arr = np.arange(-4, 5).reshape(3, 3)
print('创建的 ndarray arr 为: \n', arr)``` |
|---|---|
| Out[11]: | 创建的 ndarray arr 为:
[[-4 -3 -2]
[-1 0 1]
[2 3 4]] |
| In[12]: | ```print('ndarray arr 各元素的相反数为: \n', np.negative(arr))``` |
| Out[12]: | ndarray arr 各元素的相反数为:
[[4 3 2]
[1 0 -1]
[-2 -3 -4]] |
| In[13]: | ```print('ndarray arr 各元素的绝对值为: \n', np.absolute(arr))``` |
| Out[13]: | ndarray arr 各元素的绝对值为:
[[4 3 2]
[1 0 1]
[2 3 4]] |
| In[14]: | ```print('ndarray arr 各元素的符号为: \n', np.sign(arr))``` |
| Out[14]: | ndarray arr 各元素的符号为:
[[-1 -1 -1]
[-1 0 1]
[1 1 1]] |
| In[15]: | ```print('ndarray arr 各元素的平方根为: \n', np.sqrt(arr))``` |
| Out[15]: | ndarray arr 各元素的平方根为:
[[nan   nan   nan]
[nan 0.   1.   ]
[1.41421356 1.73205081 2.   ]] |
| In[16]: | ```print('ndarray arr 各元素的自然对数为: \n', np.log1p(arr))``` |
| Out[16]: | ndarray arr 各元素的自然对数为:
[[nan   nan   nan]
[-inf 0.   0.69314718]
[1.09861229 1.38629436 1.60943791]] |

2．三角函数

ufunc 提供了标准的三角函数与双曲三角函数，双曲三角函数是一类与常见的三角函数类似的函数，经常出现于某些重要的线性微分方程的解中。ufunc 提供的三角函数如表 2-14 所示。

表 2-14　ufunc 提供的三角函数

函数格式	说明	函数格式	说明
sin(x)	三角正弦运算，返回数值型 ndarray	sinh(x)	双曲正弦运算，返回数值型 ndarray
cos(x)	三角余弦运算，返回数值型 ndarray	cosh(x)	双曲余弦运算，返回数值型 ndarray
tan(x)	三角正切运算，返回数值型 ndarray	tanh(x)	双曲正切运算，返回数值型 ndarray
arcsin(x)	三角反正弦运算，返回数值型 ndarray	arcsinh(x)	反双曲正弦运算，返回数值型 ndarray
arccos(x)	三角反余弦运算，返回数值型 ndarray	arccosh(x)	反双曲余弦运算，返回数值型 ndarray
arctan(x)	三角反正切运算，返回数值型 ndarray	arctanh(x)	反双曲正切运算，返回数值型 ndarray

函数格式	说明	函数格式	说明
degrees(x)	弧度转换为角度,返回数值型 ndarray	rad2deg(x)	弧度转换为角度,返回数值型 ndarray
radians(x)	角度转换为弧度,返回数值型 ndarray	deg2rad(x)	角度转换为弧度,返回数值型 ndarray
hypot(x,y)	通过直角三角形的直角边 x、y 求斜边,返回数值型 ndarray		

例如,使用 sin、cos 和 tan 函数可返回弧度制单位的给定角度的三角函数比值,使用 arcsin、arccos 和 arctan 函数可返回给定角度的 sin、cos 和 tan 的反三角函数,示例如代码 2-43 所示。

代码 2-43　ndarray 的三角函数运算示例

```
In[17]:   rad = np.array([0, np.pi*1/6, np.pi*1/4, np.pi*1*3, np.pi*1/2])
          print('将弧度制 ndarray rad 转换为角度制后为: ', np.rad2deg(rad))
Out[17]:  将弧度制 ndarray rad 转换为角度制后为: [  0.  30.  45. 540.  90.]
In[18]:   print('ndarray rad 各元素的正切为: \n ', np.tan(rad))
Out[18]:  ndarray rad 各元素的正切为:
          [ 0.00000000e+00 5.77350269e-01 1.00000000e+00 -3.67394040e-16
          1.63312394e+16]
In[19]:   print('ndarray rad 各元素的正弦为: \n ', np.sin(rad))
Out[19]:  ndarray rad 各元素的正弦为:
          [0.00000000e+00 5.00000000e-01 7.07106781e-01 3.67394040e-16
          1.00000000e+00]
In[20]:   print('ndarray rad 各元素的余弦为: \n ', np.cos(rad))
Out[20]:  ndarray rad 各元素的余弦为:
          [ 1.00000000e+00 8.66025404e-01 7.07106781e-01 -1.00000000e+00
          6.12323400e-17]
In[21]:   arr = np.array([0, 1/2, np.sqrt(2)/2, np.sqrt(3)/2, 1])
          print('ndarray arr 各元素的三角反正弦为: \n ', np.arcsin(arr))
Out[21]:  ndarray arr 各元素的三角反正弦为:
          [0.         0.52359878 0.78539816 1.04719755 1.57079633]
```

3. 集合运算

ufunc 支持基本集合运算,集合函数如表 2-15 所示。

表 2-15　集合函数

函数格式	说明
unique(x)	去重并排序,返回与 x 类型相同的 ndarray
intersect1d(x,y)	ndarray x 与 ndarray y 的交集,返回与 x 类型相同的 ndarray
union1d(x,y)	ndarray x 与 ndarray y 的并集,返回与 x 类型相同的 ndarray
in1d(x,y)	判断 ndarray x 中的元素是否存在于 ndarray y 中,返回布尔型 ndarray
setdiff1d(x,y)	ndarray x 中的元素减去 ndarray x 与 ndarray y 交集的元素,返回与 x 类型相同的 ndarray
setxor1d(x,y)	ndarray x 与 ndarray y 的对称差集,返回与 x 类型相同的 ndarray

ndarray 的集合运算示例如代码 2-44 所示。

代码 2-44 ndarray 的集合运算示例

In[23]:	`arr1 = np.arange(-4, 5)` `print('创建的 ndarray arr1 为：', arr1)`
Out[23]:	创建的 ndarray arr1 为：[-4 -3 -2 -1 0 1 2 3 4]
In[24]:	`arr2 = np.arange(9)` `print('创建的 ndarray arr2 为：', arr2)`
Out[24]:	创建的 ndarray arr2 为：[0 1 2 3 4 5 6 7 8]
In[25]:	`print('ndarray arr1 与 arr2 的交集为:', np.intersect1d(arr1, arr2))`
Out[25]:	ndarray arr1 与 arr2 的交集为：[0 1 2 3 4]
In[26]:	`print('ndarray arr1 与 arr2 的并集为：', np.union1d(arr1, arr2))`
Out[26]:	ndarray arr1 与 arr2 的并集为：[-4 -3 -2 -1 0 1 2 3 4 5 6 7 8]
In[27]:	`print('ndarray arr1 与 arr2 的差集为：', np.setdiff1d(arr1, arr2))`
Out[27]:	ndarray arr1 与 arr2 的差集为：[-4 -3 -2 -1]
In[28]:	`print('ndarray arr1 与 arr2 的对称差集为：', ` `    np.setxor1d(arr1, arr2))`
Out[28]:	ndarray arr1 与 arr2 的对称差集为：[-4 -3 -2 -1 5 6 7 8]

4. 比较运算

ufunc 也可以进行完整的比较运算，并且有运算符和比较函数两种方式，如表 2-16 所示。

表 2-16 比较运算

运算符	函数格式	说明
==	equal(x, y)	判断 ndarray x 与 ndarray y 各元素是否相等，返回 bool 型 ndarray
!=	not_equal(x, y)	判断 ndarray x 与 ndarray y 各元素是否不相等，返回 bool 型 ndarray
<	less(x, y)	判断 ndarray x 各元素是否小于 ndarray y 中的元素，返回 bool 型 ndarray
<=	less_equal(x, y)	判断 ndarray x 各元素是否小于等于 ndarray y 中的元素，返回 bool 型 ndarray
>	greater(x, y)	判断 ndarray x 各元素是否大于 ndarray y 中的元素，返回 bool 型 ndarray
>=	greater_equal(x, y)	判断 ndarray x 各元素是否大于等于 ndarray y 中的元素，返回 bool 型 ndarray

比较运算返回的结果是一个布尔型 ndarray，每个元素为每个 ndarray 对应元素的比较结果，示例如代码 2-45 所示。

代码 2-45 ndarray 的比较运算示例

In[29]:	`arr1 = np.array([1, 3, 5])`
	`arr2 = np.array([2, 3, 4])`
	`print('ndarray x 等于 y 的比较结果为：', arr1 == arr2,`
	`    np.equal(arr1, arr2))`

Out[29]:	ndarray x 等于 y 的比较结果为：[False True False] [False True False]
In[30]:	`print('ndarray x 不等于 y 的比较结果为：', arr1! = arr2,` `    np.not_equal (arr1, arr2))`
Out[30]:	ndarray x 不等于 y 的比较结果为：[True False True] [True False True]
In[31]:	`print('ndarray x 小于 y 的比较结果为：',arr1 < arr2,` `    np.less(arr1, arr2))`
Out[31]:	ndarray x 小于 y 的比较结果为：[True False False] [True False False]
In[32]:	`print('ndarray x 大于 y 的比较结果为：',arr1 > arr2,` `    np.greater(arr1, arr2))`
Out[32]:	ndarray x 大于 y 的比较结果为：[False False True] [False False True]

5. 逻辑运算

ufunc 支持基本逻辑运算，逻辑运算函数如表 2-17 所示。

表 2-17　逻辑运算函数

函数格式	说明
any(x)	判断 ndarray x 中是否存在一个为 True 的元素，返回 bool 值
all(x)	判断 ndarray x 内元素是否全为 True，返回 bool 值
logical_and(x, y)	ndarray x 内元素与 ndarray y 内对应元素的与运算，返回布尔型 ndarray
logical_or(x, y)	ndarray x 内元素与 ndarray y 内对应元素的或运算，返回布尔型 ndarray
logical_not(x)	ndarray x 对应元素的非运算，返回布尔型 ndarray
logical_xor(x, y)	ndarray x 内元素与 ndarray y 内对应元素的异或运算，返回布尔型 ndarray

ndarray 的逻辑运算示例如代码 2-46 所示。

代码 2-46　ndarray 的逻辑运算示例

In[33]:	`arr1 = [True, True, False, False, False]` `print('创建的 ndarray arr1 为: ', arr1)`
Out[33]:	创建的 ndarray arr1 为: [True, True, False, False, False]
In[34]:	`arr2 = [True, False, True, False, True]` `print('创建的 ndarray arr2 为: ', arr2)`
Out[34]:	创建的 ndarray arr2 为: [True, False, True, False, True]
In[35]:	`print('ndarray arr1 与 arr2 的逻辑与运算结果为: ',` `    np.logical_and (arr1, arr2))`
Out[35]:	ndarray arr1 与 arr2 的逻辑与运算结果为: [True False False False False]
In[36]:	`print('ndarray arr1 与 arr2 的逻辑或运算结果为: \n',` `    np.logical_or (arr1, arr2))`
Out[36]:	ndarray arr1 与 arr2 的逻辑或运算结果为: [True True True False True]
In[37]:	`print('ndarray arr1 的逻辑非运算结果为: ', np.logical_not(arr1))`
Out[37]:	ndarray arr1 的逻辑非运算结果为: [False False True True True]
In[38]:	`print('ndarray arr1 与 arr2 的逻辑异或运算结果为: \n',` `    np.logical_ xor(arr1, arr2))`
Out[38]:	ndarray arr1 与 arr2 的逻辑异或运算结果为: [False True True False True]

此外，ufunc 还提供了 ndarray 内容测试函数，如表 2-18 所示。

表 2-18　ndarray 内容测试函数

函数格式	说明
isfinite(x)	判断 ndarray x 内的有穷值，返回 bool 型 ndarray
isinf(x)	判断 ndarray x 内的无穷值，返回 bool 型 ndarray
isnan(x)	判断 ndarray x 内的空值，返回 bool 型 ndarray
isneginf(x)	判断 ndarray x 内的负无穷值，返回 bool 型 ndarray
isposinf(x)	判断 ndarray x 内的正无穷值，返回 bool 型 ndarray

6. 统计计算

NumPy 中有许多可以用于统计分析的函数，如表 2-19 所示。

表 2-19　统计函数

函数格式	说明	函数格式	说明
sum(x)	ndarray x 内元素的和，返回数值型数据或数值型 ndarray	var(x)	ndarray x 内元素的方差，返回数值型数据或数值型 ndarray
ptp(x)	ndarray x 内元素极的差，返回数值型数据或数值型 ndarray	min(x)	ndarray x 内元素的最小值，返回数值型数据或数值型 ndarray
mean(x)	ndarray x 内元素的均值，返回数值型数据或数值型 ndarray	max(x)	ndarray x 内元素的最大值，返回数值型数据或数值型 ndarray
median(x)	ndarray x 内元素的中位数，返回数值型数据或数值型 ndarray	cumsum(x)	ndarray x 内元素的累计和，返回数值型数据或数值型 ndarray
percentile(x,y)	ndarray x 内元素的对应 y 元素值的百分位数，返回数值型数据或数值型 ndarray	cumprod(x)	ndarray x 内元素的累计积，返回数值型数据或数值型 ndarray
std(x)	ndarray x 内元素的标准差，返回数值型数据或数值型 ndarray		

几乎所有统计函数在对二维 ndarray 计算时都需要注意轴的概念。当 axis 参数为 1 时，表示沿着横轴进行计算；当 axis 参数为 0 时，表示沿着纵轴进行计算。但默认情况下，函数并不按照任一轴向计算，而是计算一个总值。常用的统计函数使用示例如代码 2-47 所示。

代码 2-47　常用的统计函数使用示例

```
In[39]:     arr = np.arange(20).reshape(4, 5)
            print('创建的ndarray arr为: \n', arr)
Out[39]:    创建的ndarray arr为:
            [[ 0  1  2  3  4]
             [ 5  6  7  8  9]
             [10 11 12 13 14]
             [15 16 17 18 19]]
In[40]:     print('ndarray arr 各元素的和为: ', np.sum(arr))
Out[40]:    ndarray arr 各元素的和为: 190
In[41]:     print('ndarray arr 各行的极差为: ', np.ptp(arr, axis=1))
Out[41]:    ndarray arr 各行的极差为: [4 4 4 4]
In[42]:     print('ndarray arr 各列的均值为: ', np.mean(arr, axis=0))
Out[42]:    ndarray arr 各列的均值为: [ 7.5  8.5  9.5 10.5 11.5]
In[43]:     print('ndarray arr 的中位数为: ', np.median(arr))
Out[43]:    ndarray arr 的中位数为: 9.5
In[44]:     print('ndarray arr 各行的上四分位数为: ',
                np.percentile(arr, 75, axis=1))
Out[44]:    ndarray arr 各行的上四分位数为: [ 3.  8. 13. 18.]
In[45]:     print('ndarray arr 各列的下四分位数为: ',
                np.percentile(arr, 25, axis=0))
Out[45]:    ndarray arr 各列的下四分位数为: [3.75 4.75 5.75 6.75 7.75]
In[46]:     print('ndarray arr 的标准差为: ', np.std(arr))
```

Out[46]:	ndarray arr 的标准差为: 5.766281297335398
In[47]:	print('ndarray arr 的方差为: ', np.var(arr))
Out[47]:	ndarray arr 的方差为: 33.25
In[48]:	print('ndarray arr 的最小值为: ', np.min(arr))
Out[48]:	ndarray arr 的最小值为: 0
In[49]:	print('ndarray arr 的最大值为: ', np.max(arr))
Out[49]:	ndarray arr 的最大值为: 19

在 NumPy 中，cumsum 函数和 cumprod 函数与其他函数不同，用于计算累计值，示例如代码 2-48 所示。

代码 2-48   cumsum 函数和 cumprod 函数示例

In[50]:	arr = np.arange(1, 11) print('创建的 ndarray arr 为: ', arr)
Out[50]:	创建的 ndarray arr 为: [1 2 3 4 5 6 7 8 9 10]
In[51]:	print('ndarray arr 的元素累计和为: ', np.cumsum(arr))
Out[51]:	ndarray arr 的元素累计和为: [1 3 6 10 15 21 28 36 45 55]
In[52]:	print('ndarray arr 的元素累计积为: \n', np.cumprod(arr))
Out[52]:	ndarray arr 的元素累计积为: [1 2 6 24 120 720 5040 40320 362880 3628800]

小结

本章重点介绍了关于 NumPy 数值计算的基础内容，主要内容如下。

（1）重点介绍了常用的 ndarray 的创建方法，主要有直接创建、随机数创建等。

（2）重点介绍了 ndarray 的索引和切片方法，包括花式索引。

（3）重点介绍了 ndarray 形态相关的函数、排序与搜索及字符串操作。其中，变换 ndarray 包括设置 ndarray 形状、展平 ndarray、组合 ndarray 与分割 ndarray。

（4）介绍了 ufunc 的广播机制，而后介绍了常见的 ufunc 函数及其用法。

课后习题

1. 选择题

（1）【多选】NumPy 提供的两种基本对象是（　　　）。

　　A. array　　　　　　　　　　　B. ndarray

　　C. ufunc　　　　　　　　　　　D. matrix

（2）下列不属于 ndarray 的属性的是（　　）。

　　A. ndim　　　　　　　　　　　B. shape

　　C. size　　　　　　　　　　　　D. add

（3）创建一个 3×3 的 ndarray，下列代码错误的是（　　　）。

　　A. np.arange(0,9).reshape(3,3)

　　B. np.eye(3)

　　C. np.random.random([3,3,3])

D.　np.mat("1 2 3;4 5 6;7 8 9")

（4）以下函数中不具备排序功能的是（　　　）。

　　A.　sort
　　B.　argsort
　　C.　lexsort
　　D.　extract

（5）以下最能体现 ufunc 特点的是（　　　）。

　　A.　其又称通用函数（Universal Functions）
　　B.　对 ndarray 中的每一个元素进行逐一操作
　　C.　对整个 ndarray 进行操作
　　D.　ndarray 中的元素是相同类型的

（6）【多选】下面描述属于广播机制的是（　　　）。

　　A.　让所有输入 ndarray 都向其中 shape 最长的 ndarray 看齐，shape 中不足的部分通过在前面加 1 补齐
　　B.　输出 ndarray 的 shape 是输入 ndarray shape 各个轴上的最大值
　　C.　如果输入 ndarray 的某个轴和输出 ndarray 对应轴的长度相同或者其长度为 1，则此 ndarray 能够用于计算，否则会出错
　　D.　当输入 ndarray 的某个轴的长度为 1，且沿着此轴运算时，使用此轴上的第一组值

2．填空题

（1）_____函数在改变 ndarray 的形状的同时不改变原始数据的值。

（2）在 NumPy 中，直接排序经常使用_____函数，间接排序经常使用_____函数和_____函数。

（3）_____是指在不同形状的 ndarray 之间执行算术运算的方式。

（4）_____函数可以返回集合中的唯一值并排序。

3．操作题

（1）生成 0～1 之间、服从均匀分布的 10 行 5 列的 ndarray。

（2）生成两个 2×2 矩阵，并计算矩阵的乘积。

第3章 pandas 基础

pandas 是一个开放源码的 BSD 许可的 Python 库。它基于 NumPy 创建，为 Python 编程语言提供了高性能的、易于使用的数据结构和数据分析工具，也为机器学习提供了数据操作基础的支持。pandas 应用领域广泛，包括金融、经济、统计、分析等学术和商业领域。本章将介绍 pandas 中的 Series、DataFrame、Index 等常用类的基本用法以及文本、时间、分类型数据的基本操作。

3.1 pandas 常用类

pandas 提供了众多类，以满足不同的使用需求，pandas 中常用的类如表 3-1 所示。

表 3-1 pandas 中常用的类

类	说明
Series	基本数据结构，一维标签数组，能够保存任何数据类型
DataFrame	基本数据结构，一般为二维数组，是一组有序的列
Index	索引对象，负责管理轴标签和其他元数据（如轴名称）
groupby	分组对象，通过传入需要分组的参数实现对数据的分组
Timestamp	时间戳对象，表示时间轴上的一个时刻
Timedelta	时间差对象，用来计算两个时间点的差值

在表 3-1 所示的 6 个类中，Series、DataFrame 和 Index 是使用频率最高的类。

3.1.1 Series

Series 由一组数据以及一组与之对应的数据标签（即索引）组成。Series 对象可以视作一个 NumPy 的 ndarray，因此许多 NumPy 库函数可以作用于 Series。

1. 常用参数

Series 类用于创建 Series 对象，其主要参数为 data 和 index，其基本语法格式如下。

```
class pandas.Series(data=None, index=None, dtype=None, name=None, copy=False,
fastpath=False)
```

Series 类的常用参数及说明如表 3-2 所示。

表 3-2 Series 类的常用参数及说明

参数名称	说明
data	接收 array 或 dict，表示接收的数据。默认为 None
index	接收 array 或 list，表示索引，它必须与数据长度相同。默认为 None
name	接收 str 或 list，表示 Series 对象的名称。默认为 None

2. 创建 Series 对象

Series 本质上是一个 ndarray，所以可通过 ndarray 创建 Series 对象，示例如代码 3-1 所示。

代码 3-1　通过 ndarray 创建 Series 对象示例

```
In[1]:    import pandas as pd
          import numpy as np
          print('通过 ndarray 创建的 Series 为: \n',
                  pd.Series(np.arange(5), index=['a', 'b', 'c', 'd', 'e'],
                          name='ndarray'))
Out[1]:   通过 ndarray 创建的 Series 为:
           a    0
           b    1
           c    2
           d    3
           e    4
           Name: ndarray, dtype: int32
```

若数据存放于一个 dict 中，则可以通过 dict 函数创建 Series，此时 dict 的键名（key）作为 Series 的索引，其值会作为 Series 的值，因此无须传入 index 参数。通过 dict 函数创建 Series 对象的示例如代码 3-2 所示。

代码 3-2　通过 dict 函数创建 Series 对象的示例

```
In[2]:    dit = {'a': 0, 'b': 1, 'c': 2, 'd': 3, 'e': 4}
          print('通过 dict 创建的 Series 为: \n', pd.Series(dit))
Out[2]:   通过 dict 创建的 Series 为:
           a    0
           b    1
           c    2
           d    3
           e    4
           dtype: int64
```

通过 list 创建 Series 类似于通过 ndarray 创建 Series 对象，示例如代码 3-3 所示。

代码 3-3　通过 list 创建 Series 对象示例

```
In[3]:    list1 = [0, 1, 2, 3, 4]
          print('通过 list 创建的 Series 为: \n', pd.Series(list1, index=['a',
          'b', 'c', 'd', 'e'], name='list'))
Out[3]:   通过 list 创建的 Series 为:
           a    0
           b    1
           c    2
           d    3
           e    4
           Name: list, dtype: int64
```

3. 常用属性

Series 的常用属性及说明如表 3-3 所示。

表 3-3　Series 的常用属性及说明

属性	说明
values	以 ndarray 的格式返回 Series 对象的所有元素
index	返回 Series 对象的索引
dtype	返回 Series 对象的数据类型
shape	返回 Series 对象的形状
nbytes	返回 Series 对象的字节数
ndim	返回 Series 对象的维度
size	返回 Series 对象内元素的个数
T	返回 Series 对象的转置

访问 Series 的属性示例如代码 3-4 所示。

代码 3-4　访问 Series 的属性示例

```
In[4]:    series = pd.Series(list1, index=['a', 'b', 'c', 'd', 'e'],
                             name='list')
          print('数组形式返回 Series 为: ', series.values)
Out[4]:   数组形式返回 Series 为: [0 1 2 3 4]
In[5]:    print('Series 的 Index 为: ', series.index)
Out[5]:   Series 的 Index 为: Index(['a', 'b', 'c', 'd', 'e'], dtype='object')
In[6]:    print('Series 的形状为: ', series.shape)
Out[6]:   Series 的形状为: (5,)
In[7]:    print('Series 的维度为: ', series.ndim)
Out[7]:   Series 的维度为: 1
```

4. 访问 Series 数据

索引和切片是 Series 最常用的操作之一。通过索引位置访问 Series 数据的操作与 ndarray 相同，示例如代码 3-5 所示。

代码 3-5　通过索引位置访问 Series 数据示例

```
In[8]:    print('Series 位于第 1 位置的数据为: ', series[0])
Out[8]:   Series 位于第 1 位置的数据为: 0
```

不同于 ndarray，通过索引名称（标签）也可以访问 Series 数据，示例如代码 3-6 所示。

代码 3-6　通过索引名称访问 Series 数据示例

```
In[9]:    print('Series 中 Index 为 a 的数据为: ', series['a'])
Out[9]:   Series 中 Index 为 a 的数据为: 0
```

此外，通过 bool 类型的 Series、list 或 array 也可访问 Series 数据，示例如代码 3-7 所示。

代码 3-7　访问 Series 数据示例

```
In[10]:     bool = (series < 4)
            print('bool 类型的 Series 为: \n', bool)
Out[10]:    bool 类型的 Series 为:
             a    True
             b    True
             c    True
             d    True
             e    False
            Name: list, dtype: bool
In[11]:     print('通过 bool 访问 Series 结果为: \n', series[bool])
Out[11]:    通过 bool 访问 Series 结果为:
             a    0
             b    1
             c    2
             d    3
            Name: list, dtype: int64
```

5. 更新、插入和删除 Series

（1）更新 Series

更新 Series 的方法十分简单，采用赋值的方式对指定索引标签（或位置）对应的数据进行修改即可，示例如代码 3-8 所示。

代码 3-8　更新 Series 示例

```
In[12]:     # 更新元素
            series['a'] = 3
            print('更新后的 Series 为: \n', series)
Out[12]:    更新后的 Series 为:
             a    3
             b    1
             c    2
             d    3
             e    4
            Name: list, dtype: int64
```

（2）插入值

类似于 list，通过 append 方法能够在原 Series 上插入（追加）新的 Series。若只在原 Series 中插入单个值，则采用赋值方式即可，示例如代码 3-9 所示。

代码 3-9　追加 Series 和在原 Series 中插入单个值示例

```
In[13]:     series1 = pd.Series([4, 5], index = ['f', 'g'])
            # 追加 Series
            print('在 series 中插入 series1 后为: \n', series.append(series1))
Out[13]:    在 series 中插入 series1 后为:
             a    3
             b    1
             c    2
             d    3
             e    4
```

```
          f    4
          g    5
          dtype: int64
In[14]:   # 新增单个数据
          series1['h'] = 7
          print('在 series1 中插入单个数据后为：\n', series1)
Out[14]:  在 series1 中插入单个数据后为：
           f    4
           g    5
           h    7
           dtype: int64
```

（3）删除 Series 元素

一般使用 drop 方法删除 Series 元素，它接收被删除元素对应的索引，inplace=True 表示对原 Series 起作用，示例如代码 3-10 所示。

代码 3-10　删除 Series 元素示例

```
In[15]:   # 删除数据
          series.drop('e', inplace = True)
          print('删除索引 e 对应数据后的 series 为：\n', series)
Out[15]:  删除索引 e 对应数据后的 series 为：
           a    3
           b    1
           c    2
           d    3
           Name: list, dtype: int64
```

3.1.2　DataFrame

DataFrame 是 pandas 的基本数据结构之一，类似于数据库中的表。DataFrame 既有行索引，又有列索引，它可以看作由 Series 组成的 dict，每个 Series 看作 DataFrame 的一个列。

1. 常用参数

DataFrame 类用于创建 DataFrame 对象，其基本语法格式如下。

```
class pandas.DataFrame(data=None, index=None, columns=None, dtype=None, copy=False)
```

DataFrame 类的常用参数及说明如表 3-4 所示。

表 3-4　DataFrame 类的常用参数及说明

参数名称	说明
data	接收 ndarray、dict、list 或 DataFrame，表示输入数据。默认为 None
index	接收 Index、ndarray，表示索引。默认为 None
columns	接收 Index、ndarray，表示列标签（列名）。默认为 None

2. 创建 DataFrame

创建 DataFrame 的方法有很多，常见的一种方法是传入一个由等长 list 或 ndarray 组成的 dict。若没有传入 columns 参数，则传入的 dict 的键会被当作列名，示例如代码 3-11 所示。

代码 3-11　通过 dict 创建 DataFrame 示例

```
In[16]:    dict1 = {'col1': [0, 1, 2, 3, 4], 'col2': [5, 6, 7, 8, 9]}
           print('通过 dict 创建的 DataFrame 为: \n',
                 pd.DataFrame(dict1, index=['a', 'b', 'c', 'd', 'e']))
Out[16]:   通过 dict 创建的 DataFrame 为:
              col1  col2
           a     0     5
           b     1     6
           c     2     7
           d     3     8
           e     4     9
```

通过 list 或 ndarray 也可以创建 DataFrame，示例如代码 3-12 所示。

代码 3-12　通过 list 创建 DataFrame 示例

```
In[17]:    list2 = [[0, 5], [1, 6], [2, 7], [3, 8], [4, 9]]
           print('通过 list 创建的 DataFrame 为: \n',
                 pd.DataFrame(list2, index=['a', 'b', 'c', 'd', 'e'],
                              columns=['col1', 'col2']))
Out[17]:   通过 list 创建的 DataFrame 为:
              col1  col2
           a     0     5
           b     1     6
           c     2     7
           d     3     8
           e     4     9
```

3．常用属性

由于 DataFrame 是二维数据结构，包含列索引（列名），因此相较于 Series，其拥有更多的属性。DataFrame 的常用属性及说明如表 3-5 所示。

表 3-5　DataFrame 的常用属性及说明

属性	说明
values	以 ndarray 的格式返回 DataFrame 对象的所有元素
index	返回 DataFrame 对象的索引
columns	返回 DataFrame 对象的列标签
dtypes	返回 DataFrame 对象的数据类型
axes	返回 DataFrame 对象的轴标签
ndim	返回 DataFrame 对象的维度
size	返回 DataFrame 对象内元素的个数
shape	返回 DataFrame 对象的形状

访问创建的 DataFrame 的常用属性示例如代码 3-13 所示。

代码 3-13　访问创建的 DataFrame 的常用属性示例

In[18]:	df = pd.DataFrame({'col1': [0, 1, 2, 3, 4], 'col2': [5, 6, 7, 8, 9]}, index=['a', 'b', 'c', 'd', 'e'])
	print('DataFrame 的 Index 为: \n', df.index)
Out[18]:	DataFrame 的 Index 为: Index(['a', 'b', 'c', 'd', 'e'], dtype= 'object')
In[19]:	print('DataFrame 的列标签为: ', df.columns)
Out[19]:	DataFrame 的列标签为: Index(['col1', 'col2'], dtype='object')
In[20]:	print('DataFrame 的轴标签为: ', df.axes)
Out[20]:	DataFrame 的轴标签为: [Index(['a', 'b', 'c', 'd', 'e'], dtype='object'), Index(['col1', 'col2'], dtype='object')]
In[21]:	print('DataFrame 的维度为: ', df.ndim)
Out[21]:	DataFrame 的维度为: 2
In[22]:	print('DataFrame 的形状为: ', df.shape)
Out[22]:	DataFrame 的形状为: (5, 2)

4．访问 DataFrame 首尾数据

head 和 tail 方法可用于访问 DataFrame 前 n 行和后 n 行数据，默认返回 5 行数据，示例如代码 3-14 所示。

代码 3-14　访问 DataFrame 前 n 行和后 n 行数据示例

In[23]:	print('默认返回前 5 行数据为: \n', df.head())
Out[23]:	默认返回前 5 行数据为: 　　col1　col2 a　　0　　5 b　　1　　6 c　　2　　7 d　　3　　8 e　　4　　9
In[24]:	print('返回后 3 行数据为: \n', df.tail(3))
Out[24]:	返回后 3 行数据为: 　　col1　col2 c　　2　　7 d　　3　　8 e　　4　　9

5．更新、插入和删除

（1）更新 DataFrame

类似于 Series，更新 DataFrame 列也采用了赋值的方法，对指定列赋值即可，示例如代码 3-15 所示。

代码 3-15　更新 DataFrame 示例

| In[25]: | # 更新列
df['col1'] = [10, 11, 12, 13, 14]
print('更新列后的 DataFrame 为: \n', df) |

```
Out[25]:    更新列后的 DataFrame 为:
                col1  col2
            a   10    5
            b   11    6
            c   12    7
            d   13    8
            e   14    9
```

（2）插入列

插入列也可以采用赋值的方法，示例如代码 3-16 所示。

代码 3-16　采用赋值的方法插入列示例

```
In[26]:     # 插入列
            df['col3'] = [15, 16, 17, 18, 19]
            print('插入列后的 DataFrame 为: \n', df)
Out[26]:    插入列后的 DataFrame 为:
                col1  col2  col3
            a   10    5     15
            b   11    6     16
            c   12    7     17
            d   13    8     18
            e   14    9     19
```

（3）删除列和行

删除列的方法有多种，如 del、pop、drop 等，常用的是 drop 方法，它可以删除行或者列，其基本语法格式如下。

```
DataFrame.drop(labels, axis=0, level=None, inplace=False, errors='raise')
```

drop 方法的常用参数及说明如表 3-6 所示。

表 3-6　drop 方法的常用参数及说明

参数名称	说明
labels	接收 str 或 array，表示要删除的行或列的标签。无默认值
axis	接收 0 或 1，表示执行操作的轴向，其中 0 表示删除行，1 表示删除列。默认为 0
level	接收 int 或者索引名，表示索引级别。默认为 None
inplace	接收 bool，表示操作是否对原数据生效。默认为 False

使用 drop 方法删除数据示例如代码 3-17 所示。

代码 3-17　使用 drop 方法删除数据示例

```
In[27]:     # 删除列
            df.drop(['col3'], axis=1, inplace=True)
            print('删除 col3 列后的 DataFrame 为: \n', df)
Out[27]:    删除 col3 列后的 DataFrame 为:
                col1  col2
            a   10    5
            b   11    6
            c   12    7
            d   13    8
            e   14    9
```

```
In[28]:    # 删除行
           df.drop('a', axis=0, inplace=True)
           print('删除 a 行后的 DataFrame 为: \n', df)
Out[28]:   删除 a 行后的 DataFrame 为:
              col1  col2
           b   11    6
           c   12    7
           d   13    8
           e   14    9
```

3.1.3　Index

Index 对象为其他 pandas 对象的存储轴标签、管理轴标签和其他元数据（如轴名称）。创建 Series 或 DataFrame 等对象时，索引都会被转换为 Index 对象。主要的 Index 对象及说明如表 3-7 所示。

表 3-7　主要的 Index 对象及说明

对象名称	说明
Index	一般的 Index 对象
MultiIndex	层次化 Index 对象
DatetimeIndex	Timestamp 索引对象
PeriodIndex	Period 索引对象

1. 创建 Index

Index 对象可以通过 pandas 模块中的 Index 类创建，也可以通过创建数据对象（如 Series、DataFrame）时接收的 index（或 column）参数创建，前者属于显式创建，后者属于隐式创建。隐式创建中，通过访问 index（或针对 DataFrame 的 column）属性即可得到 Index 对象。创建的 Index 对象不可修改，保证了 Index 对象在各个数据结构之间的安全共享。Series 的索引是一个 Index 对象，访问 Series 索引示例如代码 3-18 所示。

代码 3-18　访问 Series 索引示例

```
In[29]:    print('series 的 Index 为 : \n', series.index)
Out[29]:   series 的 Index 为 :
            Index(['a', 'b', 'c', 'd'], dtype='object')
```

2. 常用属性

Index 对象的常用属性及说明如表 3-8 所示。

表 3-8　Index 对象的常用属性及说明

属性	说明
is_monotonic	当各元素均大于前一个元素时，返回 True
is_unique	当 Index 没有重复值时，返回 True

访问 Index 属性示例如代码 3-19 所示。

代码 3-19　访问 Index 属性示例

In[30]:	`print('series 中 Index 各元素是否大于前一个: ', series.index.is_` `monotonic)`
Out[30]:	series 中 Index 各元素是否大于前一个: True
In[31]:	`print('series 中 Index 各元素是否唯一: ', series.index.is_unique)`
Out[31]:	series 中 Index 各元素是否唯一: True

3. 常用方法

Index 对象的常用方法及说明如表 3-9 所示。

表 3-9　Index 对象的常用方法及说明

方法名称	说明
append	连接另一个 Index 对象，产生一个新的 Index
difference	计算两个 Index 对象的差集，得到一个新的 Index
intersection	计算两个 Index 对象的交集
union	计算两个 Index 对象的并集
isin	计算一个 Index 是否在另一个 Index 中，返回 bool 数组
delete	删除指定 Index 的元素，并得到新的 Index
drop	删除传入的值，并得到新的 Index
insert	将元素插入到指定 Index 处，并得到新的 Index
unique	计算 Index 中唯一值的数组

应用 Index 对象的常用方法示例如代码 3-20 所示。

代码 3-20　应用 Index 对象的常用方法示例

In[32]:	`index1 = series.index`
	`index2 = series1.index`
	`print('index1 连接 index2 后结果为: \n', index1.append(index2))`

Out[32]:	index1 连接 index2 后结果为: 　`Index(['a', 'b', 'c', 'd', 'f', 'g', 'h'], dtype='object')`
In[33]:	`print('index1 与 index2 的差集为: \n', index1.difference(index2))`
Out[33]:	index1 与 index2 的差集为: 　`Index(['a', 'b', 'c', 'd'], dtype= 'object')`
In[34]:	`print('index1 与 index2 的交集为: ', index1.intersection(index2))`
Out[34]:	index1 与 index2 的交集为: `Index([], dtype='object')`
In[35]:	`print('index1 与 index2 的并集为: \n', index1.union(index2))`
Out[35]:	index1 与 index2 的并集为: 　`Index(['a', 'b', 'c', 'd', 'f', 'g', 'h'], dtype='object')`
In[36]:	`print('index1 中的元素是否在 index2 中: ', index1.isin(index2))`
Out[36]:	index1 中的元素是否在 index2 中: [False False False False]

3.2　DataFrame 基本操作

DataFrame 是最常用的数据结构之一。相对于 Series，DataFrame 既有行索引，又有列索引，因此操作较 Series 更为复杂，但功能更为强大，能满足数据分析中的多样需求。DataFrame 的基本操作包括索引、排序与重置、数据合并。

3.2.1 索引

索引是 DataFrame 中最常用的操作之一。通过索引可以实现 DataFrame 内部数据的定向访问、定向提取及内容修改。本节将介绍主流的 DataFrame 索引方式，主要包括基础索引方式、loc 方法和 iloc 方法、层次化索引。

1. 基础索引方式

（1）访问单列数据

根据 DataFrame 的定义可知，DataFrame 是一个带有标签的二维数组，每个标签相当于每一列的列名。只要以 dict 访问某一个键的值的方式访问对应的列名，就可以访问 DataFrame 的某列数据，它返回的是 Series，示例如代码 3-21 所示。

代码 3-21　访问单列数据示例

```
In[1]:   import pandas as pd
         df = pd.DataFrame({'col1': [0, 1, 2, 3, 4], 'col2': [5, 6, 7, 8, 9]},
                     index=['a', 'b', 'c', 'd', 'e'])
         print('创建的 DataFrame 为: \n', df)
Out[1]:  创建的 DataFrame 为:
            col1  col2
         a    0     5
         b    1     6
         c    2     7
         d    3     8
         e    4     9
In[2]:   # 访问单列数据
         print('DataFrame 中 col1 列数据为: \n', df['col1'])
Out[2]:  DataFrame 中 col1 列数据为:
          a    0
          b    1
          c    2
          d    3
          e    4
         Name: col1, dtype: int64
```

此外，能够以属性的方式访问单列数据，示例如代码 3-22 所示。

代码 3-22　以属性的方式访问单列数据示例

```
In[3]:   # 以属性的方式访问单列数据
         print('DataFrame 中 col1 列数据为: \n', df.col1)
Out[3]:  DataFrame 中 col1 列数据为:
          a    0
          b    1
          c    2
          d    3
          e    4
         Name: col1, dtype: int64
```

以上两种基础的索引方法均可以获得 DataFrame 中的某一列数据，但是不建议使用属性的方法访问数据，因为通常列名为英文，以属性方式访问某一列的形式和访问属性相同，若列名与属性相同，则会引起程序混乱，也会使代码晦涩难懂。

（2）访问单列多行数据

访问 DataFrame 中某一列的某几行时，可以采用适用于 Series 的索引方式，示例如代码 3-23 所示。

代码 3-23　访问单列多行数据示例

```
In[4]:    # 访问单列多行数据
          print('DataFrame 中 col1 列前 3 行数据为: \n', df['col1'][0: 3])
Out[4]:   DataFrame 中 col1 列前 3 行数据为:
           a    0
           b    1
           c    2
          Name: col1, dtype: int64
```

（3）访问多列多行数据

访问 DataFrame 多列数据时，可以将多个列的列名（列标签）视为一个 list，因此接收多个列名组成的 list 即可访问多列数据，与此同时，也可选择多行数据，示例如代码 3-24 所示。

代码 3-24　访问多列多行数据示例

```
In[5]:    # 访问多列多行数据
          print('DataFrame 中 col1 列、col2 列前 3 行数据为: \n',
              df[['col1', 'col2']][0: 3])
Out[5]:   DataFrame 中 col1 列、col2 列前 3 行数据为:
              col1  col2
           a    0     5
           b    1     6
           c    2     7
```

若只访问 DataFrame 的某几行数据，则方式与访问多列多行相似，此时不用接收所有列名组成的 list，使用 ":" 代替即可，示例如代码 3-25 所示。

代码 3-25　访问多行数据示例

```
In[6]:    # 访问多行数据
          print('DataFrame 的前 3 行为: \n', df[:][0: 3])
Out[6]:   DataFrame 的前 3 行为:
              col1  col2
           a    0     5
           b    1     6
           c    2     7
```

2. loc 方法和 iloc 方法

（1）loc 方法

loc 方法是基于名称的索引方法，它接收索引名称（标签），若索引名称不存在，则会报错。loc 方法也能够接收整数，但是这个整数必须是已存在的索引名称。loc 方法的基本

Python 机器学习编程与实战

语法格式如下。

```
DataFrame.loc[行索引名称或条件，列索引名称]
```

使用 loc 方法可以像使用基础索引方式一样访问数据子集，行索引在前，列索引在后，整行或整列用 ":" 代替，当只查看行数据时，":" 可以省略，示例如代码 3-26 所示。

代码 3-26　使用 loc 方法访问数据示例

In[7]:	# 访问单列数据
	print('DataFrame 中 col1 列数据为: \n', df.loc[:, 'col1'])

Out[7]:	DataFrame 中 col1 列数据为: a　　0 b　　1 c　　2 d　　3 e　　4 Name: col1, dtype: int64
In[8]:	# 访问多列数据 print('DataFrame 中 col1 列、col2 数据为: \n', 　　df.loc[:, ['col1', 'col2']])
Out[8]:	DataFrame 中 col1 列、col2 数据为: 　　col1　col2 a　　0　　5 b　　1　　6 c　　2　　7 d　　3　　8 e　　4　　9

In[9]:	# 访问单行数据
	print('DataFrame 中 a 行对应数据为: \n', df.loc['a', :])

Out[9]:	DataFrame 中 a 行对应数据为: col1　　0 col2　　5 Name: a, dtype: int64

In[10]:	# 访问多行数据
	print('DataFrame 中 a 行、b 行对应数据为: \n', df.loc[['a', 'b'], :])

Out[10]:	DataFrame 中 a 行、b 行对应数据为: 　　col1　col2 a　　0　　5 b　　1　　6
In[11]:	# 行列结合访问数据 print('DataFrame 中 a 行、b 行, col1 列、col2 列对应的数据为: \n', 　　df.loc[['a', 'b'], ['col1', 'col2']])
Out[11]:	DataFrame 中 a 行、b 行, col1 列、col2 列对应的数据为: 　　col1　col2 a　　0　　5 b　　1　　6

loc 方法可接受多种输入形式，输入形式包括单个索引名称、索引名称组成的 list、名称切片、bool 类型的数据（Series、list 或 array）、包含一个参数的函数等 5 种。使用 loc 方法允许的 5 种输入形式进行索引操作的示例如代码 3-27 所示。

代码 3-27　使用 loc 方法允许的 5 种输入形式进行索引操作的示例

In[12]:	# 接收 bool 数据 print('DataFrame 中 col1 列大于 0 的数据为：\n', 　　　 df.loc[df['col1'] > 0, :])
Out[12]:	DataFrame 中 col1 列大于 0 的数据为： 　　 col1　col2 　b　　1　　6 　c　　2　　7 　d　　3　　8 　e　　4　　9
In[13]:	# 接收函数 print('DataFrame 中 col1 列大于 0 的数据为：\n', 　　　 df.loc[lambda df: df['col1'] > 0, :])
Out[13]:	DataFrame 中 col1 列大于 0 的数据为： 　　 col1　col2 　b　　1　　6 　c　　2　　7 　d　　3　　8 　e　　4　　9

（2）iloc 方法

除了 loc 方法外，另一种常用的索引方法是 iloc，与 loc 方法基于索引名称不同，iloc 方法完全基于位置。它接收 int，不能接收索引名称，否则会报错。iloc 的用法与 NumPy 中 ndarray 的数字索引方式完全相同。iloc 方法的基本语法格式如下。

```
DataFrame.iloc[行索引位置, 列索引位置]
```

使用 iloc 方法访问 DataFrame 的数据子集的基本方法与 loc 方法类似，行在前，列在后，它们的主要区别如下。

① loc 方法传入的是索引名称，而 iloc 方法限定为索引位置。

② 如果 loc 方法传入的行索引名称为一个区间，那么前后均为闭区间，而 iloc 方法为前闭后开区间。

使用 iloc 方法访问数据子集示例如代码 3-28 所示。

代码 3-28　使用 iloc 方法访问数据子集示例

In[14]:	# 访问单列数据
	print('DataFrame 中 col1 列数据为：\n', df.iloc[:, 0])

Out[14]:	DataFrame 中 col1 列数据为： 　a　　0 　b　　1 　c　　2 　d　　3 　e　　4 　Name: col1, dtype: int64

In[15]:	# 访问多列数据
	print('DataFrame 中 col1 列、col2 列数据为：\n', df.iloc[:, [0, 1]])

Out[15]:	DataFrame 中 col1 列、col2 列数据为： 　　 col1　col2 　a　　0　　5 　b　　1　　6 　c　　2　　7

	d 3 8 e 4 9

In[16]:	# 访问单行数据
	print('DataFrame 中 a 行数据为：\n', df.iloc[0, :])

Out[16]:	DataFrame 中 a 行数据为： col1 0 col2 5 Name: a, dtype: int64

In[17]:	# 访问多行数据
	print('DataFrame 中 a 行、b 行数据为：\n', df.iloc[[0, 1], :])

Out[17]:	DataFrame 中 a 行、b 行数据为： col1 col2 a 0 5 b 1 6
In[18]:	# 行列结合访问数据 print('DataFrame 中 a 行、b 行，col1 列、col2 列数据为：\n', df.iloc[[0, 1], [0, 1]])
Out[18]:	DataFrame 中 a 行、b 行，col1 列、col2 列数据为： col1 col2 a 0 5 b 1 6

类似于 loc 方法，iloc 方法也允许多种输入形式，输入形式包括单个 int、int 组成的 list、int 切片、bool 类型的数据（list 或 array）、包含一个参数的函数等 5 种。使用 iloc 方法允许的 5 种输入形式进行索引操作的示例如代码 3-29 所示。

代码 3-29　使用 iloc 方法允许的 5 种输入形式进行索引操作的示例

In[19]:	# 接收 bool 数据 print('DataFrame 中 col1 列大于 0 的数据为：\n', df.iloc[df['col1'].values>0, :])
Out[19]:	DataFrame 中 col1 列大于 0 的数据为： col1 col2 b 1 6 c 2 7 d 3 8 e 4 9
In[20]:	# 接收函数 print('DataFrame 中 col1 列大于 0 的数据为：\n', df.iloc[lambda df: df['col1'].values>0, :])
Out[20]:	DataFrame 中 col1 列大于 0 的数据为： col1 col2 b 1 6 c 2 7 d 3 8 e 4 9

总体来说，loc 方法灵活多变，iloc 方法的代码简洁，具体使用哪一种方法，可根据情况而定。这两种方法也可以同时使用，大多数时候建议使用 loc 方法。

3.2.2　排序

排序可以发现数据的分布规律，有助于探索不同数据之间的关联关系。排序包含按索引排序和按值排序。

1. sort_index 方法

sort_index 方法用于对 DataFrame 按索引排序，其基本语法格式如下。

```
DataFrame.sort_index(axis = 0, level = None, ascending = True, inplace = False)
```

sort_index 方法的常用参数及说明如表 3-10 所示。

表 3-10　sort_index 方法的常用参数及说明

参数名称	说明
axis	接收 0 或 1，表示排序作用的轴，其中 0 表示对行排序，1 表示对列排序。默认为 0
level	接收 int、list 或 str，表示索引级别。默认为 None
ascending	接收 bool，表示排序方式，False 表示升序，True 表示降序。默认为 False
inplace	接收 bool，表示操作是否对原数据生效。默认为 False

使用 sort_index 方法可对 DataFrame 按行索引排序，示例如代码 3-30 所示。

代码 3-30　按行索引排序示例

In[21]:	# 按行索引排序
	print('按行索引排序后的 DataFrame 为：\n', df.sort_index(axis=0))

Out[21]:	按行索引排序后的 DataFrame 为： 　　col1　col2 a　　0　　5 b　　1　　6 c　　2　　7 d　　3　　8 e　　4　　9

将 axis 设置为 1，即可使 DataFrame 按列索引排序，示例如代码 3-31 所示。

代码 3-31　按列索引排序示例

In[22]:	# 按列索引降序排列 print('按列索引降序排列后的 DataFrame 为：\n', 　　　　df.sort_index(axis=1, ascending=False))
Out[22]:	按列索引降序排列后的 DataFrame 为： 　　col2　col1 a　　5　　0 b　　6　　1 c　　7　　2 d　　8　　3 e　　9　　4

2. sort_values 方法

sort_values 方法用于按值排序，其基本语法格式如下。

```
DataFrame.sort_values(by, axis=0, ascending=True, inplace=False)
```

sort_values 方法的常用参数及说明如表 3-11 所示。

表 3-11   sort_values 方法的常用参数及说明

参数名称	说明
by	接收 str 或由 str 组成的 list，表示排序依据的值，可以为列名或索引名。无默认值
axis	接收 0 或 1，表示排序作用的轴，其中 0 表示对行排序，1 表示对列排序。默认为 0
ascending	接收 bool，表示排序方式，True 表示降序，False 表示升序。默认为 False
inplace	接收 bool，表示操作是否对原数据生效。默认为 False

使用 sort_values 方法按照指定列对 DataFrame 排序的示例如代码 3-32 所示。

代码 3-32   使用 sort_values 方法按照指定列对 DataFrame 排序示例

```
In[23]:    # 按列排序
           print('按col2列排序后的DataFrame为:\n', df.sort_values('col2'))
Out[23]:   按col2列排序后的DataFrame为:
              col1  col2
           a     0     5
           b     1     6
           c     2     7
           d     3     8
           e     4     9
```

按照索引名，将 axis 设置为 1 即可在横轴方向对 DataFrame 进行排序，示例如代码 3-33 所示。

代码 3-33   在横轴方向对 DataFrame 进行排序示例

```
In[24]:    # 按行降序排列
           print('按行降序排列后的DataFrame为: \n',
                 df.sort_values('a', axis=1, ascending=False))
Out[24]:   按行降序排列后的DataFrame为:
              col2  col1
           a     5     0
           b     6     1
           c     7     2
           d     8     3
           e     9     4
```

nlargest 方法和 nsmallest 方法也可用于按列排序，它们返回 DataFrame 的前 n 个最大值和最小值，示例如代码 3-34 所示。

代码 3-34   使用 nsmallest 方法和 nlargest 方法按列排序

```
In[25]:    print('按col2列排序,返回前2个最小值:\n', df.nsmallest(2, 'col2'))
Out[25]:   按col2列排序,返回前2个最小值:
              col1  col2
           a     0     5
           b     1     6
In[26]:    print('按col2列排序,返回前2个最大值: \n', df.nlargest(2, 'col2'))
Out[26]:   按col2列排序,返回前2个最大值:
              col1  col2
           e     4     9
           d     3     8
```

3.2.3 合并

将不同的 DataFrame 通过不同的手段转换为一个，这个过程称为数据合并。数据合并是机器学习数据准备的重要内容之一。常见的数据合并操作主要有堆叠合并和主键合并。

1. 堆叠合并

堆叠就是简单地把两个表拼在一起，也称为轴向连接、绑定或连接。依照连接轴的方向，数据堆叠可分为横向堆叠和纵向堆叠。

（1）concat 函数

pandas 提供了 concat 函数用于表堆叠，其基本语法格式如下。

```
pandas.concat(objs, axis=0, join='outer', join_axes=None, ignore_index=False,
keys=None, levels=None, names=None, verify_integrity=False, copy=True)
```

concat 函数的常用参数及说明如表 3-12 所示。

表 3-12 concat 函数的常用参数及说明

参数名称	说明
objs	接收多个 Series、DataFrame、Panel 的组合，表示参与链接的 pandas 对象的 list 的组合。无默认值
axis	接收 0 或 1，表示连接的轴向，默认为 0
join	接收特定 str（inner、outer），表示其他轴向上的索引是按交集（inner）还是按并集（outer）进行合并。默认为 outer。
join_axes	接收索引对象，表示用于其他 $n-1$ 条轴的索引不执行并集/交集运算
ignore_index	接收 bool，表示是否不保留连接轴上的索引，产生一组新 Indexrange(total_length)。默认为 False
keys	接收 sequence，表示与连接对象有关的值，用于形成连接轴向上的层次化索引。默认为 None
levels	接收包含多个 sequence 的 list，表示在指定 keys 参数后，指定用作层次化索引各级别上的索引。默认为 None
names	接收 list，表示在设置了 keys 和 levels 参数后，创建分级别的名称。默认为 None
verify_integrity	接收 bool，表示是否检查结果对象在新轴上的重复情况，如果发现，则引发异常。默认为 False

（2）横向堆叠

横向堆叠即将两个表在 x 轴上拼接在一起，当 axis=1 的时候，concat 函数做行对齐，并将不同列名称的两张或多张表合并，从而实现横向堆叠。当两个表索引不完全一样时，可以使用 join 参数选择是内连接还是外连接，默认为外连接，在内连接的情况下，仅仅返回索引重叠部分；在外连接的情况下，显示并集部分数据，不足的地方使用空值填补，其原理示意图如图 3-1 所示，图中表 1 和表 2 使用外连接横向堆叠合并后形成表 3。

Python 机器学习编程与实战

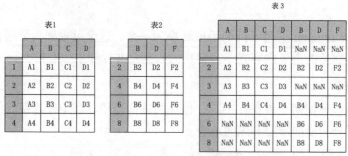

图 3-1 使用外连接横向堆叠的原理示意图

使用 concat 函数对两张表进行横向堆叠的示例如代码 3-35 所示。

代码 3-35 使用 concat 函数对两张表进行横向堆叠的示例

```
In[27]:    df2 = pd.DataFrame({'key': ['K0', 'K1', 'K2', 'K3', 'K4', 'K5'],
                               'A': ['A0', 'A1', 'A2', 'A3', 'A4', 'A5']})
           df3 = pd.DataFrame({'key': ['K0', 'K1', 'K2'],
                               'B': ['B0', 'B1', 'B2']})
           # 横向堆叠 df2、df3
           print('横向堆叠 df2、df3 后的 DataFrame 为: \n',
                 pd.concat([df2, df3], axis=1))
Out[27]:   横向堆叠 df2、df3 后的 DataFrame 为:
             key   A  key    B
           0  K0  A0   K0   B0
           1  K1  A1   K1   B1
           2  K2  A2   K2   B2
           3  K3  A3  NaN  NaN
           4  K4  A4  NaN  NaN
           5  K5  A5  NaN  NaN
In[28]:    # 横向堆叠（内连）df2、df3
           print('横向堆叠（内连）df2、df3 后的 DataFrame 为: \n',
                 pd.concat([df2, df3], axis=1, join='inner'))
Out[28]:   横向堆叠（内连）df2、df3 后的 DataFrame 为:
             key   A  key   B
           0  K0  A0  K0  B0
           1  K1  A1  K1  B1
           2  K2  A2  K2  B2
```

除了 concat 函数外，join 方法也可用于简单的横向堆叠，其基本语法格式如下。

```
pandas.DataFrame.join(self, other, on=None, how='left', lsuffix='', rsuffix='',
sort=False)
```

join 方法的常用参数及说明如表 3-13 所示。

表 3-13 join 方法的常用参数及说明

参数名称	说明
other	接收 DataFrame、Series 或者包含了多个 DataFrame 的 list，表示参与连接的其他 DataFrame。无默认值
on	接收列名或者包含列名的 list 或 tuple，表示用于连接的列名。默认为 None
how	接收特定 str，inner 表示内连接；outer 表示外连接；left 和 right 分别表示左连接和右连接。默认为 inner

续表

参数名称	说明
lsuffix	接收 sring，表示用于追加到左侧重叠列名的末尾。无默认值
rsuffix	接收 str，表示用于追加到右侧重叠列名的末尾。无默认值
sort	根据连接键对合并后的数据进行排序。默认为 True

当横向堆叠的两张表相同的列名有时，需设置 lsuffix 或 rsuffix 参数以示区分，否则会报错。使用 join 方法横向堆叠的示例如代码 3-36 所示。

代码 3-36　使用 join 方法横向堆叠的示例

```
In[29]:    print('横向堆叠 df2、df3 后的 DataFrame 为: \n',
               df2.join(df3, rsuffix='_2'))
Out[29]:   横向堆叠 df2、df3 后的 DataFrame 为:
              key   A   key_2    B
           0  K0    A0  K0       B0
           1  K1    A1  K1       B1
           2  K2    A2  K2       B2
           3  K3    A3  NaN      NaN
           4  K4    A4  NaN      NaN
           5  K5    A5  NaN      NaN
```

（3）纵向堆叠

与横向堆叠不同，纵向堆叠是将两个数据表在 y 轴上拼接在一起。使用 concat 函数时，默认情况下，axis=0，concat 做列对齐，将不同行索引的两张或多张表纵向合并起来，从而实现纵向堆叠。在两张表的列名并不完全相同的情况下，如果 join 参数取值为 inner，则返回的仅仅是列名交集所代表的列；如果取值为 outer（outer 是默认值），则返回的是两者列名的并集所代表的列，其原理示意图如图 3-2 所示，图中表 1 和表 2 使用外连接纵向堆叠合并后形成表 3。

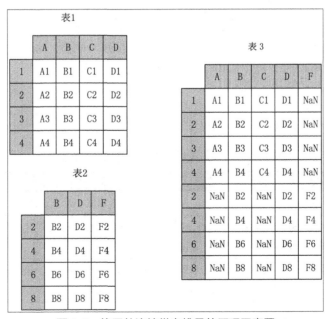

图 3-2　使用外连接纵向堆叠的原理示意图

使用 concat 函数对两张表进行纵向堆叠的示例如代码 3-37 所示。

代码 3-37　使用 concat 函数对两张表进行纵向堆叠的示例

In[30]:	# 纵向堆叠 df2、df3 print('纵向堆叠 df2、df3 后的 DataFrame 为: \n', 　　　pd.concat([df2, df3], axis=0))
Out[30]:	纵向堆叠 df2、df3 后的 DataFrame 为: 　　　A　　B　key 0　　A0　NaN　K0 1　　A1　NaN　K1 2　　A2　NaN　K2 3　　A3　NaN　K3 4　　A4　NaN　K4 5　　A5　NaN　K5 0　　NaN　B0　K0 1　　NaN　B1　K1 2　　NaN　B2　K2
In[31]:	# 纵向堆叠（内连）df2、df3 print('纵向堆叠（内连）df2、df3 后的 DataFrame 为: \n', 　　　　pd.concat([df2, df3], axis=0, join='inner'))
Out[31]:	纵向堆叠（内连）df2、df3 后的 DataFrame 为: 　　　key 0　　K0 1　　K1 2　　K2 3　　K3 4　　K4 5　　K5 0　　K0 1　　K1 2　　K2

除了 concat 函数外，append 方法也可用于简单的纵向堆叠，这对列名完全相同的两张表特别有用，列名不同时会被空值替代，其基本语法格式如下。

```
pandas.DataFrame.append(self, other, ignore_index=False, verify_integrity=False)
```

append 方法的常用参数及说明如表 3-14 所示。

表 3-14　append 方法的常用参数及说明

参数名称	说明
other	接收 DataFrame 或 Series，表示要添加的新数据。无默认值
ignore_index	接收 bool，如果输入 True，则会对新生成的 DataFrame 使用新的索引（自动产生）而忽略原来数据的索引。默认为 False
verify_integrity	接收 bool，如果输入 True，则当 ignore_index 为 False 时，会检查添加的数据索引是否冲突，如果冲突，则添加失败。默认为 False

使用 append 方法进行纵向堆叠的示例如代码 3-38 所示。

代码 3-38　使用 append 方法进行纵向堆叠的示例

```
In[32]:     print('纵向堆叠 df2、df3 后的 DataFrame 为：\n', df2.append(df3))
Out[32]:    纵向堆叠 df2、df3 后的 DataFrame 为：
              A    B  key
            0  A0  NaN  K0
            1  A1  NaN  K1
            2  A2  NaN  K2
            3  A3  NaN  K3
            4  A4  NaN  K4
            5  A5  NaN  K5
            0  NaN  B0  K0
            1  NaN  B1  K1
            2  NaN  B2  K2
```

2. 主键合并

主键合并即通过一个或多个键将两个数据集的行连接起来，类似于 SQL 中的 Join。如果同一个主键存在两张包含不同字段的表，则将其根据某几个字段一一对应拼接起来，结果集列数为两个元数据的列数和减去连接键的数量，其原理示意图如图 3-3 所示，图中左表 1 和右表 2 通过列 key 合并起来，形成表 3。

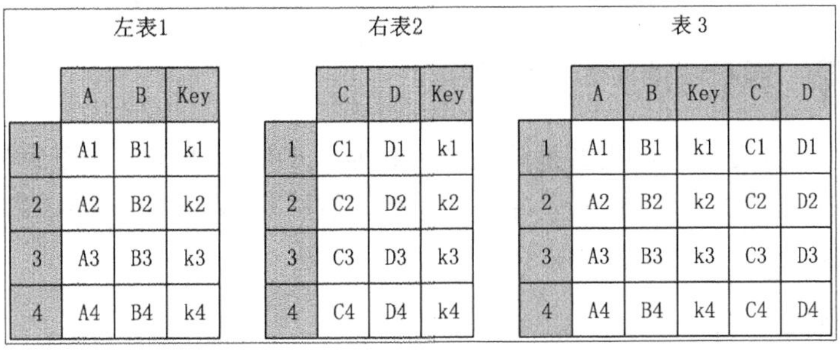

图 3-3　主键合并原理示意图

pandas 提供的 merge 函数可用于主键合并，其基本语法格式如下。

```
pandas.merge(left, right, how='inner', on=None, left_on=None, right_on=None,
left_index=False, right_index=False, sort=False, suffixes=('_x', '_y'), copy=
True, indicator=False)
```

与 SQL 中的 Join 一样，merge 函数也有左连接（left）、右连接（right）、内连接（inner）和外连接（outer）之分，但相较于 SQL 中的 Join，merge 函数还有其自身的独到之处，例如，可以在合并过程中对数据集中的数据进行排序等。merge 函数的常用参数及说明如表3-15 所示。

表 3-15　merge 函数的常用参数及说明

参数名称	说明
left	接收 DataFrame 或 Series，表示要添加的新数据 1。无默认值
right	接收 DataFrame 或 Series，表示要添加的新数据 2。无默认值
how	接收 inner、outer、left、right，表示数据的连接方式。默认为 inner
on	接收 str 或 sequence，表示两个数据合并的主键（必须一致）。默认为 None

参数名称	说明
left_on	接收 str 或 sequence，表示 left 参数接收数据用于合并的主键。默认为 None
right_on	接收 str 或 sequence，表示 right 参数接收数据用于合并的主键。默认为 None
left_index	接收 bool，表示是否将 left 参数接收数据的 index 作为连接主键。默认为 False
right_index	接收 bool，表示是否将 right 参数接收数据的 index 作为连接主键。默认为 False
sort	接收 bool，表示是否根据连接键对合并后的数据进行排序。默认为 False
suffixes	接收 tuple，表示用于追加到 left 和 right 参数接收数据重叠列名的尾缀。默认为('_x', '_y')

例如，使用 merge 函数指定列作为主键合并两张表，连接方式采用 inner，如代码 3-39 所示。

代码 3-39　使用 merge 函数合并数据示例

```
In[33]:    print('以列 key 为键，内连 df2、df3 后的 DataFrame 为: \n',
                  pd.merge(df2, df3, on='key', how='inner'))
Out[33]:   以列 key 为键，内连 df2、df3 后的 DataFrame 为:
              key  A   B
           0  K0   A0  B0
           1  K1   A1  B1
           2  K2   A2  B2
```

3.3　其他数据类型操作

时间、文本、分类等数据类型是除数值外最常见的数据类型，由于每种类型都有其特性，因此对于数值型数据通用的方法对于其他类型数据并不通用。pandas 解决了这一难题，它为时间、文本、category 分别提供了专有的处理方法。

3.3.1　时间操作

日期或时间等时间类型数据在金融、经济等领域中用途十分广泛。pandas 提供了多种时间类，最基本的是 Timestamp、Timedelta 和 Period，它们是单个时间标量，由它们可以组成时间 Series 和时间索引。基本时间类如表 3-16 所示。

表 3-16　基本时间类

类	名称	说明	对应索引类
op	时间戳	具体时间点	DatetimeIndex
Timedelta	时间差	两个时间点的差	TimedeltaIndex
Period	时间段	时间段，如 2018 年全年	PeriodIndex

1. 时间戳

（1）创建

时间戳指特定的时刻，可以理解为时间点。pandas 中时间戳的类是 Timestamp，它是 Python 基本库 datetime 的 datetime 类的替代品，在很多情况下两者可以互换。Timestamp 类可以作为 DatetimeIndex 以及时间序列导向的数据结构的输入类型。使用 Timestamp 类可以创建 Timestamp 对象，其基本语法格式如下。

```
pandas.Timestamp(ts_input, freq=None, tz=None, unit=None, year=None, month=
None, day=None, hour=None, minute=None, second=None, microsecond=None, tzinfo=
None, offset=None)
```

Timestamp 类的常用参数及说明如表 3-17 所示。

表 3-17　Timestamp 类的常用参数及说明

参数名称	说明
ts_input	接收 datetime-like 的 str、int 或 float，表示被转换成 Timestamp 的值。无默认值
freq	接收 str 或 DateOffset，表示时间频率。默认为 None
tz	接收 str、pytz.timezone 或 dateutil.tz.tzfile，表示时区。默认为 None
unit	接收 str，表示用于转换的 NumPy 时间单位。默认为 None

使用 Timestamp 类创建 Timestamp 对象时，ts_input 参数一般接收 4 个值，分别代表年、月、日、小时，与创建 datetime.datetime 类似，示例如代码 3-40 所示。

代码 3-40　创建 Timestamp 对象示例

In[1]:	`import pandas as pd`
	`print('创建的 Timestamp 为：Timestamp({0})'.format(pd.Timestamp`
	`(2018, 8, 15, 12)))`

Out[1]:	创建的 Timestamp 为：Timestamp(2018-08-15 12:00:00)

需要注意的是，Timestamp 类型的时间是有限制的，最早只能够取值至 1677 年 9 月 21 日，最晚只能取值至 2262 年 4 月 11 日，示例如代码 3-41 所示。

代码 3-41　Timestamp 的最小时间和最大时间示例

In[2]:	`print('最小时间为：', pd.Timestamp.min)`
Out[2]:	最小时间为：1677-09-21 00:12:43.145225
In[3]:	`print('最大时间为：', pd.Timestamp.max)`
Out[3]:	最大时间为：2262-04-11 23:47:16.854775807

创建 Timestamp 对象的另一个方法是类型转换。很多情况下，需要将特定的数据类型转换为 Timestamp 对象，pandas 提供了 to_datetime 函数实现这一目的。to_datetime 函数的基本语法格式如下。

```
pandas.to_datetime(arg, errors='raise', dayfirst=False, yearfirst=False, utc=
None, box=True, format=None, exact=True, unit=None, infer_datetime_format=
False, origin='unix')
```

to_datetime 函数的常用参数及说明如表 3-18 所示。

表 3-18　to_datetime 函数的常用参数及说明

参数名称	说明
arg	接收 integer、float、str、datetime、list、tuple、1-d array 和 Series，表示被转换成 Timestamp 的值。无默认值
dayfirst	接收 bool，表示解析形式，如 10/11/12 会被解析成 2012-11-10。默认为 None
yearfirst	接收 bool，表示解析形式，如 10/11/12 会被解析成 2010-11-12。默认为 None

使用to_datetime 函数将 Series 中的元素转换为 Timestamp 对象的示例如代码 3-42 所示。

代码 3-42　使用 to_datetime 函数将 Series 中的元素转换为 Timestamp 对象的示例

```
In[4]:      import numpy as np
            date = ['2016/8/1 11:11:46', '2017/9/2 12:13:48',
                    '2015/7/3 09:08:40', np.nan, '2016/8/1 11:11:46']
            series = pd.Series(date)
            print('创建的 Series 为: \n', series)
Out[4]:     创建的 Series 为:
            0    2016/8/1 11:11:46
            1    2017/9/2 12:13:48
            2    2015/7/3 09:08:40
            3                  NaN
            4    2016/8/1 11:11:46
            dtype: object
In[5]:      series1 = pd.to_datetime(series)
            print('转换为时间类型的 Series 为: \n', series1)
Out[5]:     转换为时间类型的 Series 为:
            0    2016-08-01 11:11:46
            1    2017-09-02 12:13:48
            2    2015-07-03 09:08:40
            3                    NaT
            4    2016-08-01 11:11:46
            dtype: datetime64[ns]
```

（2）属性

Timestamp 对象拥有一些常用属性, 如表 3-19 所示, 了解这些属性有助于从 Timestamp 对象中提取出需要的信息。

表 3-19　Timestamp 对象的常用属性

属性名称	说明	属性名称	说明
year	年	quarter	季节
month	月	weekofyear	一年中第几周
day	日	dayofyear	一年中的第几天
hour	小时	dayofweek	一周中的第几天
minute	分钟	weekday_name	星期名称
second	秒	is_leap_year	是否闰年

访问 Timestamp 对象的常用属性的示例如代码 3-43 所示。

代码 3-43　访问 Timestamp 对象的常用属性的示例

```
In[6]:      date1 = pd.Timestamp(2018, 8, 15, 12, 21, 59)
            print('从 Timestamp 提取的年为: ', date1.year)
Out[6]:     从 Timestamp 提取的年为: 2018
In[7]:      print('从 Timestamp 提取的月为: ', date1.month)
Out[7]:     从 Timestamp 提取的月为: 8
```

In[8]:	`print('从 Timestamp 提取的日为: ', date1.day)`
Out[8]:	从 Timestamp 提取的日为: 15
In[9]:	`print('从 Timestamp 提取的小时为: ', date1.hour)`
Out[9]:	从 Timestamp 提取的小时为: 12
In[10]:	`print('从 Timestamp 提取的分钟为: ', date1.minute)`
Out[10]:	从 Timestamp 提取的分钟为: 21
In[11]:	`print('从 Timestamp 提取的秒为: ', date1.second)`
Out[11]:	从 Timestamp 提取的秒为: 59

当 Series 由 Timestamp 对象组成时，即 Series 类型为 datetime64 时，可以使用 Series 的 dt 属性（pandas.Series.dt.）访问 Timestamp 的常用属性，示例如代码 3-44 所示。

代码 3-44　使用 dt 属性访问 Timestamp 的常用属性

In[12]:	`print('从 Series 提取的年为: \n', series1.dt.year)`
Out[12]:	从 Series 提取的年为:
	0　　2016.0
	1　　2017.0
	2　　2015.0
	3　　　NaN
	4　　2016.0
	dtype: float64
In[13]:	`print('从 Series 提取的月为: \n', series1.dt.month)`
Out[13]:	从 Series 提取的月为:
	0　　8.0
	1　　9.0
	2　　7.0
	3　　NaN
	4　　8.0
	dtype: float64
In[14]:	`print('从 Series 提取的日为: \n', series1.dt.day)`
Out[14]:	从 Series 提取的日为:
	0　　1.0
	1　　2.0
	2　　3.0
	3　　NaN
	4　　1.0
	dtype: float64

2. 时间差

（1）创建

时间差即两个时间点的差。pandas 中时间差的类是 Timedelta，它是 Python 标准库 datetime 的 timedelta 类的子类，在很多情况下两者可以互换。Timedelta 类可以创建 Timedelta 对象，其基本语法格式如下。

```
class pandas.Timedelta(value, unit=None, **kwargs)
```

Timedelta 类的常用参数及说明如表 3-20 所示。

表 3-20　Timedelta 类的常用参数及说明

参数	说明
value	接收 Timedelta、timedelta、np.timedelta64、str 或 int，表示被转换成 Timedelta 的值。无默认值
unit	接收 str，当接收值为 int 类型时，表示传入值的时间单位。默认为 None

使用 Timedelta 类创建 Timedelta 对象，value 参数为 str 类型，示例如代码 3-45 所示。

代码 3-45　使用 Timedelta 类创建 Timedelta 对象示例

```
In[15]:   print('创建的 Timedelta 为: Timedelta({0})'.format(pd.Timedelta
          ('1days 1minute')))
Out[15]:  创建的 Timedelta 为: Timedelta(1 days 00:01:00)
```

接收 datetime.timedelta 创建 Timedelta 对象，即传入天、秒等关键字，示例如代码 3-46 所示。

代码 3-46　接收 datetime.timedelta 创建 Timedelta 对象示例

```
In[16]:   print('创建的 Timedelta 为: Timedelta({0})'.
              format(pd.Timedelta (days=1, minutes=1)))
Out[16]:  创建的 Timedelta 为: Timedelta(1 days 00:01:00)
```

使用 pandas 提供的 to_timedelta 函数也可以通过转换的方式创建 Timedelta。其基本语法格式如下。

```
pandas.to_timedelta(arg, unit='ns', box=True, errors='raise')
```

to_timedelta 函数的常用参数及说明如表 3-21 所示。

表 3-21　to_timedelta 函数的常用参数及说明

参数名称	说明
arg	接收 integer、float、str、datetime、list、tuple、1-d array 和 Series，表示被转换成 Timedelta 的值。无默认值
unit	接收 str，当接收值为 int 类型时，表示传入值的时间单位。默认为 ns

使用 to_timedelta 函数将 Series 元素的类型转换为 Timedelta 的示例如代码 3-47 所示。

代码 3-47　使用 to_timedelta 函数将 Series 元素的类型转换为 Timedelta 的示例

```
In[17]:   series2 = pd.Series(['1days 1minute', '2days 3minute'])
          # 转换成 Timedelta
          timedelta = pd.to_timedelta(series2)
          print('转换后的 Series 为: \n', timedelta)
Out[17]:  转换后的 Series 为:
          0   1 days 00:01:00
          1   2 days 00:03:00
          dtype: timedelta64[ns]
```

（2）加减及转换频率

通过 Timestamp 对象的相减可以得到 Timedelta 对象，示例如代码 3-48 所示。

代码 3-48 通过 Timestamp 对象的相减得到 Timedelta 示例

In[18]:	``` time_delta = pd.Timestamp(2018, 8, 15, 12) -\ pd.Timestamp(2018, 8, 14, 12) print('Timestamp 相减后结果为: TimeDelta({0})'.format(time_delta)) ```
Out[18]:	Timestamp 相减后结果为: TimeDelta(1 days 00:00:00)

Timedelta 对象相减后得到的也是 Timedelta，示例如代码 3-49 所示。

代码 3-49 Timedelta 对象相减示例

In[19]:	``` print('Timedelta 相减后为: TimeDelta({0})'.format(timedelta[1] - timedelta[0])) ```
Out[19]:	Timedelta 相减后为: TimeDelta(1 days 00:02:00)

而 Timestamp 对象与 Timedelta 相加得到的是 Timestamp，示例如代码 3-50 所示。

代码 3-50 Timestamp 对象与 Timedelta 相加示例

In[20]:	```
	print('Timestamp 与 Timedelta 相加后为: ',
	    'Timestamp({0})'.format(pd.Timestamp(2018, 8, 15, 12) +
	        timedelta[0]))
	``

Out[20]:	Timestamp 与 Timedelta 相加后为: Timestamp(2018-08-16 12:01:00)

此外，Timedelta 或 Timedelta 组成的 Series 还能被转换成指定频率（时间单位）的数值，实现方法是用 Timedelta 除以另一个 Timedelta 对象（或 NumPy 的 Timedelta 对象），示例如代码 3-51 所示。

代码 3-51 转换频率示例

In[21]:	``` # 转换为小时 print('Timedelta 频率转换为小时后的数值为: \n', timedelta / pd.Timedelta ('1 hour')) ```
Out[21]:	``` Timedelta 频率转换为小时后的数值为: 0 24.016667 1 48.050000 dtype: float64 ```
In[22]:	``` # 转换为分钟 print('Timedelta 频率转换为分钟后的数值为: \n', timedelta / pd.Timedelta ('1 minute')) ```
Out[22]:	``` Timedelta 频率转换为分钟后的数值为: 0 1441.0 1 2883.0 dtype: float64 ```

当 Timedelta 组成 Series 时，还可以使用 astype 方法转换时间频率，示例如代码 3-52 所示。

代码 3-52 使用 astype 方法转换时间频率示例

In[23]:	``` # 转换为小时 print('Timedelta 频率转换为小时后的数值为: \n', timedelta.astype (('timedelta64[h]'))) ```

Out[23]:	Timedelta 频率转换为小时后的数值为：
	0 24.0
	1 48.0
	dtype: float64
In[24]:	# 转换为分钟
	print('Timedelta 频率转换为分钟后的数值为: \n',
	timedelta.astype (('timedelta64[m]')))
Out[24]:	Timedelta 频率转换为分钟后的数值为：
	0 1441.0
	1 2883.0
	dtype: float64

（3）属性

Timedelta 对象拥有一些常用属性，如表 3-22 所示，了解这些属性有助于从 Timedelta 对象中提取出需要的信息。

表 3-22　Timedelta 对象的常用属性

属性名称	说明	属性名称	说明
days	天数	seconds	秒数
microseconds	毫秒数	nanoseconds	纳秒数

访问 Timedelta 对象的常用属性的示例如代码 3-53 所示。

代码 3-53　访问 Timedelta 对象的常用属性的示例

In[25]:	print('从 Timedelta 提取的天数为: ', timedelta[0].days)
Out[25]:	从 Timedelta 提取的天数为: 1
In[26]:	print('从 Timedelta 提取的秒数为: ', timedelta[0].seconds)
Out[26]:	从 Timedelta 提取的秒数为: 60
In[27]:	print('从 Timedelta 提取的毫秒数为: ', timedelta[0].microseconds)
Out[27]:	从 Timedelta 提取的毫秒数为: 0
In[28]:	print('从 Timedelta 提取的纳秒数为: ', timedelta[0].nanoseconds)
Out[28]:	从 Timedelta 提取的纳秒数为: 0

当 Series 由 Timedelta 对象组成，即 Series 类型为 timedelta64 时，可以使用 Series 的 dt 属性（pandas.Series.dt.）访问 Timedelta 的常用属性，示例如代码 3-54 所示。

代码 3-54　使用 Series 的 dt 属性访问 Timedelta 的常用属性示例

In[29]:	print('从 Series 提取的天为: \n', timedelta.dt.days)
Out[29]:	从 Series 提取的天为：
	0 1
	1 2
	dtype: int64
In[30]:	print('从 Series 提取的秒为: \n', timedelta.dt.seconds)
Out[30]:	从 Series 提取的秒为：
	0 60
	1 180
	dtype: int64

3. 时间索引

时间索引对象包括 DatetimeIndex、PeriodIndex 及 TimedeltaIndex，其中最基本的是 DatetimeIndex。通过 DatetimeIndex 类可以创建 DatetimeIndex 对象，示例如代码 3-55 所示。

代码 3-55　通过 DatetimeIndex 类创建 DatetimeIndex 对象示例

In[31]:	```timeindex = pd.DatetimeIndex(['2018-01-01', '2018-01-02',```
	　　　　　　　　　　　　　　　`'2018-01-03', '2018-01-04'])`
	`print('创建的 DatetimeIndex 为: \n', timeindex)`

Out[31]:	`创建的 DatetimeIndex 为:`
	　`DatetimeIndex(['2018-01-01', '2018-01-02', '2018-01-03',`
	`'2018-01-04'], dtype='datetime64[ns]', freq=None)`

（1）date_range

代码 3-55 展示了显式创建 DatetimeIndex 的过程，但大多数情况下，DatetimeIndex 对象不是显式创建的。pandas 推荐通过 date_range 函数创建 DatetimeIndex，它能返回一个包含固定频率的 DatetimeIndex，这在时间序列处理上十分有用，其基本语法格式如下。

```
pandas.date_range(start=None, end=None, periods=None, freq='D', tz=None,
normalize=False, name=None, closed=None, **kwargs)
```

date_range 函数的常用参数及说明如表 3-23 所示。

表 3-23　date_range 函数的常用参数及说明

参数名称	说明
start	接收日期形式的 str，表示开始时间。默认为 None
end	接收日期形式的 str，表示截止时间。默认为 None
periods	接收 int，表示周期，默认为 None
freq	接收 str 或 DateOffset 对象，表示时间频率，如 D 表示以天为频率。默认为 D

使用 date_range 函数创建 DatetimeIndex 时，接收 start 和 end 参数，此时频率默认为天，示例如代码 3-56 所示。

代码 3-56　接收 start 和 end 参数创建 DatetimeIndex 的示例

In[32]:	`print('创建的 DatetimeIndex 为: \n',` 　　　`pd.date_range(start='2018-01-01', end='2018-01-08'))`

Out[32]:	`创建的 DatetimeIndex 为:`
	　`DatetimeIndex(['2018-01-01', '2018-01-02', '2018-01-03',`
	　　　　　　　　`'2018-01-04', '2018-01-05', '2018-01-06',`
	　　　　　　　　`'2018-01-07', '2018-01-08'],`
	　　　　　　　　`dtype='datetime64[ns]', freq='D')`

接收 periods 参数创建 DatetimeIndex 的示例如代码 3-57 所示。

代码 3-57　接收 periods 参数创建 DatetimeIndex 的示例

In[33]:	`print('创建的 DatetimeIndex 为: \n',` 　　　`pd.date_range(start='2018-01-01', periods=8))`

```
Out[33]:    创建的 DatetimeIndex 为:
            DatetimeIndex(['2018-01-01', '2018-01-02', '2018-01-03',
                          '2018-01-04', '2018-01-05', '2018-01-06',
                          '2018-01-07', '2018-01-08'],
                         dtype='datetime64[ns]', freq='D')
```

接收 freq 参数创建 DatetimeIndex 时，通过 freq 可控制生成的 DatetimeIndex 的时间间隔，示例如代码 3-58 所示。

代码 3-58　接收 freq 参数创建 DatetimeIndex 的示例

```
In[34]:    print('创建的 DatetimeIndex 为: \n',
               pd.date_range(start='2018-01-01', periods=8, freq='M'))

Out[34]:   创建的 DatetimeIndex 为:
           DatetimeIndex(['2018-01-31', '2018-02-28', '2018-03-31',
                         '2018-04-30', '2018-05-31', '2018-06-30',
                         '2018-07-31', '2018-08-31'],
                        dtype='datetime64[ns]', freq='M')
```

（2）时间序列索引操作

DatetimeIndex 一般与时间序列结合应用，以 DatetimeIndex 为索引的 Series 是一个最基本的时间序列，示例如代码 3-59 所示。

代码 3-59　创建时间序列示例

```
In[35]:    date = pd.date_range(start='2018-01-10 01:02:03', periods=5,
                                freq='W')
           list1 = [1, 2, 3, 4, 5]
           arr = pd.Series(list1, index=date)
           print('创建的时间序列为: \n', arr)

Out[35]:   创建的时间序列为:
           2018-01-14 01:02:03    1
           2018-01-21 01:02:03    2
           2018-01-28 01:02:03    3
           2018-02-04 01:02:03    4
           2018-02-11 01:02:03    5
           Freq: W-SUN, dtype: int64
```

时间序列是 Series 的子类，所以它们的基本索引操作是一样的，示例如代码 3-60 所示。

代码 3-60　时间序列索引操作示例

```
In[36]:    print('访问 2018-01-14 01:02:03 的数据为: ',
               arr['2018-01-21 01:02:03'])
Out[36]:   访问 2018-01-14 01:02:03 的数据为: 2
```

同时，时间序列的索引操作也有其独特性，对于较长的时间序列，只需传入代表年、月等单位的字符串即可访问数据，示例如代码 3-61 所示。

代码 3-61　访问数据示例

In[37]:	`print('访问 2018 年 1 月份数据为：\n', arr['2018-1'])`
Out[37]:	访问 2018 年 1 月份数据为： 2018-01-14 01:02:03　　1 2018-01-21 01:02:03　　2 2018-01-28 01:02:03　　3 Freq: W-SUN, dtype: int64

由于大部分时间序列的数据是按照先后顺序排列的，因此可以用不存在于 DatetimeIndex 中的时间（字符串）对其切片，这个切片可以理解为时间范围，切片不必工整，示例如代码 3-62 所示。

代码 3-62　访问时间范围示例

In[38]:	`print('访问 2017 年 12 月到 2018 年 2 月 3 号的数据为：\n',` 　　　`arr['2017-12': '2018-02-03'])`
Out[38]:	访问 2017 年 12 月到 2018 年 2 月 3 号的数据为： 2018-01-14 01:02:03　　1 2018-01-21 01:02:03　　2 2018-01-28 01:02:03　　3 Freq: W-SUN, dtype: int64

3.3.2　文本操作

Series 和 Index 都配有大量文本处理的方法，这让操作其数组中的每一个元素变得容易。Series 和 Index 通过 str 属性（如 Series.str）能够调用这些方法，这些方法大部分与 Python 内建的 str 数据类型的方法相同。

1. 文本方法

通过 str 属性调用 Series 的文本方法，其基本语法格式如下。

`pandas.Series.str.文本处理方法`

例如，调用 upper 方法，将 Series 各元素转换为大写，示例如代码 3-63 所示。

代码 3-63　通过 str 属性调用 upper 方法示例

In[39]:	`series3 = pd.Series(['a', 'abb', 'Ab12'])` `print('大写后的 Series 为：\n', series3.str.upper())`
Out[39]:	大写后的 Series 为： 0　　　A 1　　ABB 2　　AB12 dtype: object

Series 的文本处理方法的名称大部分与 Python 内建的 str 数据类型的方法相同，作用也基本相同，但某些用法可能稍不同，如 replace 方法、split 方法等，它们通过 Series.str 属性调用时能够接收正则表达式，而通过普通字符串调用时则不能，示例如代码 3-64 所示。

代码 3-64　使用 replace 方法接收正则表达式替换字符示例

```
In[40]:     # 匹配以小写 a 开头的元素，将 ab 替换为 F，作用于 Series
            print('替换后的 Series 为: \n', series3.str.replace(r'^ab', 'F'))
Out[40]:    替换后的 Series 为:
            0       a
            1       Fb
            2       Ab12
            dtype: object
In[41]:     print('替换后的元素为: \n', series3.str.replace(r'^ab', 'F')[1])
Out[41]:    替换后的元素为: Fb
In[42]:     # 匹配以小写 a 开头的元素，将 ab 替换为 F，作用于 str
            print('替换后的 str 为: ', series3[1].replace(r'^ab', 'F'))
Out[42]:    替换后的 str 为: abb
```

2. 特有文本方法

部分文本处理方法与 Python 内建的 str 数据类型的方法不同，它们是特有的，如表 3-24 所示。

表 3-24　特有文本方法

参数名称	说明
cat	实现元素级 str 连接操作，可指定分隔符
get	抽取指定字符串位置的元素
get_dummies	通过分割符分割 str，返回哑变量构成的 DataFrame
contains	返回表示各 str 是否含有指定模式的 bool 型数组
repeat	对每个 str 重复指定次数
pad	在 str 的左边、右边或两边添加空白符
wrap	按照指定长度分割字符
slice	对 Series 中的各个 str 进行子串截取
slice_replace	替换截取的 str
findall	找到所有匹配模式所匹配的值
match	根据指定的正则表达式对各元素执行 re.match
extract	将正则表达式匹配的第一个组取出
extractall	将正则表达式匹配的所有组取出
len	计算字符长度
normalize	返回 Unicode 标准形式

调用 Serie 特有文本方法的示例如代码 3-65 所示。

代码 3-65　调用 Serie 特有文本方法的示例

```
In[43]:     print('cat 方法作用后的结果为: ', series3.str.cat(sep='-'))
Out[43]:    cat 方法作用后的结果为: a-abb-Ab12
In[44]:     print('get 方法作用后的结果为: \n', series3.str.get(1))
```

```
Out[44]:    get 方法作用后的结果为:
            0    NaN
            1      b
            2      b
            dtype: object
In[45]:     print('get_dummies 方法作用后的结果为: \n', series3.str.get_dummies())
Out[45]:    get_dummies 方法作用后的结果为:
               Ab12  a  abb
            0     0  1    0
            1     0  0    1
            2     1  0    0
In[46]:     print('contains 方法作用后的结果为: \n', series3.str.contains
            ('ab', regex=False))
Out[46]:    contains 方法作用后的结果为:
            0    False
            1     True
            2    False
            dtype: bool
In[47]:     print('repeat 方法作用后的结果为: \n', series3.str.repeat(2))
Out[47]:    repeat 方法作用后的结果为:
            0         aa
            1     abbabb
            2    Ab12Ab12
            dtype: object
In[48]:     print('pad 方法作用后的结果为: \n', series3.str.pad(width=2,
            side='left', fillchar='f'))
Out[48]:    pad 方法作用后的结果为:
            0      fa
            1     abb
            2    Ab12
            dtype: object
```

3. 文本索引操作

代码 3-65 介绍了如何通过 slice 方法截取字符实现索引操作。另外，通过 "[ ]" 符号也可实现索引操作，它是基于位置的，若输入位置超过索引，则返回 NaN，示例如代码 3-66 所示。

代码 3-66　通过 "[ ]" 符号实现索引操作示例

```
In[49]:     # 位置索引
            print('第一个字符为: \n', series.str[0])
Out[49]:    第一个字符为:
            0      2
            1      2
            2      2
            3    NaN
            4      2
            dtype: object
In[50]:     # 切片索引
            print('前两个字符为: \n', series3.str[0: 2])
Out[50]:    前两个字符为:
            0     a
            1    ab
            2    Ab
            dtype: object
```

3.3.3　category 操作

category 即分类型数据，它是 pandas 的一种数据类型，对应统计学中的分类型变量。category 可能会有一个顺序，但不能执行数字操作。

1．创建 category

通过 Series、DataFrame、Categorical 类皆可创建 category，其中，使用 Categorical 类创建属于显式创建。本小节主要介绍通过 Series 创建 category，它最为典型，创建方法有指定 Series 数据类型、转换 Series 数据类型、接收 Categorical 对象和使用 cut 方法。

指定 Series 数据类型创建 category 的方法十分简单，设置 dtype 参数为 category 即可，示例如代码 3-67 所示。

代码 3-67　指定 Series 数据类型创建 category 示例

```
In[51]:    series4 = pd.Series(['a', 'b', 'b', 'c'], dtype='category')
           print('指定 Series 数据类型创建的 category 为: \n', series4)
Out[51]:   指定 Series 数据类型创建的 category 为:
           0    a
           1    b
           2    b
           3    c
           dtype: category
           Categories (3, object): [a, b, c]
```

对于已经创建的 Series，将其数据类型转换为 category 类型也可创建 category，示例如代码 3-68 所示。这里可供转换的类型有 category、CategoricalDtype 两种。CategoricalDtype 是 category 的专用类型，它还可以锁定排序。

代码 3-68　转换 Series 数据类型创建 category 示例

```
In[52]:    series = pd.Series(['a', 'b', 'b', 'c'])
           series1 = series.astype('category')
           print('转换 Series 数据类型创建的 category 为: \n', series1)
Out[52]:   转换 Series 数据类型创建的 category 为:
           0    a
           1    b
           2    b
           3    c
           dtype: category
           Categories (3, object): [a, b, c]
In[53]:    from pandas.api.types import CategoricalDtype
           cat_type = CategoricalDtype(categories=['b', 'c', 'd'],
                                        ordered=True)
           series1 = series.astype(cat_type)
           print('转换 Series 数据类型为 CategoricalDtype 创建的 category 结果为:
           \n', series1)
Out[53]:   转换 Series 数据类型为 CategoricalDtype 创建的 category 结果为:
           0    NaN
           1    b
           2    b
           3    c
           dtype: category
           Categories (3, object): [b < c < d]
```

Series 通过接收 Categorical 对象也可以创建 category，示例如代码 3-69 所示。

代码 3-69　接收 Categorical 对象创建 category 示例

```
In[54]:   raw_cat = pd.Categorical(['a', 'b', 'b', 'c'],
                          categories=['a', 'b', 'c'], ordered=False)
          series = pd.Series(raw_cat)
          print('接收 Categorical 对象创建的 category 为：\n', series)
Out[54]:  接收 Categorical 对象创建的 category 为：
          0    a
          1    b
          2    b
          3    c
          dtype: category
          Categories (3, object): [a, b, c]
```

使用 cut 函数可将 Series 的连续数据分成不同的区间，使其变成离散数据，一般使用直方图展示。cut 函数作用后的 Series 数据类型会变成 category，如代码 3-70 所示。

代码 3-70　使用 cut 函数创建 category

```
In[55]:   series = pd.Series(range(9))
          series1 = pd.cut(series, [0, 3, 6, 9, 12], right=False)
          print('cut 函数作用于 Series 创建的 category 结果为：\n', series1)
Out[55]:  cut 函数作用于 Series 创建的 category 结果为：
          0    [0, 3)
          1    [0, 3)
          2    [0, 3)
          3    [3, 6)
          4    [3, 6)
          5    [3, 6)
          6    [6, 9)
          7    [6, 9)
          8    [6, 9)
          dtype: category
          Categories (4, interval[int64]): [[0, 3) < [3, 6) < [6, 9) < [9,
          12)]
```

2. 操作 category

当 Series 的数据类型为 category 时，pandas 会通过 Series.cat 生成一个访问器，类似 3.3.2 小节中介绍的 Series.str，用于访问 category 的属性及调用方法。通过访问 category 的属性及调用方法可以操作 category，常用操作包括重命名、增删及设置类别、排序。

（1）重命名

category 拥有一个类别属性和一个顺序属性，类别属性是 category 可能的值，顺序属性指类别顺序是否指定。通过访问器可以访问相应属性，示例如代码 3-71 所示。

代码 3-71　访问 category 的类别和顺序属性示例

```
In[56]:   series = pd.Series(['a', 'b', 'b', 'c'], dtype='category')
          print('category 的类别为：\n', series.cat.categories)
Out[56]:  category 的类别为：
           Index(['a', 'b', 'c'], dtype='object')
```

```
In[57]:    print('category 的类别是否指定: ', series.cat.ordered)
Out[57]:   category 的类别是否指定: False
```

使用 rename_categories 方法可对类别重命名, 示例如代码 3-72 所示。

代码 3-72　对类别重命名示例

```
In[58]:    series1 = series.cat.rename_categories([1, 2, 3])
           print('重命名 category 的类别为: ', series1.cat.categories)
Out[58]:   重命名 category 的类别为: Int64Index([1, 2, 3], dtype='int64')
```

（2）增删及设置类别

若要对 category 增加类别, 则使用 add_categories 即可实现, 示例如代码 3-73 所示。

代码 3-73　增加类别示例

```
In[59]:    series1 = series.cat.add_categories(['e'])
           print('新增后的 category 的类别为: \n', series1.cat.categories)
Out[59]:   新增后的 category 的类别为:
            Index(['a', 'b', 'c', 'e'], dtype='object')
```

删除类别和增加类别是对应的, 删除类别使用的是 remove_categories 方法, 本来对应类别的 category 会变为 NaN, 示例如代码 3-74 所示。

代码 3-74　删除类别示例

```
In[60]:    series1 = series.cat.remove_categories(['c'])
           print('删除后的 category 的类别为: \n', series1.cat.categories)
Out[60]:   删除后的 category 的类别为:
            Index(['a', 'b'], dtype='object')
```

通过 set_categories 方法, 可以实现类别的增加或删除, 或者改变类别值, 甚至可以设置类别是否有序, 示例如代码 3-75 所示。

代码 3-75　通过 set_categories 方法改变类别

```
In[61]:    series1 = series.cat.set_categories(['c', 'd'], ordered=True)
           print('设置后的 category 的类别为: \n', series1.cat.categories)
Out[61]:   设置后的 category 的类别为:
            Index(['c', 'd'], dtype='object')
```

（3）排序

使用 sort_values 方法可对 category 进行排序, 示例如代码 3-76 所示。

代码 3-76　使用 sort_values 方法对 category 进行排序示例

```
In[62]:    series1 = series.cat.set_categories(['c', 'e', 'a', 'b'], ordered
           =True)
           print('指定顺序后的 category 为: \n', series1.sort_values())
Out[62]:   指定顺序后的 category 为:
            3    c
            0    a
            1    b
            2    b
            dtype: category
            Categories (4, object): [c < e < a < b]
```

小结

pandas 是数据分析的利器，由于其内容较多，本章仅介绍了 pandas 的基础知识，主要内容如下。

（1）pandas 常用类，详细介绍了 Series、DataFrame、Index 对象的创建、属性及基本方法。

（2）DataFrame 基础操作，详细介绍了 DataFrame 的基本操作，包括索引、排序和重置、数据合并操作。

（3）其他数据类型操作，重点介绍了时间、文本、分类 3 种类型的数据的常规操作方法。

课后习题

1．选择题

（1）pandas 的常用类不包括（　　）。

    A．Series　　　　　　　　　　B．DataFrame

    C．Panel　　　　　　　　　　　D．Index

（2）Series 能够接收的数据类型不包括（　　）。

    A．dict　　　　　　　　　　　B．list

    C．array　　　　　　　　　　　D．set

（3）关于 Series 索引方式错误的是（　　）。

    A．s[0:2]　　　　　　　　　　B．s[2]

    C．s[s > 2]　　　　　　　　　D．s[s = 2]

（4）删除 DataFrame 数据的方法不包括（　　）。

    A．drop　　　　　　　　　　　B．pop

    C．del　　　　　　　　　　　　D．remove

（5）关于索引对象，下列说法错误的是（　　）。

    A．可通过 Series 接收索引参数并进行创建

    B．MultiIndex 是层次化索引对象

    C．索引对象可以修改

    D．isin 是索引对象的一种方法

（6）关于 iloc 的说法不正确的是（　　）。

    A．既可以行索引，又可以列索引

    B．不能使用标签索引

    C．当传入的行索引位置或列索引位置为区间时，其为前闭后开区间

    D．可以接收 Series

（7）merge 函数用于主键合并，下列说法错误的是（　　）。

    A．on 参数用于指定主键

    B．sort 参数为 True 时将对合并的数据进行排序

C. suffixes 参数用于对重叠列加尾缀

D. join 参数表示表连接的方式

（8）关于 pandas 库的文本操作，下列说法错误的是（　　　）。

A. replace 方法用于替换字符串

B. slice 方法不是通过截取字符实现文本索引操作的

C. upper 方法可将 Series 各元素转换为大写

D. 存在一些特殊的方法是 Python 原生 str 类型所没有的

（9）关于时间相关类，下列说法错误的是（　　　）。

A. Timestamp 是存放某个时间点的类

B. Period 是存放某个时间段的类

C. Timestamp 数据可以使用标准的时间 str 转换得来

D. 两个数值上相同的 Period 和 Timestamp 所代表的意义相同

（10）【多选】创建 category 的方法包括（　　　）。

A. 通过 pandas.Categorical 创建

B. 通过 pandas.cut 创建

C. 设置 Series 的 dtype 参数为 category

D. 转换 Series 数据类为 category

2. 填空题

（1）对 DataFrame 按指定列排序的方法是＿＿＿＿。

（2）通过＿＿＿＿方法可以在 Series 后插入新的 Series。

（3）设置 DataFrame 的 drop 方法的 axis 参数为＿＿＿＿可以删除行。

（4）层次化索引对应的对象是＿＿＿＿。

（5）＿＿＿＿是 category 的专用类型。

3. 操作题

（1）通过 dict 创建表 3-25 所示的 DataFrame。

表 3-25　DataFrame

	col1	col2	col3
a	0	1	2
b	3	4	8
c	6	7	5
f	9	10	11

（2）基于表 3-25 所示的 DataFrame，执行如下操作。

① 筛选出列名为"col2"的列中大于 4 的所有数据。

② 删除列名为"col2"的列。

③ 按列名为"col3"的列降序排列 DataFrame。

（3）基于表 3-25 所示的 DataFrame，计算列名为"col1"的列的各元素的长度。

第 4 章 pandas 进阶

pandas 除了提供便利的数据结构和对应的操作函数外，还提供了高效操作大型数据集所需的工具，从而快速地对数据进行复杂的转换和过滤等操作。本章基于第 3 章介绍的 pandas 基础知识介绍 pandas 的进阶知识，主要内容包括数据的读取与写出、DataFrame 高级操作和数据处理。

4.1　数据的读取与写出

pandas 内置了十余种数据源读取函数和对应的数据写入函数，能够读写常见的数据源，如 CSV、Excel、数据库等。与 Python 内置数据读取和存储函数相比，pandas 能够读取更多的数据类型，读取出来的数据也更加规整，同时能够自动控制或打开 I/O，而无须手动操作。

4.1.1　CSV

CSV 是一种字符分隔文件，以纯文本形式存储表格数据（数字和文本）。它是一种通用、相对简单的文件格式，最广泛的应用是在程序之间转移表格数据，而这些程序本身是在不兼容的格式（往往是私有的和/或无规范的格式）上进行操作的。因为大量程序支持 CSV 或者其变体，所以可以作为大多数程序的输入和输出格式。

read_csv 函数可用于读取 CSV 文件，其基本语法格式如下。

```
pandas.read_csv(filepath_or_buffer, sep=', ', delimiter=None, header='infer',
names=None, index_col=None, usecols=None, squeeze=False, prefix=None, mangle_
dupe_cols=True, dtype=None, engine=None, converters=None, true_values=None,
false_values=None, skipinitialspace=False, skiprows=None, nrows=None, na_
values=None, keep_default_na=True, na_filter=True, verbose=False, skip_blank_
lines=True, parse_dates=False, infer_datetime_format=False, keep_date_col=
False, date_parser=None, dayfirst=False, iterator=False, chunksize=None,
compression='infer', thousands=None, decimal=b'.', lineterminator=None,
quotechar='"', quoting=0, escapechar=None, comment=None, encoding=None,
dialect=None, tupleize_cols=None, error_bad_lines=True, warn_bad_lines=True,
skipfooter=0, doublequote=True, delim_whitespace=False, low_memory=True,
memory_map=False, float_precision=None)
```

read_csv 函数的常用参数及说明如表 4-1 所示。

表 4-1　read_csv 函数的常用参数及说明

参数名称	说明
filepath	接收 str，表示文件路径。无默认值
sep	接收 str，表示文件的分隔符。默认为 ","

参数名称	说明
header	接收 int 或 sequence，表示将某行数据作为列名，为 int 时表示将第 *n* 列作为列名；为 sequence 时，表示将 sequence 作为列名。默认为 infer，表示自动识别
names	接收 array，表示列名。默认为 None
index_col	接收 int、sequence 或 False，表示索引列的位置，为 sequence 时表示多重索引。默认为 None
dtype	接收 dict，表示写入的数据类型，列名为 key，数据格式为 values。默认为 None
engine	接收 c 或者 python，表示数据解析引擎。默认为 c
nrows	接收 int，表示读取前 *n* 行。默认为 None
encoding	接收 str，表示文件的编码格式。无默认值

read_csv 函数中的 sep 参数用于指定文本的分隔符，如果分隔符指定错误，则在读取数据的时候，每一行数据将连成一片。encoding 参数表示文件的编码格式，常用的编码有 UTF-8、UTF-16、GBK、GB2312、GB18030 等，如果编码指定错误，那么数据将无法读取。使用 read_csv 函数读取 CSV 文件的示例如代码 4-1 所示。

代码 4-1 使用 read_csv 函数读取 CSV 文件的示例

```
In[1]:    import pandas as pd
          df = pd.read_csv('../data/meal_order_info.csv', encoding='gbk')
          print('读取的 CSV 文件前 5 行数据为: \n', df.head())
Out[1]:   读取的 CSV 文件前 5 行数据为:
             info_id  emp_id  number_consumers  ...  order_status       phone    name
          0      417    1442                 4  ...             1  18688880641    苗宇怡
          1      301    1095                 3  ...             1  18688880174     赵颖
          2      413    1147                 6  ...             1  18688880276    徐毅凡
          3      415    1166                 4  ...             1  18688880231    张大鹏
          4      392    1094                10  ...             1  18688880173    孙熙凯

          [5 rows x 21 columns]
```

除 CSV 文件外，read_csv 函数还能读取其他文本文件，只需改变 encoding、sep 等对应参数取值即可。

文本文件的存储与读取类似，结构化数据可以通过 pandas 中的 to_csv 方法实现以 CSV 文件格式存储的文件，Series 和 DatFrame 数据都可以写入 CSV 文件，DatFrame 的 to_csv 方法的基本语法格式如下。

```
DataFrame.to_csv(path_or_buf=None, sep=',', na_rep='', columns=None, header=
True, index=True, index_label=None, mode='w', encoding=None)
```

to_csv 方法的常用参数及说明如表 4-2 所示。

表 4-2 to_csv 方法的常用参数及说明

参数名称	说明
path_or_buf	接收 str，表示文件路径。无默认值
sep	接收 str，表示分隔符。默认为 ","

续表

参数名称	说明
na_rep	接收 str，表示缺失值。默认为 ""
columns	接收 list，表示写出的列名。默认为 None
header	接收 bool，表示是否将列名写出。默认为 True
index	接收 bool，表示是否将行名（索引）写出。默认为 True
index_labels	接收 sequence，表示索引名。默认为 None
mode	接收特定 str，表示数据写入模式。默认为 w
encoding	接收特定 str，表示存储文件的编码格式。默认为 None

使用 to_csv 方法将 DataFrame 数据写入 CSV 文件的示例如代码 4-2 所示。

代码 4-2　使用 to_csv 方法将 DataFrame 数据写入 CSV 文件的示例

```
In[2]:   df1 = df.head()
         df1.to_csv('../tmp/meal_order_info_out.csv', index=False)
         print('df1 的前 2 行数据为: \n', df1.head(2))
Out[2]:  df1 的前 2 行数据为:
            info_id  emp_id  number_consumers  ...  order_status  phone         name
         0  417      1442    4                 ...  1             18688880641   苗宇怡
         1  301      1095    3                 ...  1             18688880174   赵颖

         [2 rows x 21 columns]
```

4.1.2　Excel

Excel 是微软公司的办公软件 Microsoft Office 的组件之一，它可以进行各种数据的处理、统计分析和辅助决策操作，广泛地应用于管理、统计、财经和金融等众多领域。其文件保存依照程序版本的不同分为如下两种。

（1）Microsoft Office Excel 2007 之前的版本（不包括 2007），默认保存的文件扩展名为.xls。

（2）Microsoft Office Excel 2007 之后的版本，默认保存的文件扩展名为.xlsx。

pandas 提供了 read_excel 函数来读取这两种版本的 Excel 文件，其基本语法格式如下。

```
pandas.read_excel(io, sheet_name=0, header=0, names=None, index_col=None,
usecols=None, squeeze=False, dtype=None, engine=None, converters=None, true_
values=None, false_values=None, skiprows=None, nrows=None, na_values=None,
parse_dates=False, date_parser=None, thousands=None, comment=None,
skipfooter=0, convert_float=True, **kwds)
```

read_excel 函数的常用参数及说明如表 4-3 所示，部分参数与 read_csv 函数相同。

表 4-3　read_excel 函数的常用参数及说明

参数名称	说明
io	接收 str，表示文件路径。无默认值
sheetname	接收 str 或 int，表示 Excel 表中数据的分表位置。默认为 0

Python 机器学习编程与实战

参数名称	说明
header	接收 int 或 sequence，表示将某行数据作为列名，为 int 时表示将第 n 列作为列名；为 sequence 时，表示将 sequence 作为列名。默认为 infer，表示自动识别
names	接收 array，表示列名。默认为 None
index_col	接收 int、sequence 或者 False，表示指定用于作为索引的列。默认为 None
dtype	接收 dict，表示写入的数据类型（列名为 key，数据格式为 values）。默认为 None

使用 read_excel 函数读取 Excel 文件的示例如代码 4-3 所示。

代码 4-3　使用 read_excel 函数读取 Excel 文件的示例

```
In[3]:   df = pd.read_excel('../data/users_info.xlsx', encoding='gbk')
         print('读取的 Excel 文件前 5 行数据为: \n', df.head())
Out[3]:  读取的 Excel 文件前 5 行数据为:
         USER_ID MYID ACCOUNT      NAME    ... sex     poo   address  age
         0    982   NaN    叶亦凯    sx  ...   男  广东广州     广州  21.0
         1    983   NaN    邓彬彬    lyy ...   女  广东广州     广州  21.0
         2    984   NaN    张建涛    zad ...   男  广东广州     广州  22.0
         3    985   NaN    莫诗怡    mf  ...   女   广西        广州  23.0
         4    986   NaN    莫子建    mjc ...   男   广西        广州  22.0

         [5 rows x 37 columns]
```

pandas 提供的 to_excel 方法可将 DataFrame 写入到 Excel 文件中，其基本语法格式如下。

```
DataFrame.to_excel(excel_writer, sheet_name='Sheet1', na_rep='', float_
format=None, columns=None, header=True, index=True, index_label=None,
startrow =0, startcol=0, engine=None, merge_cells=True, encoding=None,
inf_rep='inf', verbose=True, freeze_panes=None)
```

to_excel 方法和 to_csv 方法的常用参数基本一致，区别在于指定存储文件的文件路径参数名称为 excel_writer，并且没有 sep 参数，但增加了一个 sheet_name 参数来指定存储的 Excel sheet 的名称，默认为 sheet1。

使用 to_excel 方法将 DataFrame 数据写入 Excel 文件的示例如代码 4-4 所示。

代码 4-4　使用 to_excel 方法将 DataFrame 数据写入 Excel 文件的示例

```
In[4]:   df1 = df.head()
         df1.to_excel('../tmp/users_info_out.xlsx', index=False)
         print('df1 的后 2 行数据为: \n', df1.tail(2))
Out[4]:  df1 的后 2 行数据为:
         USER_ID MYID   ACCOUNT      NAME    ... sex   poo  address  age
         3    985   NaN     莫诗怡    mf  ...   女  广西      广州  23.0
         4    986   NaN     莫子建    mjc ...   男  广西      广州  22.0

         [2 rows x 37 columns]
```

4.1.3　数据库

在生产环境中，绝大多数数据存储在数据库中，pandas 提供了读取与存储关系型数据库数据的函数与方法。除了 pandas 库外，还需要使用 SQLAlchemy 库建立对应的数据库连接。SQLAlchemy 配合相应数据库的 Python 连接工具（如 MySQL 数据库需要安装 mysqlclient 或者 pymysql 库，Oracle 数据库需要安装 cx_oracle 库），使用 create_engine 函数建立数据库连接，支持 MySQL、PostgreSQL、Oracle、SQL Server 和 SQLite 等主流数据库。本小节以 MySQL 数据库为例，介绍使用 pandas 库读取与存储数据库数据的方法。

1. 读取数据

pandas 实现数据库数据读取的函数有 3 个，即 read_sql、read_sql_table 和 read_sql_query。其中，read_sql_table 函数只能够读取数据库中的某个表格，不能实现查询的操作；read_sql_query 函数只能实现查询操作，不能直接读取数据库中的某个表；read_sql 函数是两者的综合，既能够读取数据库中的某个表，又能够实现查询操作，其基本语法格式如下。

```
pandas.read_sql(sql, con, index_col=None, coerce_float=True, params=None,
parse_dates=None, columns=None, chunksize=None)
```

pandas 的 3 个数据库数据读取函数的参数几乎完全一致，唯一的区别在于传入的是语句还是表名。read_sql 函数的常用参数及说明如表 4-4 所示。

表 4-4 read_sql 函数的常用参数及说明

参数名称	说明
sql	接收 str，表示读取的数据的表名或者 SQL 语句。无默认值
con	接收数据库连接，表示数据库连接信息。无默认值
index_col	接收 int、sequence 或者 False，表示设定的列作为行名，如果是一个数列，则是多重索引。默认为 None
coerce_float	接收 bool，将数据库中 decimal 类型的数据转换为 pandas 中 float64 类型的数据。默认为 True
columns	接收 list，表示读取数据的列名。默认为 None

read_sql 函数的 con 参数是一个数据库连接，需要提前建立，才能够正常读取数据库数据。代码 4-5 所示为使用 SQLAlchemy 建立 MySQL 数据库连接，注意，需要在 MySQL 中先创建数据库 test_db，再创建数据表 orders。

代码 4-5 使用 SQLAlchemy 连接 MySQL 数据库示例

```
In[5]:    from sqlalchemy import create_engine
          # 创建一个MySQL连接器，用户名为root，密码为12345
          # 地址为127.0.0.1，数据库名称为test_db，编码为UTF-8
          # 创建数据表orders
          engine = create_engine(
                  'mysql+pymysql:'
                  '//root:12345@127.0.0.1:3306/test_db?charset=utf8mb4')
          print(engine)
Out[5]:   Engine(mysql+pymysql://root:***@127.0.0.1:3306/test_db?charset=
          utf8mb4)
```

creat_engine 函数中填入的是一个连接字符串。在使用 Python 的 SQLAlchemy 时，

MySQL 和 Oracle 数据库连接字符串的格式如下。

数据库产品名+连接工具名：//用户名:密码@数据库 IP 地址:数据库端口号/数据库名称? charset = 数据库数据编码

数据库连接创建完成后，可使用 read_sql 函数读取数据库中的表，示例如代码 4-6 所示。

代码 4-6　使用 read_sql 函数读取数据库中的表示例

```
In[6]:   orders = pd.read_sql('select * from orders', con=engine)
         print('读取的数据表 orders 前 5 行数据为：\n', orders.head())
Out[6]:  读取的数据表 orders 前 5 行数据为：
           detail_id  order_id  dishes_id ...  bar_code   picture_file  emp_id
         0     2956       417     610062 ...       NA  caipu/104001.jpg    1442
         1     2958       417     609957 ...       NA  caipu/202003.jpg    1442
         2     2961       417     609950 ...       NA  caipu/303001.jpg    1442
         3     2966       417     610038 ...       NA  caipu/105002.jpg    1442
         4     2968       417     610003 ...       NA  caipu/503002.jpg    1442

         [5 rows x 19 columns]
```

2. 写入数据

将 pandas 的数据写入数据库同样需要依赖 SQLAlchemy 的数据库连接，使用 to_sql 方法可将数据写入数据库，其基本语法格式如下。

```
DataFrame.to_sql(name, con, schema=None, if_exists='fail', index=True,
index_label=None, chunksize=None, dtype=None)
```

to_sql 方法的常用参数及说明如表 4-5 所示。

表 4-5　to_sql 方法的常用参数及说明

参数名称	说明
name	接收 str，表示数据库表名。无默认值
con	接收数据库连接。无默认值
if_exists	接收 fail、replace、append，fail 表示如果表名存在，则不执行写入操作；replace 表示如果表名存在，则将原数据库表删除，并重新创建；append 则表示在原数据库表的基础上追加数据。默认为 fail
index	接收 bool，表示是否将行索引作为数据传入数据库。默认为 True
index_label	接收 str 或者 sequence，表示是否引用索引名称，若 index 参数为 True，且此参数为 None，则使用默认名称；若为多重索引，则必须使用数列形式。默认为 None
dtype	接收 dict，表示写入的数据类型（列名为 key，数据格式为 values）。默认为 None

使用 to_sql 方法将 DataFrame 数据存储到 MySQL 中的示例如代码 4-7 所示。

代码 4-7　使用 to_sql 方法将 DataFrame 数据存储到 MySQL 中的示例

```
In[7]:   df.to_sql('orders_out', con=engine, index=False)
         orders_out = pd.read_sql('select * from orders_out', con=engine)
         print('写入数据后数据表 orders_out 前 5 行数据为：\n', orders_out.head())
```

```
Out[7]:  写入数据后数据表 orders_out 前 5 行数据为:
         USER_ID MYID  ACCOUNT    NAME  ... sex poo   address  age
       0    982  NaN     叶亦凯   sx  ... 男  广东广州    广州  21.0
       1    983  NaN     邓彬彬   lyy ... 女  广东广州    广州  21.0
       2    984  NaN     张建涛   zad ... 男  广东广州    广州  22.0
       3    985  NaN     莫诗怡   mf  ... 女    广西     广州  23.0
       4    986  NaN     莫子建   mjc ... 男    广西     广州  22.0

       [5 rows x 37 columns]
```

4.2　DataFrame 进阶

本书 3.2 节中介绍了 DataFrame 的基础操作，包括索引、排序与合并，这些都是针对 DataFrame 本身的操作，没有对数据进行分析。本节将进一步对 DataFrame 中的数据进行操作，主要包括统计分析、分组预算、透视表和交叉表。

4.2.1　统计分析

统计分析是了解数据最常用的手段，常见的统计分析有描述性统计分析、多元统计分析。本小节介绍描述性统计方法和移动窗口对象，其中移动窗口对象主要用于进行时间序列处理。

1．描述性统计方法

描述性统计是用来概括、表述事物整体状况以及事物间关联、类属关系的统计方法，其通过几个统计值简洁地表示一组数据的集中趋势和离散程度。NumPy 库提供了大量统计学函数，用于处理数值型特征数据，其中，部分描述性统计函数如表 4-6 所示。

表 4-6　NumPy 库中的部分描述性统计函数

函数名称	说明	函数名称	说明
np.min	最小值	np.max	最大值
np.mean	均值	np.ptp	极差
np.median	中位数	np.std	标准差
np.var	方差	np.cov	协方差

pandas 库基于 NumPy 库，表 4-6 所示的函数也适用于 DataFrame（注意，np.ptp 仅适用于 Series）。使用 NumPy 库的函数对 DataFrame 进行描述性统计示例如代码 4-8 所示。

代码 4-8　使用 NumPy 库的函数对 DataFrame 进行描述性统计示例

```
In[1]:   import pandas as pd
         import numpy as np
         df = pd.read_csv('../data/Concrete.csv', encoding='gbk')
         print('数据框 df 每列对应的最大值为: \n', np.max(df))
         print('数据框 df 每列对应的最小值为: \n', np.min(df))
Out[1]:  数据框 df 每列对应的最大值为:
          Cement              540.0
          Blast Furnace Slag  359.4
          Fly Ash             200.1
          Water               247.0
```

101

```
             dtype: float64
             数据框 df 每列对应的最小值为：
              Cement                 102.0
              Blast Furnace Slag       0.0
              Fly Ash                  0.0
              Water                  121.8
              dtype: float64
In[2]:       print('数据框 df 每列对应的均值为：\n', np.mean(df))
Out[2]:      数据框 df 每列对应的均值为：
              Cement               281.167864
              Blast Furnace Slag    73.895825
              Fly Ash               54.188350
              Water                181.567282
              dtype: float64
In[3]:       print('数据框 df 对应的中位数为：', np.median(df))
Out[3]:      数据框 df 对应的中位数为：159.0
In[4]:       print('数据框 df 每列对应的标准差为：\n', np.std(df))
Out[4]:      数据框 df 每列对应的标准差为：
              Cement               104.455621
              Blast Furnace Slag    86.237448
              Fly Ash               63.965930
              Water                 21.343850
              dtype: float64
In[5]:       print('数据框 df 每列对应的方差为：\n', np.var(df))
Out[5]:      数据框 df 每列对应的方差为：
              Cement              10910.976744
              Blast Furnace Slag   7436.897507
              Fly Ash              4091.640214
              Water                 455.559930
              dtype: float64
```

此外，pandas 提供了专门的描述性统计方法，如表 4-7 所示。

表 4-7　pandas 提供的专门的描述性统计方法

方法名称	说明	方法名称	说明
min	最小值	max	最大值
mean	均值	median	中位数
std	标准差	var	方差
cov	协方差	sem	标准误差
mode	众数	skew	样本偏度
kurt	样本峰度	quantile	四分位数
count	非空值数目	mad	平均绝对离差

使用 pandas 专门的描述性统计方法对 DataFrame 进行描述性统计示例如代码 4-9 所示。

代码 4-9　使用 pandas 专门的描述性统计方法对 DataFrame 进行描述性统计示例

```
In[6]:       print('数据框 df 每列对应的最大值为：\n', df.max())
             print('数据框 df 每列对应的最小值为：\n', df.min())
Out[6]:      数据框 df 每列对应的最大值为：
              Cement               540.0
              Blast Furnace Slag   359.4
```

```
Fly Ash                200.1
Water                  247.0
dtype: float64
    数据框 df 每列对应的最小值为：
Cement                 102.0
Blast Furnace Slag       0.0
Fly Ash                  0.0
Water                  121.8
dtype: float64
```

In[7]:
```
print('数据框 df 每列对应的均值为：\n', df.mean())
```
Out[7]:
```
数据框 df 每列对应的均值为：
Cement             281.167864
Blast Furnace Slag  73.895825
Fly Ash             54.188350
Water              181.567282
dtype: float64
```

In[8]:
```
print('数据框 df 每列对应的中位数为：\n', df.median())
```
Out[8]:
```
数据框 df 每列对应的中位数为：
Cement             272.9
Blast Furnace Slag  22.0
Fly Ash              0.0
Water              185.0
dtype: float64
```

In[9]:
```
print('数据框 df 每列对应的标准差为：\n', df.std())
```
Out[9]:
```
数据框 df 每列对应的标准差为：
Cement             104.506364
Blast Furnace Slag  86.279342
Fly Ash             63.997004
Water               21.354219
dtype: float64
```

In[10]:
```
print('数据框 df 每列对应的方差为：\n', df.var())
```
Out[10]:
```
数据框 df 每列对应的方差为：
Cement             10921.580220
Blast Furnace Slag  7444.124812
Fly Ash             4095.616541
Water                456.002651
dtype: float64
```

多数情况下，了解数据只需使用几个主要统计特征即可。使用 pandas 提供的 describe 方法能够一次性得出 DataFrame 的主要统计特征，示例如代码 4-10 所示。

代码 4-10　使用 describe 方法得出 DataFrame 的主要统计特征示例

In[11]:
```
print('使用 describe 方法的描述性统计结果为：\n', df.describe())
```
Out[11]:
```
使用 describe 方法的描述性统计结果为：
             Cement  Blast Furnace Slag      Fly Ash        Water
count   1030.000000         1030.000000  1030.000000  1030.000000
mean     281.167864           73.895825    54.188350   181.567282
std      104.506364           86.279342    63.997004    21.354219
min      102.000000            0.000000     0.000000   121.800000
25%      192.375000            0.000000     0.000000   164.900000
50%      272.900000           22.000000     0.000000   185.000000
75%      350.000000          142.950000   118.300000   192.000000
max      540.000000          359.400000   200.100000   247.000000
```

对于类别型数据，即 category，也可以通过 describe 方法进行描述性统计，它返回 4 种特征，如表 4-8 所示。

表 4-8　category 的统计描述特征

特征	说明	特征	说明
count	类别计数	unique	不重复类别个数
top	个数最多的类别	freq	个数最多的类别的数量

使用 describe 方法对 category 进行描述性统计示例如代码 4-11 所示。

代码 4-11　使用 describe 方法对 category 进行描述性统计示例

```
In[12]:    df1 = pd.DataFrame({'col1': list('abca'), 'col2': list('bccd')},
                                dtype='category')
           print('使用 describe 方法的描述性统计结果为: \n', df1.describe())
Out[12]:   使用 describe 方法的描述性统计结果为:
                  col1 col2
           count    4    4
           unique   3    3
           top      a    c
           freq     2    2
```

除 describe 方法外，info 方法也可用于描述性统计，能够对数据的类型、索引、内存信息有一个直观地展示，示例如代码 4-12 所示。

代码 4-12　info 方法示例

```
In[13]:    print('DataFrame 的 info 信息为: \n')
           df.info()
Out[13]:   DataFrame 的 info 信息为:

           <class 'pandas.core.frame.DataFrame'>
           RangeIndex: 1030 entries, 0 to 1029
           Data columns (total 4 columns):
           Cement                1030 non-null float64
           Blast Furnace Slag    1030 non-null float64
           Fly Ash               1030 non-null float64
           Water                 1030 non-null float64
           dtypes: float64(4)
           memory usage: 32.3 KB
```

2. 移动窗口对象

为了提升数据的准确性，可将某个点的取值扩大到包含这个点的一段区间，用区间来进行判断，这个区间就是窗口。移动窗口就是窗口向一端滑行，每次的滑行并不是区间整块的滑行，而是一个单位一个单位的滑行。移动窗口在处理时间序列相关数据时特别有用，可与描述性统计方法结合使用。

pandas 提供的 rolling 方法可用于对 DataFrame 进行移动窗口操作，其基本语法格式如下。

```
DataFrame.rolling(window, min_periods=None, freq=None, center=False,
win_type=None, on=None, axis=0, closed=None)
```

rolling 方法的常用参数及说明如表 4-9 所示。

表 4-9　rolling 方法的常用参数及说明

参数名称	说明
window	接收 int 或 offset，表示移动窗口的大小，当接收 offset 时，其为每个窗口的时间段，此时的索引必须为时间类型。无默认值
min_periods	接收 int，表示窗口中需要有值的观测点数量的最小值。默认为 None
center	接收 bool，表示窗口中间是否设置标签。默认为 Fasle
win_type	接收 str，表示窗口类型。默认为 None
on	接收 str，表示对于 DataFrame 做移动窗口计算的列。无默认值
axis	接收 int，表示作用的轴方向。默认为 0
closed	接收 str，表示区间的开闭。无默认值

使用 rolling 方法对 DataFrame 进行移动窗口操作时，一般设置 window 参数即可，它返回窗口对象，示例如代码 4-13 所示。

代码 4-13　使用 rolling 方法对 DataFrame 进行移动窗口操作示例

```
In[14]:   arr = np.array([[2,2,2], [4,4,4], [6,6,6], [8,8,8], [10,10,10]])
          df2 = pd.DataFrame(arr, columns=['one', 'two', 'three'],
                            index=pd.date_range('1/1/2018', periods=5))
          print('创建的移动窗口对象为: ', df2.rolling(2))
Out[14]:  创建的移动窗口对象为: Rolling [window=2,center=False,axis=0]
```

在代码 4-13 中，返回的窗口对象一般与统计描述方法结合使用，如 sum、mean、max 等，结果是返回原来的数据对象，其计算示例如代码 4-14 所示。

代码 4-14　移动窗口计算示例

```
In[15]:   print('移动窗口为 2, 使用 mean 方法计算后结果为: \n',
              df2.rolling(2). mean())
Out[15]:  移动窗口为 2, 使用 mean 方法计算后结果为:
                        one   two    three
          2018-01-01   NaN   NaN    NaN
          2018-01-02   3.0   3.0    3.0
          2018-01-03   5.0   5.0    5.0
          2018-01-04   7.0   7.0    7.0
          2018-01-05   9.0   9.0    9.0
In[16]:   print('移动窗口为 2, 使用 sum 方法计算后结果为: \n',
              df2.rolling(2). sum())
Out[16]:  移动窗口为 2, 使用 sum 方法计算后结果为:
                        one    two    three
          2018-01-01   NaN    NaN    NaN
          2018-01-02   6.0    6.0    6.0
          2018-01-03   10.0   10.0   10.0
          2018-01-04   14.0   14.0   14.0
          2018-01-05   18.0   18.0   18.0
```

window 参数除了接收 int 外，还可以接收 offset，它是时间偏移对象，通常用于时间序列。与接收 int 相比，offset 更为灵活，且计算结果无空值，空值会被第一个或最后一个数据替代，示例如代码 4-15 所示。

代码 4-15　接收 offset 的移动窗口计算示例

```
In[17]:    print('移动窗口为 2 天，使用 mean 方法计算后结果为：\n',
                  df2.rolling ('2D').mean())
Out[17]:   移动窗口为 2 天，使用 mean 方法计算后结果为：
                        one   two    three
           2018-01-01  2.0   2.0    2.0
           2018-01-02  3.0   3.0    3.0
           2018-01-03  5.0   5.0    5.0
           2018-01-04  7.0   7.0    7.0
           2018-01-05  9.0   9.0    9.0
In[18]:    print('移动窗口为 2 天，使用 sum 方法计算后结果为：\n',
                  df2.rolling ('2D').sum())
Out[18]:   移动窗口为 2 天，使用 sum 方法计算后结果为：
                        one    two     three
           2018-01-01  2.0    2.0     2.0
           2018-01-02  6.0    6.0     6.0
           2018-01-03  10.0   10.0    10.0
           2018-01-04  14.0   14.0    14.0
           2018-01-05  18.0   18.0    18.0
```

4.2.2　分组运算

pandas 提供的分组（GroupBy）对象配合相关运算方法能够实现特定的分组运算。

1. 分组对象

分组运算指依据某个或者某几个字段对数据集进行分组，并对各组应用函数，从而得到特定结果。分组聚合是分组运算的一种，其原理如图 4-1 所示。

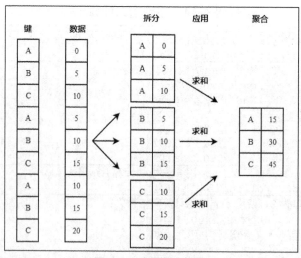

图 4-1　分组聚合原理

（1）groupby 方法

分组对象提供了分组运算步骤中的拆分功能，groupby 方法用于创建分组对象，其基本语法格式如下。

```
DataFrame.groupby(by=None, axis=0, level=None, as_index=True, sort=True,
group_keys=True, squeeze=False, **kwargs)
```

groupby 方法的常用参数及说明如表 4-10 所示。

表 4-10　groupby 方法的常用参数及说明

参数名称	说明
by	接收 list、str、mapping 或 generator，用于确定进行分组的键值，如果传入的是一个函数，则对索引进行计算并分组；如果传入的是一个 dict 或者 Series，则 dict 或者 Series 的值用来做分组依据；如果传入的是一个 NumPy 数组，则数据的元素作为分组依据；如果传入的是字符串或者字符串列表，则使用这些字符串所代表的字段作为分组依据。无默认值
axis	接收 int，表示操作的轴向，默认对列进行操作。默认为 0
level	接收 int 或者索引名，表示标签所在级别。默认为 None
as_index	接收 bool，表示聚合后的聚合标签是否以 DataFrame 索引形式输出。默认为 True
sort	接收 bool，表示是否对分组依据分组标签进行排序。默认为 True
group_keys	接收 bool，表示是否显示分组标签的名称。默认为 True
squeeze	接收 bool，表示是否在允许的情况下对返回数据进行降维。默认为 False

表 4-10 中的参数 by 称为分组键，目的是产生一组用于拆分对象的值。例如，使用 groupby 方法创建分组对象，以列名作为分组键，示例如代码 4-16 所示。

代码 4-16　使用 groupby 方法创建分组对象示例

```
In[19]:   station = pd.read_csv('../data/Station.csv', encoding='gbk')
          group = station.groupby('station')
          print('以 station 为分组键，创建的 GroupBy 对象为：\n', group)
Out[19]:  以 station 为分组键，创建的 GroupBy 对象为：
           <pandas.core.groupby.groupby.DataFrameGroupBy          object          at
          0x0000000009185BA8>
```

（2）分组聚合

从分组产生标量值（即单个数值）的数据转换过程称为分组聚合，GroupBy 对象结合描述统计方法从各个分组中产生标量值，这个标量值可以是平均值、数量、中位数等。GroupBy 对象的常用描述性统计方法如表 4-11 所示。

表 4-11　GroupBy 的常用描述性统计方法

方法	说明	方法	说明
count	计算分组的数目，包括缺失值	median	返回每组的中位数
head	返回每组的前 n 个值	cumcount	对每个分组中组员的进行标记，$0\sim n-1$
max	返回每组的最大值	size	返回每组的大小
mean	返回每组的均值	min	返回每组的最小值
sum	返回每组的和	std	返回每组的标准差

对 GroupBy 对象进行分组聚合操作，示例如代码 4-17 所示。

代码 4-17　对 GroupBy 对象进行分组聚合操作示例

In[20]:	`print('分组数据的均值前 5 行结果为：\n', group.mean().head())`
Out[20]:	分组数据的均值前 5 行结果为：

```
               on_man      off_man
station
ST001       38.327982    34.410550
ST002      130.263761    10.126147
ST003       57.839450    26.869266
ST004      307.619377    18.121107
ST005       75.855505    22.520642
```

In[21]:	`print('分组数据的和前 5 行结果为：\n',group.sum().head())`
Out[21]:	分组数据的和前 5 行结果为：

```
              on_man   off_man
station
ST001       16711.0     15003
ST002       56795.0      4415
ST003       25218.0     11715
ST004       88902.0      5237
ST005       33073.0      9819
```

In[22]:	`print('分组数据的最大值前 5 行结果为：\n',group.max().head())`
Out[22]:	分组数据的最大值前 5 行结果为：

```
             on_man   off_man
station
ST001        111.0      189
ST002        520.0       81
ST003        188.0       96
ST004        797.0      134
ST005        242.0       95
```

2. 分组运算方法

pandas 提供了多种分组运算方法，包括 agg、apply 和 transform，它们的用法各有不同，适用于不同的场景。

（1）agg

agg 方法是一个既能作用于 Seris、DataFrame，又能作用于 GroupBy 的聚合方法。agg 方法接收函数并应用于每个分组，返回标量值，其基本语法格式如下。

```
GroupBy.agg(func, *args, **kwargs)
```

agg 方法的常用参数是 func，它接收函数，表示作用于分组的函数，无默认值。

func 参数可以接收 NumPy 库提供的函数，示例如代码 4-18 所示。

代码 4-18　使用 agg 方法对 GroupBy 对象分组聚合示例

In[23]:	`print('分组的均值前 5 行结果为：\n', group.agg(np.mean).head())`
Out[23]:	分组的均值前 5 行结果为：

```
               on_man      off_man
station
ST001       38.327982    34.410550
ST002      130.263761    10.126147
ST003       57.839450    26.869266
ST004      307.619377    18.121107
ST005       75.855505    22.520642
```

func 参数也可以接收自定义函数,但函数返回的结果需为单个标量值,示例如代码 4-19 所示。

代码 4-19　接收自定义函数对 GroupBy 对象分组聚合示例

```
In[24]:   def f(x):
              return x.max() - x.min()
          group1 = group.agg(f)
          print('分组的极差前 5 行结果为: \n', group1.head())
Out[24]:  分组的极差前 5 行结果为:
                    on_man  off_man
          station
          ST001     101.0      185
          ST002     513.0       81
          ST003     179.0       94
          ST004     781.0      134
          ST005     239.0       93
```

agg 方法可同时接收多个函数,示例如代码 4-20 所示。

代码 4-20　同时接收多个函数对 GroupBy 对象分组聚合示例

```
In[25]:   group2 = group.agg([np.mean, np.sum])
          print('分组的均值和总和前 5 行结果为: \n', group2.head())
Out[25]:  分组的均值和总和前 5 行结果为:
                        on_man                  off_man
                    mean         sum        mean         sum
          station
          ST001    38.327982   16711.0   34.410550     15003
          ST002   130.263761   56795.0   10.126147      4415
          ST003    57.839450   25218.0   26.869266     11715
          ST004   307.619377   88902.0   18.121107      5237
          ST005    75.855505   33073.0   22.520642      9819
```

agg 方法还可对不同的列指定不同的函数,示例如代码 4-21 所示。

代码 4-21　对不同的列指定不同的函数对 GroupBy 对象分组聚合示例

```
In[26]:   group3 = group.agg({'on_man': np.mean, 'off_man': np.sum})
          print('列 on_man 应用均值函数,列 off_man 应用汇总函数前 5 行结果为: \n',
              group3.head())
Out[26]:  列 on_man 应用均值函数,列 off_man 应用汇总函数前 5 行结果为:
                        on_man    off_man
          station
          ST001      38.327982     15003
          ST002     130.263761      4415
          ST003      57.839450     11715
          ST004     307.619377      5237
          ST005      75.855505      9819
```

（2）apply

apply 方法是一个既能接收返回标量值的函数,又能接收返回数组的函数的聚合方法。相比之下,agg 方法仅能接收返回标量值的函数。apply 方法的基本语法格式如下。

```
GroupBy.apply(func, *args, **kwargs)
```

apply 方法的常用参数是 func，它接收函数，表示作用于分组的函数，无默认值。
当 apply 方法的 func 参数接收 NumPy 函数时，示例如代码 4-22 所示。

代码 4-22　接收 NumPy 函数作用于 GroupBy 对象示例

```
In[27]:    print('分组的均值前 5 行结果为：\n', group.apply(np.mean).head())
Out[27]:   分组的均值前 5 行结果为：
                   on_man      off_man
           station
           ST001    38.327982   34.410550
           ST002   130.263761   10.126147
           ST003    57.839450   26.869266
           ST004   307.619377   18.121107
           ST005    75.855505   22.520642
```

apply 方法的 func 参数也可接收自定义函数，示例如代码 4-23 所示。

代码 4-23　接收自定义函数作用于 GroupBy 对象示例

```
In[28]:    def f(x):
               result = x[0: 2]
               return result
           print('分组的前两个数据前 5 行结果为：\n', group.apply(f).head())
Out[28]:   分组的前两个数据前 5 行结果为：
                        station   on_man   off_man   train
           station
           ST001  735   ST001      40.0      21      PK07
                  1853  ST001      32.0      18      PK07
           ST002  326   ST002     112.0      11      PK04
                  1181  ST002     318.0      16      PK04
           ST003  98    ST003      95.0      37      PK02
```

（3）transform

transform 方法返回的对象与被分组对象的形状相同（除去为分组键的列），这与 agg、apply 方法不同。transform 方法的基本语法格式如下。

```
GroupBy.transform(func, *args, **kwargs)
```

transform 方法的常用参数是 func，表示接收的作用于分组的函数，无默认值。
需要注意的是，若 func 参数接收的函数返回的结果为标量值，则会广播到整个分组上。
transform 方法的 func 参数接收返回标量值的函数作用于 GroupBy 对象，示例如代码 4-24 所示。

代码 4-24　接收返回标量值的函数作用于 GroupBy 对象示例

```
In[29]:    print('对分组应用均值函数，返回的 DataFrame 前 5 行数据为：\n',
               group.transform(np.mean).head())
Out[29]:   对分组应用均值函数，返回的 DataFrame 前 5 行数据为：
                   on_man      off_man
           0   1225.300459   11.410550
           1    100.594037  109.727064
           2    136.396789   66.511468
           3    180.149083   43.433486
           4    445.440367  226.125382
```

相比于 apply 方法，若 transform 方法接收的函数返回数组结果，则结果必须和分组对象形状相同，示例如代码 4-25 所示。

代码 4-25　使用 transform 方法返回数组

```
In[30]:   def f(x):
              result = x*2
              return result
          print('对分组的每个元组乘以 2，返回的 DataFrame 前 5 行数据为：\n',
                  group.transform(f).head())

Out[30]:  对分组的每个元组乘以 2，返回的 DataFrame 前 5 行数据为：
              on_man  off_man      train
          0   1782.0        0  PK11 PK11
          1    138.0      322  PK11 PK11
          2    300.0       80  PK11 PK11
          3    144.0       50  PK11 PK11
          4    864.0      712  PK11 PK11
```

综合对比 agg、apply、transform 3 种方法，agg 方法灵活多变，既可针对所有特征进行一次相同的聚合，又可以根据特征分别选择不同的聚合方法，且能用于 DataFrame 与 Series，是聚合操作时最常用的方法；apply 方法由于能够同时返回标量和数组，在返回结果为数组时使用最佳；transform 是最特殊的一种方法，使用场景也非常特殊，主要有组内标准化等，使用频次较低。

4.2.3　透视表和交叉表

数据透视表是数据领域中常用的工具之一，根据一个或多个键值对数据进行聚合，根据行或列的分组键将数据划分到各个区域中。在 pandas 中，除了可以使用 groupby 对数据分组聚合实现透视功能外，还提供了更为简单的方法。

1．透视表

透视表与分组聚合类似，不同的是，分组聚合只能指定一个轴做分组键，而透视表可以同时指定两个轴做分组键。pivot_table 函数用于创建透视表，其基本语法格式如下。

```
pands.pivot_table(data, values=None, index=None, columns=None, aggfunc='mean',
fill_value=None, margins=False, dropna=True, margins_name='All')
```

pivot_table 函数的常用参数及说明如表 4-12 所示。

表 4-12　pivot_table 函数的常用参数及说明

参数名称	说明
data	接收 DataFrame，表示透视表的数据。无默认值
values	接收字符串，用于指定想要聚合的数据字段名，默认使用全部数据。默认为 None
index	接收 str 或 list，表示行分组键。默认为 None
columns	接收 str 或 list，表示列分组键。默认为 None
aggfunc	接收 functions，表示聚合函数。默认为 mean
margins	接收 bool，表示汇总（Total）功能的开关，设为 True 后，结果集中会出现名为 "ALL" 的行和列。默认为 True
dropna	接收 bool，表示是否删除全为 NaN 的列。默认为 False

使用 pivot_table 函数创建透视表示例如代码 4-26 所示。

代码 4-26   使用 pivot_table 函数创建透视表示例

```
In[31]:    dit = {'one': ['a', 'b', 'b', 'b', 'a'], 'two': [0, 1, 2, 3, 4],
               'three': [5, 6, 7, 8, 9], 'four': ['x', 'x', 'y', 'y', 'y']}
           df = pd.DataFrame(dit)
           tdf = pd.pivot_table(df, index=['four'], columns=['one'])
           print('创建的透视表为: \n', tdf)
Out[31]:   创建的透视表为:
                   three        two
           one     a    b       a    b
           four
           x       5.0  6.0    0.0  1.0
           y       9.0  7.5    4.0  2.5
```

在代码 4-26 中，因为参数 aggfunc 默认为 mean，所以它会自动过滤掉非数值类型数据。也可以设置自定义聚合函数，示例如代码 4-27 所示。

代码 4-27   设置自定义聚合函数示例

```
In[32]:    tdf = pd.pivot_table(df, index=['four'], columns=['one'],
                                aggfunc=np.sum)
           print('分组和的透视表为: \n', tdf)
Out[32]:   分组和的透视表为:
                   three        two
           one     a    b       a  b
           four
           x       5    6       0  1
           y       9    15      4  5
```

2. 交叉表

交叉表是一种特殊的透视表，主要用于计算分组频率，功能与透视表类似。crosstab 函数用于制作交叉表，其基本语法格式如下。

```
pandas.crosstab(index, columns, values=None, rownames=None, colnames=None,
aggfunc=None, margins=False, dropna=True, normalize=False)
```

crosstab 函数的常用参数及说明如表 4-13 所示。

表 4-13   crosstab 函数的常用参数及说明

参数名称	说明
index	接收 str 或 list，表示行索引键。无默认值
columns	接收 str 或 list，表示列索引键。无默认值
values	接收 array，表示聚合数据。默认为 None
aggfunc	接收 function，表示聚合函数。默认为 None
rownames	表示行分组键名。无默认值
colnames	表示列分组键名。无默认值
dropna	接收 bool，表示是否删除全为 NaN 的列。默认为 False
margins	接收 bool，默认为 True，汇总（Total）功能的开关，设为 True 后，结果集中会出现名为 "ALL" 的行和列
normalize	接收 bool，表示是否对值进行标准化。默认为 False

交叉表是透视表的一种，它们的参数基本一致，不同之处在于，crosstab 函数中的 index、columns、values 参数填入的都是对应的从 DataFrame 中取出的某一列。当不指定 aggfunc 参数时，分组返回的是频数。使用 crosstab 函数创建交叉表示例如代码 4-28 所示。

代码 4-28　使用 crosstab 函数创建交叉表示例

```
In[33]:    cdf = pd.crosstab(index=df['four'], columns=df['one'])
           print('创建的交叉表为: \n', cdf)
Out[33]:   创建的交叉表为:
           one   a b
           four
           x     1 1
           y     1 2
```

由于交叉表是一种特殊的透视表，因此使用 pivot_table 函数也可以创建与代码 4-28 结果相同的交叉表，示例如代码 4-29 所示。

代码 4-29　使用 pivot_table 函数创建交叉表示例

```
In[34]:    cdf = pd.pivot_table(df, values='two', index=['four'],
                                columns=['one'],
                                aggfunc=(lambda x: len(x)))
           print('使用 pivot_table 函数创建的交叉表为: \n', cdf)
Out[34]:   使用 pivot_table 函数创建的交叉表为:
           one   a b
           four
           x     1 1
           y     1 2
```

4.3　数据准备

机器学习对数据集有一定的要求，这就需要训练之前对数据进行处理，使之符合训练要求。pandas 提供了多样的数据预处理方法，除了在第 3 章以及 4.1 节、4.2 节中介绍的处理方法外，pandas 还提供了缺失值处理、重复值处理、连续特征离散化处理、哑变量处理等方法。

4.3.1　缺失值处理

如果数据中的某个或某些特征的值是不完整的，则这些值称为缺失值。对缺失值处理前需先识别缺失值，pandas 提供的 isnull 方法能够识别缺失值，返回 bool。isnull 方法结合其他操作，可以找出缺失值的数量及占比，示例如代码 4-30 所示。

代码 4-30　找出缺失值的数量及占比示例

```
In[1]:     import pandas as pd
           dit = {'col1': [0, 1, 2, None, 4], 'col2': [5, None, 6, 7, None]}
           df = pd.DataFrame(dit)
           print('缺失值数量为: \n', df.isnull().sum())
Out[1]:    缺失值数量为:
           col1    1
           col2    2
           dtype: int64
```

In[2]:	print('缺失值占比为：\n', df.isnull().sum() / len(df))
Out[2]:	缺失值占比为： col1 0.2 col2 0.4 dtype: float64

识别缺失值后，需对缺失值进行处理，常见的处理方式分为删除法、替换法、插值法。

1. 删除法

删除法是指将含有缺失值的特征或者记录删除。删除法分为删除观测记录和删除特征两种，观测记录指行，特征指列，它属于利用减少样本量来换取信息完整度的一种方法，是一种最简单的缺失值处理方法。pandas 提供的 dropna 方法通过参数控制，既可以删除观测记录，又可以删除特征，其基本语法格式如下。

```
pandas.DataFrame.dropna(axis=0, how='any', thresh=None, subset=None,
inplace=False)
```

dropna 方法的常用参数及说明如表 4-14 所示。

表 4-14   dropna 方法的常用参数及说明

参数名称	说明
axis	接收 0 或 1，表示轴向，0 表示删除观测记录（行），1 表示删除特征（列）。默认为 0
how	接收特定 str，表示删除的形式，any 表示只要有缺失值存在就执行删除操作，all 表示当且仅当全部为缺失值时才执行删除操作。默认为 any
subset	接收类 array 数据，表示删除缺失值的列。默认为 None，表示所有列
inplace	接收 bool，表示是否在原表中进行操作。默认为 False

使用 dropna 方法删除缺失值时，默认删除所有列都存在缺失值的行，示例如代码 4-31 所示。

代码 4-31   使用 dropna 方法删除缺失值示例

In[3]:	print('删除空值后的 DataFrame 为：\n', df.dropna())
Out[3]:	删除空值后的 DataFrame 为： col1 col2 0 0.0 5.0 2 2.0 6.0

使用 dropna 方法删除指定列的缺失值时，需设置 subset 参数，示例如代码 4-32 所示。

代码 4-32   使用 dropna 方法删除指定列的缺失值示例

In[4]:	print('删除 col1 列空值后的 DataFrame 为：\n', df.dropna(subset=['col1']))
Out[4]:	删除 col1 列空值后的 DataFrame 为： col1 col2 0 0.0 5.0 1 1.0 NaN 2 2.0 6.0 4 4.0 NaN

2．替换法

替换法是指用一个特定的值替换缺失值。特征可分为数值型和类别型，两者出现缺失值时的处理方法也是不同的。缺失值所在特征为数值型时，通常利用其均值、中位数和众数等描述其集中趋势的统计量来代替缺失值；缺失值所在特征为类别型时，选择使用众数来替换缺失值。fillna 方法可用于替换缺失值，其基本语法格式如下。

```
DataFrame.fillna(value=None, method=None, axis=None, inplace=False, limit=None)
```

fillna 方法的常用参数及说明如表 4-15 所示。

表 4-15　fillna 方法的常用参数及说明

参数名称	说明
value	接收数字、dict、Series 或 DataFrame，表示用来替换缺失值的值。无默认值
method	接收特定 str，表示缺失值填充的方法，当 value 参数未填写时起效，取值为 "backfill" 或 "bfill" 时，表示使用下一个非缺失值填补缺失值；取值为 "pad" 或 "ffill" 时，表示使用上一个非缺失值填补缺失值。默认为 None
axis	接收 0 或 1，表示轴向。默认为 1
inplace	接收 bool，表示是否在原表中进行操作。默认为 False
limit	接收 int，表示填补缺失值个数上限，超过上限时不进行填补。默认为 None

使用 fillna 方法替换缺失值的示例如代码 4-33 所示。

代码 4-33　使用 fillna 方法替换缺失值的示例

```
In[5]:   print('将空值替换为 0 后的 DataFrame 为: \n', df.fillna(0))
Out[5]:  将空值替换为 0 后的 DataFrame 为:
            col1  col2
         0   0.0   5.0
         1   1.0   0.0
         2   2.0   6.0
         3   0.0   7.0
         4   4.0   0.0
```

有时候，在使用 fillna 方法替换缺失值时，可以不指定替换值，设置参数为 method，示例如代码 4-34 所示。

代码 4-34　不指定替换值替换缺失值示例

```
In[6]:   print('替换缺失值后的 DataFrame 为: \n', df.fillna(method='ffill'))
Out[6]:  替换缺失值后的 DataFrame 为:
            col1  col2
         0   0.0   5.0
         1   1.0   5.0
         2   2.0   6.0
         3   2.0   7.0
         4   4.0   7.0
```

3．插值法

删除法简单易行，但是会引起数据结构的变动，样本的减少；替换法使用难度较低，但是会影响数据的标准差，导致信息量变动。在面对数据缺失问题时，除了这两种方法之外，还有一种常用的方法——插值法。

interpolate 方法用于对缺失值进行插值，针对 DataFrame 的 interpolate 方法的基本语法格式如下。

```
DataFrame.interpolate(method='linear', axis=0, limit=None, inplace=False,
limit_direction='forward', limit_area=None, downcast=None, **kwargs)
```

interpolate 方法的常用参数及说明如表 4-16 所示。

表 4-16　interpolate 方法的常用参数及说明

参数名称	说明
method	接收 str，表示插值方法。默认为 "linear"
axis	接收 int，表示插值的轴。默认为 0
limit	接收 int，表示遇到连续 NaN 插值的最大数。默认为 None
inplace	接收 bool，表示是否更新原 DataFrame。默认为 False

interpolate 方法提供了多种插值方法，其常用插值方法及说明如表 4-17 所示。

表 4-17　interpolate 方法的常用插值方法及说明

方法	说明
linear	线性插值，忽视索引，将所有值看作等距隔开。若 DataFrame 或 Series 为多重索引，则只支持这种插值方法
time	时间插值，索引为时间类型，按给定时间间隔插值
Index、values	索引插值，按照数值化的索引值来插值

使用常用插值方法插值示例如代码 4-35 所示。

代码 4-35　使用常用插值方法插值示例

```
In[7]:   # linear 方法插值
         print('linear 方法插值后的 DataFrame 为: \n', df.interpolate())
Out[7]:  linear 方法插值后的 DataFrame 为:
              col1  col2
         0    0.0   5.0
         1    1.0   5.5
         2    2.0   6.0
         3    3.0   7.0
         4    4.0   7.0
In[8]:   # values 方法插值
         df1 = df.set_index(pd.Index([0, 1, 2, 8, 9]))
         print('values 方法插值后的 DataFrame 为: \n',
             df1.interpolate(method='values'))
Out[8]:  values 方法插值后的 DataFrame 为:
              col1      col2
         0    0.000000  5.0
         1    1.000000  5.5
         2    2.000000  6.0
         8    3.714286  7.0
         9    4.000000  7.0
```

```
In[9]:     # time 方法插值
           index = pd.to_datetime(['2018-01-01', '2018-01-02',
                            '2018-01-03', '2018-01-08', '2018-01-10'])
           df2 = df.set_index(index)
           print('time 方法插值后的 DataFrame 为: \n',
               df2.interpolate(method='time'))
```
```
Out[9]:    time 方法插值后的 DataFrame 为:
                          col1      col2
           2018-01-01  0.000000    5.0
           2018-01-02  1.000000    5.5
           2018-01-03  2.000000    6.0
           2018-01-08  3.428571    7.0
           2018-01-10  4.000000    7.0
```

除了常用的插值方法外，interpolate 还提供了其他方法，使用何种插值方法，可根据实际情况灵活决定。

4.3.2　重复数据处理

重复数据处理是机器学习经常面对的问题之一。对重复数据进行处理前，需要分析重复数据产生的原因以及去除这部分数据后可能造成的不良影响。

drop_duplicates 方法用于去除一个或多个特征的重复记录，针对 DataFrame 的 drop_duplicates 方法的基本语法格式如下。

```
DataFrame.drop_duplicates(self, subset=None, keep='first', inplace=False)
```

drop_duplicates 方法的常用参数及说明如表 4-18 所示。

表 4-18　drop_duplicates 方法的常用参数及说明

参数名称	说明
subset	接收列标签或者标签的 sequence，表示参与去重操作的列名。默认为 None，表示全部列
keep	接收特定 str，表示重复时保留第几个数据，取值为 first 表示保留第一个数据；取值为 last 表示保留最后一个数据；取值为 False 表示只要有重复数据就都不保留。默认为 first
inplace	接收 bool，表示是否在原表中进行操作。默认为 False

使用 drop_duplicates 方法去除数据中的重复记录时，默认对所有特征起作用，即只有在所有特征的重复记录对应的索引（行）相同的情况下才会执行去除操作，示例如代码 4-36 所示。

代码 4-36　使用 drop_duplicates 方法去除数据中的重复记录示例

```
In[10]:    df = pd.read_csv('../data/Station.csv', encoding='gbk')
           df1 = df.drop_duplicates()
           print('去重前数据框的长度为: ', len(df), '\n',
               '去重后数据框的长度为: ', len(df1))
```
```
Out[10]:   去重前数据框的长度为: 396060
           去重后数据框的长度为: 357672
```

drop_duplicates 方法除了能够针对所有特征去重外，还能够针对某个或某几个特征进行去重，只需要将指定的特征名称传给 subset 参数即可，示例如代码 4-37 所示。

代码 4-37　对指定特征去重示例

In[11]:	`df2 = df.drop_duplicates(subset=['train'])`
	`print('去重前数据框长度为：', len(df), '\n',`
	`'指定特征 col1 去重后数据框长度为：', len(df2))`

Out[11]:	去重前数据框长度为：396060 指定特征 col1 去重后数据框长度为：138

4.3.3　连续特征离散化处理

某些算法，如 ID3 决策树算法和 Apriori 算法等，要求数据是离散的，此时就需要将连续特征（数值型）转换成离散特征（类别型），即连续特征离散化。

连续特征离散化是在数据的取值范围内设定若干个离散的划分点，将取值范围划分为一些离散化的区间，最后用不同的符号或整数值代表落在每个子区间中的数据值。因此，离散化涉及两个子任务，即确定分类数以及如何将连续型数据映射到这些类别型数据上。连续特征离散化的原理如图 4-2 所示。

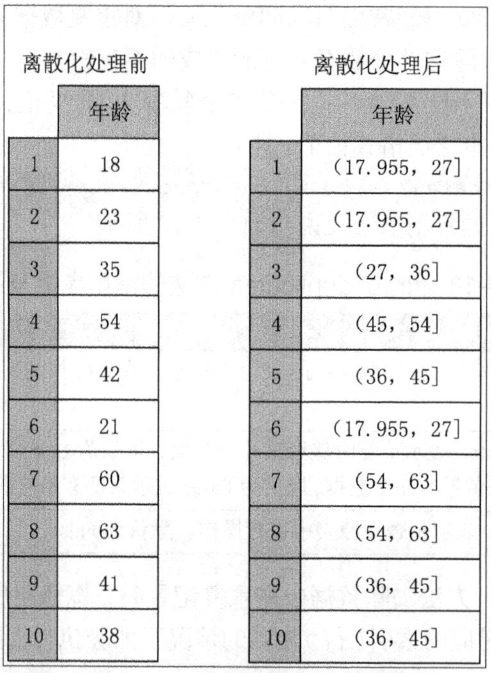

图 4-2　连续特征离散化的原理

常用的离散化方法有等宽法、等频法和通过聚类分析离散化（一维）。通过聚类分析离散化（一维）涉及聚类算法，此处暂不介绍。

1．等宽法

等宽法指将数据的值域分成具有相同宽度的区间，与制作频率分布表类似。cut 函数用于实现等宽法，其基本语法格式如下。

```
pandas.cut(x, bins, right=True, labels=None, retbins=False, precision=3,
include_lowest=False)
```

cut 函数的常用参数及说明如表 4-19 所示。

表 4-19　cut 函数的常用参数及说明

参数名称	说明
x	接收数组或 Series，表示需要进行离散化处理的数据。无默认值
bins	接收 int、list、array、tuple，若为 int，则表示离散化后的类别数目；若为序列类型的数据，则表示进行切分的区间，每两个数间隔为一个区间。无默认值
right	接收 bool，表示右侧是否为闭区间。默认为 True
labels	接收 list、array 类型的数据，表示离散化后各个类别的名称。默认为空
retbins	接收 bool，表示是否返回区间标签。默认为 False
precision	接收 int，显示标签的精度。默认为 3

使用 cut 函数对数据应用等宽法示例如代码 4-38 所示。

代码 4-38　使用 cut 函数对数据应用等宽法示例

```
In[12]:     series = pd.Series([1, 6, 7, 8, 9, 15])
            series1 = pd.cut(series, bins=3)
            print('离散化前的数据为：\n', series, '\n',
                  '等宽离散化后的数据为：\n', series1)
Out[12]:    离散化前的数据为：
            0     1
            1     6
            2     7
            3     8
            4     9
            5     15
            dtype: int64
            等宽离散化后的数据为：
            0       (0.986, 5.667]
            1       (5.667, 10.333]
            2       (5.667, 10.333]
            3       (5.667, 10.333]
            4       (5.667, 10.333]
            5       (10.333, 15.0]
            dtype: category
            Categories (3, interval[float64]): [(0.986, 5.667] < (5.667,
            10.333] < (10.333, 15.0]]
In[13]:     print('离散化后各区间数据数目为：\n', series1.value_counts())
Out[13]:    离散化后各区间数据数目为：
            (5.667, 10.333]     4
            (10.333, 15.0]      1
            (0.986, 5.667]      1
            dtype: int64
```

从代码 4-38 中可以很明显地看出使用等宽法离散化的缺陷，即等宽法离散化对数据分布具有较高要求，若数据分布不均匀，那么各个类的数目也会变得非常不均匀，有些区间包含许多数据，而另一些区间的数据极少，这会严重损坏所建立的模型。

2. 等频法

等频法在等宽法的基础上实现，将切分区间指定为被切分数据的分位数，这样能保证切分区间的数据大体相等。可以结合函数对数据应用等频法，示例如代码 4-39 所示。

代码 4-39　应用等频法示例

```
In[14]:    import numpy as np

           def SameRateCut(data, k):
               w = data.quantile(np.arange(0, 1 + 1.0 / k, 1.0 / k))
               data = pd.cut(data, w)
               return data

           series1 = SameRateCut(series, 3)
           print('等频离散化后数据为：\n', series1, '\n',
                 '离散化后数据各区间数目为：\n', series1.value_counts())
Out[14]:   等频离散化后数据为：
           0              NaN
           1       (1.0, 6.667]
           2     (6.667, 8.333]
           3     (6.667, 8.333]
           4      (8.333, 15.0]
           5      (8.333, 15.0]
           dtype: category
           Categories (3, interval[float64]): [(1.0, 6.667] < (6.667, 8.333]
           < (8.333, 15.0]]
           离散化后数据各区间数目为：
           (8.333, 15.0]     2
           (6.667, 8.333]    2
           (1.0, 6.667]      1
           dtype: int64
```

相较于等宽法，等频法避免了数据分布不均匀的问题，但同时可能将值非常接近的两个数据分到不同的区间以满足每个区间中固定的数据个数。

4.3.4　哑变量处理

哑变量又称虚拟变量，通常取 0 或 1。机器学习中有相当一部分的算法模型要求输入的特征为数值型，但实际数据中特征的类型不一定只有数值型，还会存在相当一部分的类别型，这部分特征需要经过哑变量处理才可以放入模型。哑变量处理的原理如图 4-3 所示。

哑变量处理前

	城市
1	广州
2	上海
3	杭州
4	北京
5	深圳
6	北京
7	上海
8	杭州
9	广州
10	深圳

哑变量处理后

	城市_广州	城市_上海	城市_杭州	城市_北京	城市_深圳
1	1	0	0	0	0
2	0	1	0	0	0
3	0	0	1	0	0
4	0	0	0	1	0
5	0	0	0	0	1
6	0	0	0	1	0
7	0	1	0	0	0
8	0	0	1	0	0
9	1	0	0	0	0
10	0	0	0	0	1

图 4-3　哑变量处理的原理

get_dummies 函数用于哑变量处理，其基本语法格式如下。

```
pandas.get_dummies(data, prefix=None, prefix_sep='_', dummy_na=False, columns=
None, sparse=False, drop_first=False)
```

get_dummies 函数的常用参数及说明如表 4-20 所示。

表 4-20　get_dummies 函数的常用参数及说明

参数名称	说明
data	接收 array、DataFrame 或者 Series，表示需要哑变量处理的数据。无默认值
prefix	接收 str、str 的列表或者 str 的 dict，表示哑变量量化后列名的前缀。默认为 None
prefix_sep	接收 str，表示前缀的连接符。默认为'_'
dummy_na	接收 bool，表示是否为 NaN 值添加一列。默认为 False
columns	接收类似 list 的数据，表示 DataFrame 中需要编码的列名。默认为 None，表示对所有 object 和 category 类型进行编码
sparse	接收 bool，表示虚拟列是否为稀疏的。默认为 False
drop_first	接收 bool，表示是否通过从 k 个分类级别中删除第一级来获得 k-1 个分类级别。默认为 False

使用 get_dummies 函数对类别型特征进行哑变量处理示例如代码 4-40 所示。

代码 4-40　使用 get_dummies 函数对类别型特征进行哑变量处理示例

```
In[15]:    dit = {'one': ['高', '低', '低', '高', '中'],
                  'two': [1, 4, 6, 7, 8]}
           df = pd.DataFrame(dit)
           print('创建的 DataFrame 为: \n', df)
Out[15]:   创建的 DataFrame 为:
              one  two
           0   高    1
           1   低    4
           2   低    6
           3   高    7
           4   中    8
In[16]:    print('哑变量处理后的 DataFrame 为: \n', pd.get_dummies(df))
Out[16]:   哑变量处理后的 DataFrame 为:
              two  one_中  one_低  one_高
           0   1     0      0      1
           1   4     0      1      0
           2   6     0      1      0
           3   7     0      0      1
           4   8     1      0      0
```

从代码 4-40 的结果中可以发现，对于一个类别型特征，若其取值有 m 个，则经过哑变量处理后就变成了 m 个二元特征，并且这些特征互斥，每次只能有一个激活，这使得数据变得稀疏。

综上所述，对类别型特征进行哑变量处理主要解决了部分算法模型无法处理类别型数据的问题，这在一定程度上起到了扩充特征的作用。由于数据变成了稀疏矩阵的形式，因此加速了算法模型的运算速度。

小结

本章是 pandas 的进阶篇，主要介绍了如下内容。

（1）数据的读取和写出，介绍了常见数据源类型，如 CSV、Excel、数据库的读取和写出操作。

（2）DataFrame 进阶，介绍了统计分析、分组运算、透视表和交叉表等针对数据的操作方法。

（3）数据准备，介绍了缺失值处理、重复值处理、连续特征离散化处理、哑变量处理等常见数据处理方法。

课后习题

1. 选择题

（1）关于数据库数据的读写，下列说法正确的有（　　）。

    A. read_sql_table 可以使用 SQL 语句读写数据库数据

    B. pandas 除了 read_sql 之外，没有其他数据库读写函数

    C. 使用 read_sql 函数读取数据库数据时不需要使用数据库连接

    D. read_sql 既可以使用 SQL 语句读取数据库数据，又可以直接读取数据库表

（2）【多选】关于 pandas 数据读写，下列说法正确的有（　　）。

    A. read_excel 能够读取扩展名为.xls 的文件

    B. read_sql 能够读取数据库的数据

    C. to_csv 方法能够将 DataFrame 写出到 csv 中

    D. to_sql 方法能够将 DataFrame 写出到数据库中

（3）【多选】对数值型数据应用 describe 方法返回的特征不包括（　　）。

    A. 中位数   B. 标准差

    C. 数目   D. 方差

（4）【多选】关于移动窗口 rolling 方法，下列说法正确的是（　　）。

    A. 接收 offset 时，对应的索引需为时间类型

    B. 接收 int 时，空值不会保留

    C. 接收 offset 时，空值不会保留

    D. 返回 Rolling 对象

（5）关于 agg 方法，下列说法错误的是（　　）。

    A. 返回标量值和数组

    B. 可接收 NumPy 函数

    C. 可对分组的不同列指定作用的函数

    D. 可同时接收多个函数

（6）【多选】关于 groupby 方法，下列说法正确的是（　　）。

    A. groupby 能够实现分组聚合

    B. groupby 方法返回的结果能够直接查看

    C. groupby 是 pandas 提供的一个用来分组的方法

D. groupby 方法是 pandas 提供的一个用来聚合的方法

（7）使用 pivot_table 函数制作透视表时，要用下列（　　）参数设置行分组键。

A. data
B. values
C. columns
D. index

（8）【多选】关于缺失值，下列说法中正确的是（　　）。

A. isnull 方法可用于计算缺失值数量

B. dropna 方法既可以删除观测记录，又可以删除特征

C. fillna 方法可用于替换缺失值

D. pandas 库中的 interpolate 模块包含了多种插值方法

（9）关于 drop_duplicates 函数，下列说法中错误的是（　　）。

A. 对 DataFrame 的数据有效

B. 仅支持单一特征的数据去重

C. 数据有重复时默认保留第一个数据

D. 该函数不会改变原始数据排列

（10）连续特征数据离散化的处理方法不包括（　　）。

A. 等宽法
B. 等频法
C. 使用聚类算法
D. 使用 Apriori 算法

2．填空题

（1）read_csv 函数用于设置分隔符的参数是_____。

（2）使用_____方法能够一次性得出 DataFrame 所有数值型特征的非空值数目、均值、四分位数、标准差。

（3）pivot_table 函数默认的聚合函数是_____。

（4）创建交叉表的函数是_____。

（5）常用的哑变量处理的函数是_____。

3．操作题

（1）有一组数据：5，10，11，13，15，35，50，55，72，92，204，215。使用等宽法对其进行离散化处理。

（2）对表 4-21 中的笔记本电脑数据按 CPU 进行分组，求出每组的最大主频、最小核心数目、最低价格，并将其显示在一个 DataFrame 中。

表 4-21　笔记本电脑数据

CPU	主频	核心数目	价格
i7	4.2	8	9999
i5	3.2	4	6799
i3	2.2	2	3888
i5	2.8	4	5799
i7	4.0	6	8755
i3	2.8	2	4355

（3）将第（2）题中得到的 DataFrame 写出到 CSV 文件中。

第 5 章　Matplotlib 绘图

数据可视化能够更加直观地展示数据分布情况和机器学习的结果，一幅精心绘制的图形能够帮助读者在数以千计的零散信息中做出有意义的比较，提炼出使用其他方法不那么容易发现的信息。Python 有着非常丰富且强大的绘图功能，本章将通过讲述创建图形到输出保存图形的整体流程，以及具体修改图形特征来介绍 Matplotlib 模块，向读者逐步呈现 Python 绘图。

5.1　Matplotlib 绘图基础

Matplotlib 是 Python 中的 2D 绘图库，也是最著名的 Python 绘图库。虽然 Matlpotlib 的代码库很庞大，但是可以通过简单的概念框架和重要的知识来理解和掌握。Matplotlib 中的图形分为以下 4 层结构。

（1）canvas（画板），位于最底层，导入 Matplotlib 库时自动存在。

（2）figure（画布），建立在 canvas 之上，从这一层就能开始设置其参数。

（3）axes（子图），将 figure 分成不同块，实现分面绘图。

（4）图表信息（构图元素），添加或修改 axes 上的图形信息，优化图表的显示效果。

为了方便快速绘图，Matplotlib 通过 pyplot 模块提供了一套与 Matlab 类似的命令 API，这些 API 对应一个个图形元素（如坐标轴、曲线、文字等），并可以此对该图形元素进行操作，而不影响其他部分。创建好画布后，调用 pyplot 模块所提供的函数，仅几行代码就可以添加、修改图形元素或在原有图形上绘制新图形。

5.1.1　编程风格

1. 基本流程

根据 Matplotlib 图形的 4 层结构，pyplot 模块绘制图形基本上会遵循一个流程，使用这个流程可以完成大部分图形的绘制。pyplot 模块基本绘图流程主要分为 3 部分，如图 5-1 所示。

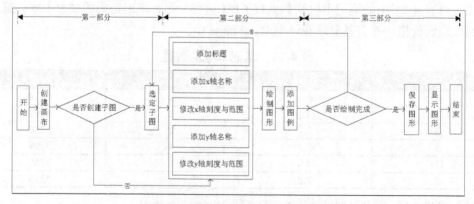

图 5-1　pyplot 模块的基本绘图流程

（1）导入模块。绘图之前，需要先导入包含相应函数的模块。对于 pyplot 模块，一般使用如下风格导入。

```
import numpy as np
import matplotlib.pyplot as plt
```

（2）创建画布与创建子图。这部分主要是构建出一张空白的画布，如果需要同时展示几个图形，则可将画布划分为多个部分，并使用对象方法来完成其余工作，示例如下。

```
pic = plt.figure(figsize=(8,7), dpi = 80)  # 创建画布，尺寸为 8×7，像素值为 80
ax1 = pic.add_subplot(2, 1, 1)  # 划分为 2×1 图形阵，选择第 1 张图片
```

（3）添加画布内容。这部分是绘图的主体部分，添加标题、坐标轴名称等步骤与绘制图形是并列的，没有先后顺序，可以先绘制图形，也可以先添加各类标签，但是添加图例一定要在绘制图形之后。pyplot 模块中添加各类标签和图例的常用函数如表 5-1 所示。

表 5-1　pyplot 模块中添加各类标签和图例的常用函数

函数名称	函数作用
title	在当前图形中添加标题，可以指定标题的名称、位置、颜色、字体大小等参数
xlabel	在当前图形中添加 x 轴名称，可以指定位置、颜色、字体大小等参数
ylabel	在当前图形中添加 y 轴名称，可以指定位置、颜色、字体大小等参数
xlim	指定当前图形 x 轴的范围，只能确定一个数值区间，而无法使用字符串标识
ylim	指定当前图形 y 轴的范围，只能确定一个数值区间，而无法使用字符串标识
xticks	指定 x 轴刻度的数目与取值
yticks	指定 y 轴刻度的数目与取值
legend	指定当前图形的图例，可以指定图例的大小、位置、标签

（4）图形保存与展示。绘制图形之后，可使用 matplotlib.pyplot.savefig 函数保存到指定路径中，使用 matplotlib.pyplot.show 函数可展示图形。例如，结合整体流程绘制函数“y=x^2”与“y=x”的图形，示例如代码 5-1 所示。

代码 5-1　绘制函数“y=x^2”与“y=x”的图形示例

```
In[1]:   import matplotlib.pyplot as plt
         import numpy as np
         fig = plt.figure(figsize=(6, 6), dpi = 80)
                              # 创建画布
         x = np.linspace(0, 1, 1000)
         fig.add_subplot(2, 1, 1)  # 分为 2×1 图形阵，选择第 1 张图片进行绘图
         plt.title('y=x^2 & y=x')  # 添加标题
         plt.xlabel('x')        # 添加 x 轴名称'x'
         plt.ylabel('y')        # 添加 y 轴名称'y'
         plt.xlim((0, 1))       # 指定 x 轴范围（0,1）
         plt.ylim((0, 1))       # 指定 y 轴范围（0,1）
         plt.xticks([0, 0.3, 0.6, 1])      # 设置 x 轴刻度
         plt.yticks([0, 0.5, 1])           # 设置 y 轴刻度
         plt.plot(x, x ** 2)
         plt.plot(x, x)
         plt.legend(['y=x^2', 'y=x'])   # 添加图例
         plt.savefig('../tmp/整体流程绘图.png')  # 保存图形
         plt.show()
```

Out[1]:

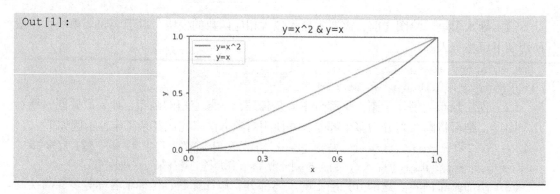

通常情况下，在使用不同的数据重复绘制同样的图形时，可选择自编函数来进行绘图。有时候需要在图中添加文本标注。在 pyplot 模块中，使用 matplotlib.pyplot.text 函数能够在任意位置添加文本，其基本语法格式如下。

```
matplotlib.pyplot.text(x, y, s, fontdict=None, withdash=False, **kwargs)
```

使用自编函数绘图并添加文本示例如代码 5-2 所示。

代码 5-2　使用自编函数绘图并添加文本示例

In[2]:
```
def my_plotter(ax, x, y, param_dict):
    '''
    ax，接收绘图对象
    x，接收 array 表示横轴数据，无默认值
    y，接收 array 表示纵轴数据，无默认值
    param_dict，接收 dict 表示传入参数，无默认值
    '''
    out = ax.plot(x, y, **param_dict)
    return out
# 以如下方式使用函数
x = [0, 1, 2, 3, 4, 5, 6, 7, 8]
y1 = x
y2 = np.sin(x)
fig, (ax1, ax2) = plt.subplots(1, 2)
my_plotter(ax1, x, y1, {'marker': 'x'})
my_plotter(ax2, x, y2, {'marker': 'o'})
ax1.text(x[4], y1[4], 'y=x')           # 在子图 1 中添加'y=x'
ax2.text(x[4], y2[4], 'y=sin(x)')      # 在子图 2 中添加'y=sin（x）'
plt.savefig('../tmp/自编函数绘图并添加文本.png')
plt.show()
```

Out[2]:

2．绘图风格

在 Matplotlib 中，pyplot 的 style 子模块中定义了很多预设风格，方便用户进行风格转换。每一个预设的风格都存储在一个以 ".mplstyle" 为扩展名的 style 文件中。读者可以在 stylelib 文件夹中查看预设的风格，如图 5-2 所示。

名称	修改日期	类型	大小
_classic_test.mplstyle	2018/6/26 9:24	MPLSTYLE 文件	26 KB
bmh.mplstyle	2018/6/26 9:24	MPLSTYLE 文件	1 KB
classic.mplstyle	2018/6/26 9:24	MPLSTYLE 文件	26 KB
dark_background.mplstyle	2018/6/26 9:24	MPLSTYLE 文件	1 KB
fast.mplstyle	2018/6/26 9:24	MPLSTYLE 文件	1 KB
fivethirtyeight.mplstyle	2018/6/26 9:24	MPLSTYLE 文件	1 KB
ggplot.mplstyle	2018/6/26 9:24	MPLSTYLE 文件	1 KB
grayscale.mplstyle	2018/6/26 9:24	MPLSTYLE 文件	1 KB

图 5-2　在 stylelib 文件夹中查看预设的风格

通过 print(plt.style.available) 命令可以查看所有预设风格的名称，使用 use 函数可以直接设置预设风格，示例如代码 5-3 所示。

代码 5-3　查看所有预设风格的名称，并设置预设风格示例

```
In[3]:   print('Matplotlib 中预设风格为：\n', plt.style.available)
Out[3]:  Matplotlib 中预设风格为：
         ['bmh', 'classic', 'dark_background', 'fast', 'fivethirtyeight',
         'ggplot', 'grayscale', 'seaborn-bright', 'seaborn-colorblind',
         'seaborn-dark-palette', 'seaborn-dark', 'seaborn-darkgrid',
         'seaborn-deep', 'seaborn-muted', 'seaborn-notebook', 'seaborn-
         paper', 'seaborn-pastel', 'seaborn-poster', 'seaborn-talk',
         'seaborn-ticks', 'seaborn-white', 'seaborn-whitegrid', 'seaborn',
         'Solarize_Light2', 'tableau-colorblind10', '_classic_test']
```

```
In[4]:   x = np.linspace(0, 1, 1000)
         plt.title('y=x^2 & y=x')        # 添加标题
         plt.style.use('ggplot')         # 使用 ggplot 风格
         plt.plot(x, x ** 2)
         plt.plot(x, x)
         plt.legend(['y=x^2', 'y=x'])              # 添加图例
         plt.savefig('../tmp/plt 风格.png')         # 保存图形
         plt.show()
```

Out[4]:

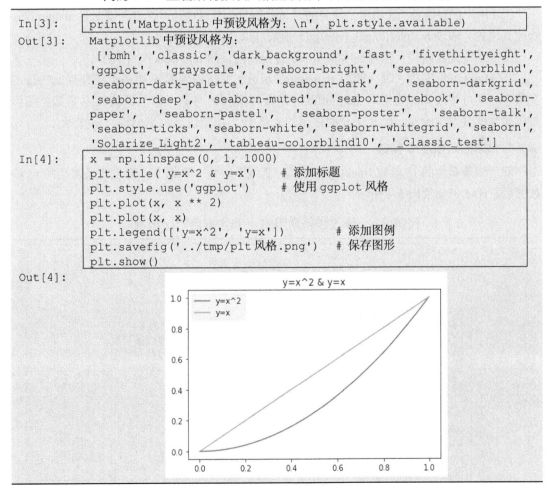

127

此外，用户可以新建 mplstyle 文件来自定义绘图风格，在 stylelib 文件夹中创建好文件后，按照规范配置属性，同样能够使用 use 函数来调用该风格。

5.1.2　动态 rc 参数

pyplot 模块使用 rc 配置文件来自定义图形的各种默认属性，称为 rc 配置或 rc 参数。通过修改 rc 参数可以修改默认的属性，包括窗体大小、每英寸的点数、线条宽度、颜色、样式、坐标轴、坐标和网络属性、文本及字体等。

Matplotlib 将默认参数配置保存在 matplotlibrc 文件中，通过修改配置文件，可修改图表的默认样式。查看默认配置的方法如下。

（1）直接打开 matplotlibrc 文件。

（2）使用 print(matplotlib.rc_params())命令。

（3）使用 print(matplotlib.rcParamsDefault)命令。

（4）使用 print(matplotlib.rcParams)命令。

在 Matplotlib 中可以使用以下多个 "matplotlibrc" 配置文件，且调用时按照该排序优先采用。

（1）当前路径：程序的当前路径。

（2）用户配置路径：在用户文件夹的 ".matplotlib" 目录中，可通过环境变量 matplotlibrc 修改其位置。通过 matplotlib.get_configdir 函数可以获得该路径。

（3）系统配置路径：保存在 Matplotlib 的安装目录的 mpl-data 文件夹中。

在 Matplotlib 库载入时会调用 rc_params 函数，并把得到的配置 dict 保存到 rcParams 变量中。通过修改 dict 或使用 matplotlib.rc 函数可修改 rc 参数。修改默认 rc 参数后，图形对应属性就会发生改变。此处将介绍常用的 rc 参数，包括线条、坐标轴、字体等。

1．线条常用的 rc 参数

管理线条属性的 rc 参数 lines 几乎可以控制线条的每一个细节，修改线条常用的 rc 参数前后对比示例如代码 5-4 所示。

代码 5-4　修改线条常用的 rc 参数前后对比示例

```
In[5]:    import matplotlib as mpl
          pic = plt.figure(dpi=80, figsize=(6, 6))
          x = np.linspace(0, 1, 1000)

          # 绘制第一张图（从左往右，从上到下）
          pic.add_subplot(2, 2, 1)  # 绘制 2×2 图形阵中的第 1 张图片
          plt.rcParams['lines.linestyle'] = '-.' # 修改线条类型
          plt.rcParams['lines.linewidth'] = 1     # 修改线条宽度
          plt.plot(x, x ** 2)
          plt.title('y = x^2')

          # 绘制第 2 张图
          pic.add_subplot(2, 2, 2)
          # 以 matplotlib.rc 函数命令方式修改 rc 参数
          mpl.rc('lines', linestyle='--', linewidth=10)
          plt.plot(x, x ** 2)
```

```
plt.title('y = x^2')

# 绘制第 3 张图
pic.add_subplot(2, 2, 3)
plt.rcParams['lines.marker'] = None    # 修改线条上点的形状
plt.rcParams['lines.linewidth'] = 3
plt.plot(x, x ** 2)
plt.title('y = x^2')

# 绘制第 4 张图
pic.add_subplot(2, 2, 4)
plt.rcParams['lines.linestyle'] = ':'
plt.rcParams['lines.linewidth'] = 6
plt.plot(x, x ** 2)
plt.title('y = x^2')
plt.savefig('../tmp/线条 rc 参数对比.png')
plt.show()
```

Out[5]:

线条常用的 rc 参数名称、解释与取值如表 5-2 所示。

表 5-2　线条常用的 rc 参数名称、解释与取值

rc 参数名称	解释	取值
lines.linewidth	线条宽度	取 0～10 中的数值。默认为 1.5
lines.linestyle	线条样式	可取 "-" "--" "-." ":" 之一。默认为 "-"
lines.marker	线条上点的形状	可取 "o" "D" "h" "." "," "S" 等之一。默认为 None
lines.markersize	点的大小	取 0～10 中的数值。默认为 1

其中，lines.linestyle 参数 4 种取值的意义如表 5-3 所示。

表 5-3　lines.linestyle 参数 4 种取值的意义

lines.linestyle 取值	意义	lines.linestyle 取值	意义
-	实线	-.	点线
--	长虚线	:	短虚线

lines.marker 参数的 20 种取值的意义如表 5-4 所示。

表 5-4　lines.marker 参数的 20 种取值的意义

lines.marker 取值	意义	lines.marker 取值	意义
'o'	圆圈	'.'	点
'D'	菱形	's'	正方形
'h'	六边形 1	'*'	星号
'H'	六边形 2	'd'	小菱形
'_'	水平线	'v'	一角朝下的三角形
'8'	八边形	'<'	一角朝左的三角形
'p'	五边形	'>'	一角朝右的三角形
', '	像素	'^'	一角朝上的三角形
'+'	加号	'|'	竖线
'None'	无	'x'	X

2. 坐标轴常用的 rc 参数

同样，管理坐标轴属性的 rc 参数 axes 也能控制坐标轴的任意细节。修改坐标轴常用的 rc 参数示例如代码 5-5 所示。

代码 5-5　修改坐标轴常用的 rc 参数示例

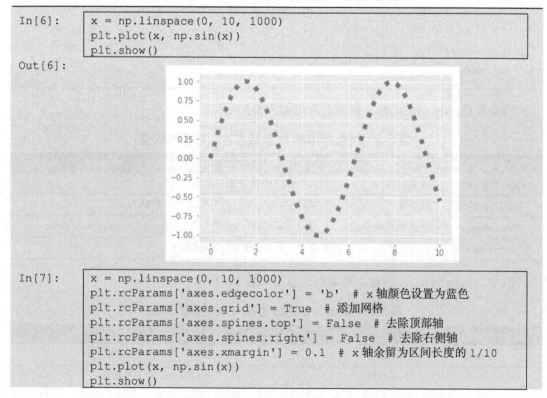

```
In[6]:    x = np.linspace(0, 10, 1000)
          plt.plot(x, np.sin(x))
          plt.show()
Out[6]:
```

```
In[7]:    x = np.linspace(0, 10, 1000)
          plt.rcParams['axes.edgecolor'] = 'b'  # x 轴颜色设置为蓝色
          plt.rcParams['axes.grid'] = True  # 添加网格
          plt.rcParams['axes.spines.top'] = False # 去除顶部轴
          plt.rcParams['axes.spines.right'] = False # 去除右侧轴
          plt.rcParams['axes.xmargin'] = 0.1  # x 轴余留为区间长度的 1/10
          plt.plot(x, np.sin(x))
          plt.show()
```

Out[7]:

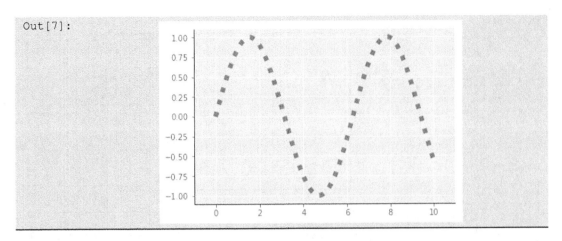

除代码 5-5 所示的 rc 参数外,更多坐标轴常用的 rc 参数名称、解释、取值如表 5-5
所示。

表 5-5   坐标轴常用的 rc 参数名称、解释、取值

rc 参数名称	解释	取值
axes.facecolor	背景颜色	接收颜色简写字符。默认为 "w"
axes.edgecolor	边线颜色	接收颜色简写字符。默认为 "k"
axes.linewidth	轴线宽度	接收 0~1 中的 float。默认为 0.8
axes.grid	添加网格	接收 bool。默认为 False
axes.titlesize	标题大小	接收 "small" "medium" "large"。默认为 "large"
axes.labelsize	轴标大小	接收 "small" "medium" "large"。默认为 "medium"
axes.labelcolor	轴标颜色	接收颜色简写字符。默认为 "k"
axes.spines.{left,bottom,top,tight}	添加坐标轴	接收 bool。默认为 True
axes.{x,y}margin	轴边距	接收 float。默认为 0.05

3. 字体常用的 rc 参数

由于默认的 pyplot 字体并不支持中文字符的显示,因此需要通过修改 font.sans-serif 参
数来修改绘图时所用的字体,使图形可以正常显示中文。同时,由于修改字体会导致坐标
轴中的负号"–"无法正常显示,因此需要同时修改 axes.unicode_minus 参数。修改字体的
rc 参数前后对比如代码 5-6 所示。

代码 5-6   修改字体的 rc 参数前后对比示例

```
In[8]:    # 原图
          x = np.arange(0, 10, 0.2)
          y = np.sin(x)
          fig = plt.figure()
          fig.add_subplot(111)
          plt.title('sin 曲线')
          plt.plot(x, y)
          plt.savefig('../tmp/sin 曲线 1.png')
          plt.show()
```

Out[8]:

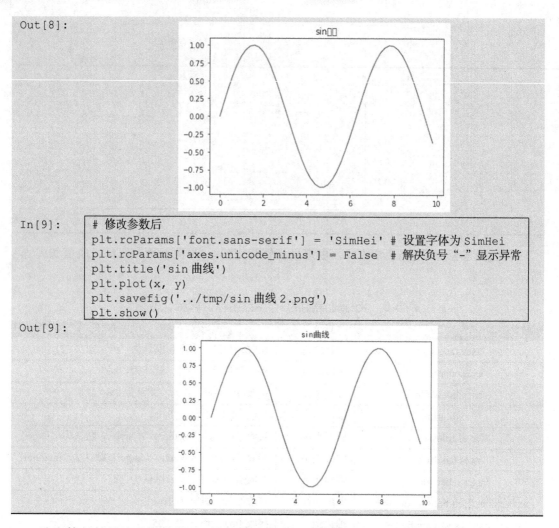

In[9]:

```
# 修改参数后
plt.rcParams['font.sans-serif'] = 'SimHei'  # 设置字体为 SimHei
plt.rcParams['axes.unicode_minus'] = False  # 解决负号 "-" 显示异常
plt.title('sin 曲线')
plt.plot(x, y)
plt.savefig('../tmp/sin 曲线 2.png')
plt.show()
```

Out[9]:

除字体与符号编码参数外，更多字体常用的 rc 参数名称、解释、取值如表 5-6 所示。

表 5-6　字体常用的 rc 参数名称、解释、取值

rc 参数名称	解释	取值
font.family	字体族，每一个族对应多种字体	接收 serif、sans-serif、cursive、fantasy、monospace 这 5 种 str。默认为 sans-serif
font.style	字体风格，正常或罗马体及斜体	接收 normal(roman)、italic、oblique 这 3 种 str。默认为 normal
font.variant	字体变化	接收 normal 或 small-caps。默认为 normal
font.weight	字体重量	接收 normal、bold、bolder、lighter 这 4 种 str，以及 100、200、……，900。默认为 normal
font.stretch	字体延伸	接收 ultra-condensed、extra-condensed、condensed、semi-condensed、normal、semi-expanded、expanded、extra-expanded、ultra-expanded、wider 及 narrower 这 11 种 str。默认为 normal
font.size	字体大小	接收 float。默认为 10

　　如果希望 rc 参数恢复到默认配置（Matplotlib 载入时从配置文件中读入的配置），则可以调用 rcdefaults 函数。

5.2　分析特征关系常用图形

　　散点图和折线图是数据分析最常用的两种图形。这两种图形都能够分析不同数值类型特征间的关系。其中，散点图主要用于分析特征间的相关关系，折线图用于分析自变量特征和因变量特征之间的趋势关系。

5.2.1　散点图

　　散点图又称为散点分布图，是以坐标点（散点）的分布形态反映特征间的相关关系的一种图形。实际应用中，一般使用二维散点图，通过散点的疏密程度和变化趋势表示两个特征间的关系。

　　散点图有以下 3 个特点。

　　（1）表现特征之间是否存在数值或者数量的关联趋势、关联趋势是线性的还是非线性的。

　　（2）凸显离群点（异常点）及其对整体的影响。

　　（3）数据量越大，能发挥的作用越好。

　　pyplot 模块中可以使用 scatter 函数绘制散点图，其基本语法格式如下。

```
matplotlib.pyplot.scatter(x, y, s=None, c=None, marker=None, cmap=None,
norm=None, vmin=None, vmax=None, alpha=None, linewidths=None, verts=None,
edgecolors=None, hold=None, data=None, **kwargs)
```

　　scatter 函数的常用参数及说明如表 5-7 所示。

表 5-7　scatter 函数的常用参数及说明

参数名称	说明
x, y	接收 array，表示 x 轴和 y 轴对应的数据。无默认值
s	接收数值或者一维的 array，指定点的大小，若传入一维 array，则表示每个点的大小。默认为 None
c	接收颜色或者一维的 array，指定点的颜色，若传入一维 array，则表示每个点的颜色。默认为 None
marker	接收特定 str，表示绘制的点的类型，可参照表 5-4。默认为 None
alpha	接收 0～1 中的小数，表示点的透明度。默认为 None

　　例如，使用 scatter 函数绘制 2000～2017 年各季度的国民生产总值散点图，示例如代码 5-7 所示。

代码 5-7　使用 scatter 函数绘制 2000～2017 年各季度的国民生产总值散点图示例

```
In[1]:    import matplotlib.pyplot as plt
          import numpy as np
          data = np.load('../data/国民经济核算季度数据.npz')
          name = data['columns']      # 提取 columns 数组，视为数据的标签
          values = data['values']     # 提取 values 数组，数据的存在位置
```

```
plt.rcParams['font.sans-serif'] = 'SimHei'
plt.rcParams['axes.unicode_minus'] = False
plt.figure(figsize=(8, 7))
plt.scatter(values[:,0], values[:, 2], marker='o')
plt.xlabel('年份')
plt.ylabel('生产总值（亿元）')
plt.xticks(range(0, 70, 4), values[range(0, 70, 4), 1],
           rotation=45)
plt.title('2000～2017 年季度生产总值散点图')
plt.savefig('../tmp/2000～2017年季度生产总值散点图.png')
plt.show()
```

Out[1]:

通过代码 5-7 得到的散点图可以看出各季度国民生产总值呈现出周期上升的趋势，绘制 2000～2017 年第一产业、第二产业、第三产业各季度的国民生产总值散点图，示例如代码 5-8 所示。

代码 5-8　绘制 2000～2017 各产业各季度的国民生产总值散点图示例

```
In[2]:    plt.Figure(dpi=80, figsize=(8, 7))
          plt.rcParams['font.sans-serif'] = 'SimHei'
          y1 = values[:, 3]
          plt.scatter(range(len(y1)), y1)
          plt.xticks(range(len(y1)), values[:: 4, 1], rotation=45)
          y2 = values[:, 4]
          plt.scatter(range(len(y2)), y2)
          plt.xticks(range(len(y2)), values[:: 4, 1], rotation=45)
          y3 = values[:, 5]
```

```
plt.scatter(range(len(y3)), y3)
plt.xticks(range(0, 70, 4), values[range(0, 70, 4), 1],
          rotation=45)
plt.title('2010~2017年各产业季度生产总值')
plt.legend(['第一产业', '第二产业', '第三产业'])
plt.savefig('../tmp/三种产业散点图.png')
plt.show()
```

Out[2]:

通过代码 5-8 得到的散点图中点的颜色及分布可以看出，第一产业增长平缓，第二产业每年会按季度呈现周期性波动但逐年递增，第三产业增长呈现指数型。总体来看，我国在这 18 年间，各个产业都在持续增长中，并且第二产业、第三产业增长幅度非常大，18年间增长了 400%以上。

5.2.2　折线图

折线图是将"散点"按照横坐标顺序用线段依次连接起来的图形。折线图以折线的上升或下降，表示某一特征随另一特征变化的增减及总体变化趋势。折线图一般用于展现某一特征随时间的变化趋势。

pyplot 模块中可以使用 plot 函数绘制折线图，其基本语法格式如下。

```
matplotlib.pyplot.plot(*args, **kwargs)
```

plot 函数在官方文档的语法中只要求填入不定长参数。plot 函数的主要参数及说明如表 5-8 所示。

表 5-8　plot 函数的主要参数及说明

参数名称	说明
x, y	接收 array，表示 x 轴和 y 轴对应的数据。无默认值
color	接收特定 str，指定线条的颜色。默认为 None
linestyle	接收特定 str，指定线条类型，参照表 5-3。默认为-
marker	接收特定 str，表示绘制的点的类型，参照表 5-4。默认为 None
alpha	接收 0~1 中的小数，表示点的透明度。默认为 None

Python 机器学习编程与实战

color 参数有 8 种常用颜色，color 参数的颜色缩写及其代表的颜色如表 5-9 所示。

表 5-9　color 参数的颜色缩写及其代表的颜色

颜色缩写	代表的颜色	颜色缩写	代表的颜色
b	蓝色	m	品红
g	绿色	y	黄色
r	红色	k	黑色
c	青色	w	白色

例如，使用 plot 函数绘制 2000～2017 年各产业第一季度生产总值的折线图，示例如代码 5-9 所示。

代码 5-9　绘制 2000～2017 年各产业第一季度生产总值的折线图示例

```
In[3]:    plt.rcParams['font.sans-serif'] = 'SimHei'
          plt.rcParams['axes.unicode_minus'] = False
          plt.figure(dpi=80, figsize=(8, 8))
          y1 = values[:: 4, 3]
          y2 = values[:: 4, 4]
          y3 = values[:: 4, 5]
          plt.plot(range(len(y1)), y1, linestyle='-.')
          plt.plot(range(len(y2)), y2, linestyle='--')
          plt.plot(range(len(y3)), y3)
          plt.xticks(range(len(y3)), values[:: 4, 1], rotation=45)
          plt.title('2000～2017 年各产业第一季度折线图')
          plt.legend(['第一产业', '第二产业', '第三产业'])
          plt.savefig('../tmp/各产业第一季度折线图.png')
          plt.show()
```

Out[3]:

136

plot 函数可以一次接收"多组"参数，并绘制多条折线图，向 plot 函数传递绘制第一个图形的参数，用逗号分隔后继续传递绘制第二个图形的参数即可。例如，绘制 2000～2017 年各产业各季度生产总值的折线图，示例如代码 5-10 所示。

代码 5-10　绘制 2000～2017 年各产业各季度生产总值的折线图示例

```
In[4]:    plt.figure(figsize=(8, 7))
          plt.plot(values[:, 0], values[:, 3], 'b-',
                   values[:, 0], values[:, 4], 'y-.',
                   values[:, 0], values[:, 5], 'g--')
          plt.xlabel('年份')
          plt.ylabel('生产总值（亿元）')
          plt.xticks(range(0, 70, 4), values[range(0, 70, 4), 1], rotation=
          45)
          plt.title('2000～2017 年各产业季度生产总值折线图')
          plt.legend(['第一产业', '第二产业', '第三产业'])
          plt.savefig('../tmp/2000～2017 年季度各产业生产总值折线图.png')
          plt.show()
```

Out[4]:

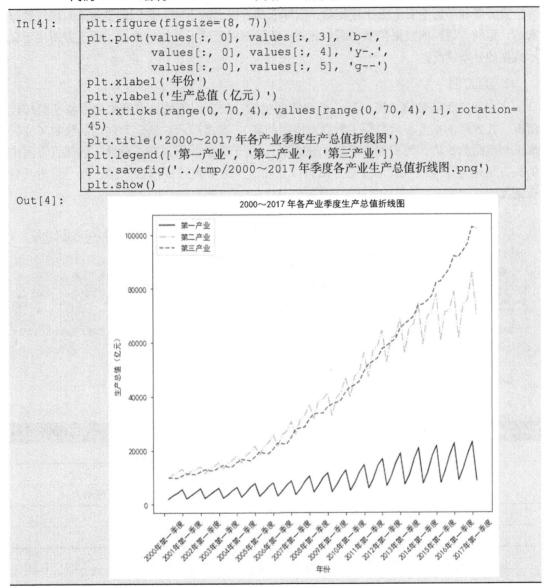

通过代码 5-10 得到的图形中线条的颜色与波动可以看出，折线图比散点图更加直接有效地展示了各产业的季度性波动与整体增长趋势。

此外，使用 marker 参数绘制点线图，一定情况下能够使图形更加丰富。

5.3　分析特征内部数据状态常用图形

直方图（条形图）、饼图和箱线图是数据分析常用的 3 种图形，主要用于分析数据内部的分布状态和分散状态。直方图（条形图）主要用于查看分数据的数量分布以及各分数据之间的数量比较。饼图倾向于呈现各分项在总数据中的占比。箱线图的主要作用是展示整体数据的分布分散情况。

5.3.1 直方图与条形图

直方图和条形图看上去比较相似，实际上却有很大的不同。它们都是用来表现频数分布的，但两者适用的数据类型不同。此外，条形图用于显示具体的数据，而直方图用于显示数据的分布情况。

1. 直方图

直方图又称频数直方图，用一系列宽度相等、长度不等的长方形来展示特征的频数情况，长方形的宽度表示组距（数据范围的间隔），长度表示在给定间隔内的频数（或频率）与组距的比值，面积表示频数（或频率）。由于分组数据具有连续性，因此直方图中的长方形通常是连续排列的。直方图可以比较直观地展现特征内部数据，便于分析其分布情况。

pyplot 中使用 hist 函数绘制直方图，其基本语法格式如下。

```
matplotlib.pyplot.hist(x, bins=10, range=None, normed=True, weights=None,
cumulative=False, bottom=None, histtype=u'bar', align=u'left', orientation=
u'vertical', rwidth=0.8, logmatplotlib.pyplot.hist(x, bins=None, range=None,
density=None, weights=None, cumulative=False, bottom=None, histtype='bar',
align='mid', orientation='vertical', rwidth=None, log=False, color=None,
label=None, stacked=False, normed=None, hold=None, data=None, **kwargs)=False,
color=None, label=None, stacked=False, hold=None)
```

hist 函数的常用参数及说明如表 5-10 所示。

表 5-10　hist 函数的常用参数及说明

参数名称	说明
x	接收 array，表示 x 轴数据。无默认值
bins	接收 int 或 sequence，表示长方形条数。默认为 auto
range	接收 tuple，筛选数据范围。默认为 None（最小到最大的取值范围）
normed	接收 bool，表示是选择频率图还是频数图。默认为 True
rwidth	接收 0～1，表示长方形的宽度。默认为 None

为了较好地展示效果，可以使用生成的服从标准正态分布的数据绘制直方图，示例如代码 5-11 所示。

代码 5-11　使用生成的服从标准正态分布的数据绘制直方图示例

```
In[1]:   import numpy as np
         import matplotlib.pyplot as plt
         plt.rcParams['font.sans-serif'] = 'SimHei'
         plt.rcParams['axes.unicode_minus'] = False
         plt.figure(figsize=(8, 6), dpi=100)
         mu = 0
```

```
sigma = 1
x = np.random.normal(mu, sigma, 10000)
                        # 生成 10000 个服从标准正态分布的数据
plt.hist(x, bins=20, density=True, rwidth=0.96)
                        # 绘制直方图
plt.title('标准正态分布数据直方图')
plt.savefig('../tmp/标准正态分布数据直方图.png')
plt.show()
```

Out[1]:

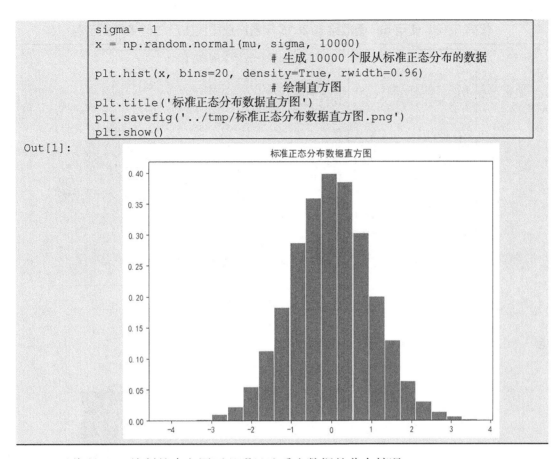

通过代码 5-11 绘制的直方图可以明显地看出数据的分布情况。

2. 条形图

条形图用一系列宽度相等、高度不等的长方形来展示特征的频数情况。但条形图主要展示分类数据，一个长方形代表特征的一个类别，长度代表该类别的频数，宽度没有数学意义。相较于面积，肉眼对于高度要敏感许多，故条形图能很好地显示数据间的差距。条形图的不同类别之间是有空隙的。

pyplot 中使用 bar 函数绘制条形图，其基本语法格式如下。

```
matplotlib.pyplot.bar(*args, **kwargs)
```

bar 函数在官方文档中只要求输入不定长参数，其主要参数及说明如表 5-11 所示。

表 5-11　bar 函数的主要参数及说明

参数名称	说明
x	接收 array，表示 x 轴的位置序列。无默认值
height	接收 array，表示 x 轴所代表数据的数量（长方形长度）。无默认值
width	接收 0~1 中的 float，指定直方图宽度。默认为 0.8
color	接收特定 str 或者包含颜色字符串的 array，表示直方图颜色。默认为 None

例如，使用 bar 函数绘制 2016 年各产业国民生产总值条形图，示例如代码 5-12 所示。

Python 机器学习编程与实战

代码 5-12　使用 bar 函数绘制 2016 年各产业国民生产总值条形图示例

```
In[2]:    data = np.load('../data/国民经济核算季度数据.npz')
          values = data['values']
          plt.rcParams['font.sans-serif'] = 'SimHei'
          plt.rcParams['axes.unicode_minus'] = False
          x = range(3)
          my_height = np.sum(values[-2: -6: -1, 3: 6], axis=0)
          plt.figure(figsize=(8, 8), dpi=100)
          plt.bar(x, my_height, width=0.8)
          for i in range(len(my_height)):
              plt.text(i, my_height[i], '{}亿元'.format(my_height[i]),
          va='bottom', ha='center')
          plt.xticks(x, ['第一产业', '第二产业', '第三产业'])
          plt.ylim([0, 500000])
          plt.title('2016年各产业国民生产总值条形图')
          plt.savefig('../tmp/2016年各产业国民生产总值条形图.png')
          plt.show()
```

Out[2]:

2016年各产业国民生产总值条形图

通过代码 5-12 绘制的条形图可以看出，2016 年第一产业生产总值大致为第二产业的 1/5，基本与第三产业的 1/6 持平，第二产业生产总值和第三产业生产总值相差大约 1/3。

5.3.2　饼图

饼图用于表示不同类别的占比情况，通过弧度大小来对比各种类别。饼图将一个圆饼按照类别的占比划分成多个区块，整个圆饼表示数据的总量，每个区块（圆弧）表示该分

140

类占总体的比例，可以比较清楚地反映出部分与部分、部分与整体之间的比例关系，易于发现每个类别相对于总数的大小。但因为人眼对于面积大小的相对不敏感，所在其在某些情况下效果不是很好。

pyplot 模块中使用 pie 函数绘制饼图，其基本语法格式如下。

```
matplotlib.pyplot.pie(x, explode=None, labels=None, colors=None, autopct=
None, pctdistance=0.6, shadow=False, labeldistance=1.1, startangle=None,
radius=None, counterclock=True, wedgeprops=None, textprops=None, center=(0, 0),
frame=False, hold=None, data=None)
```

pie 函数的常用参数及说明如表 5-12 所示。

表 5-12　pie 函数的常用参数及说明

参数名称	说明
x	接收 array，表示用于绘制饼图的数据。无默认值
explode	接收 array，指定项离饼图圆心为 n 个半径。默认为 None
labels	接收 array，指定每一项的名称。默认为 None
colors	接收特定 str 或者包含颜色字符串的 array，表示饼图颜色。默认为 None
autopct	接收特定 str，指定数值的显示方式。默认为 None
pctdistance	接收 float，指定每一项的比例和距离饼图圆心 n 个半径。默认为 0.6
labeldistance	接收 float，指定每一项的名称和距离饼图圆心 n 个半径。默认为 1.1
radius	接收 float，表示饼图的半径。默认为 1

例如，绘制 2000 年与 2016 年的产业结构饼图，展示 17 年来产业结构的变化，示例如代码 5-13 所示。

代码 5-13　绘制 2000 年与 2016 年的产业结构饼图示例

```
In[3]:    name = data['columns']
          plt.rcParams['font.sans-serif'] = 'SimHei'
          plt.rcParams['axes.unicode_minus'] = False
          pic = plt.figure(dpi=100, figsize=(8, 4))
          plt.rcParams['font.sans-serif'] = 'SimHei'
          a_labs = [i[: 4] for i in name[3: 6]]   # 定义标签
          b_labs = [i[: 2] for i in name[6:]]
          explode = [0.01, 0.01, 0.01]   # 设定各项离饼图圆心 0.01 个半径
          # 绘制 2000 年产业结构饼图
          pic.add_subplot(1, 2, 1)
          plt.pie(np.sum(values[: 4, 3: 6],axis=0), autopct='%1.1f%%',
          labels=a_labs, explode=explode)   # 绘制饼图
          plt.title('2000 年产业结构')
          # 绘制 2016 年产业结构饼图
          pic.add_subplot(1, 2, 2)
          plt.pie(np.sum(values[-2: -6: -1, 3: 6], axis=0), autopct=
          '%1.1f%%',
          labels=a_labs, explode=explode)
          plt.title('2016 年产业结构')
          plt.savefig('../tmp/2000 到 2016 产业结构变化饼图.png')
          plt.show()
```

Out[3]:

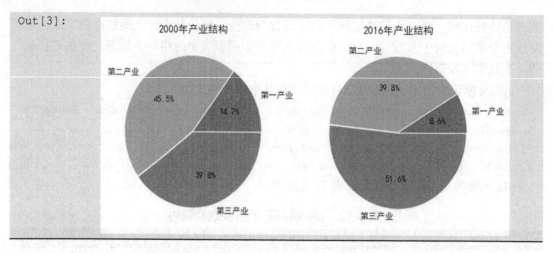

通过代码 5-13 绘制的 "2000 年产业结构" 饼图可以看出第二产业占比最大。由 "2016 年产业结构" 饼图可以看出第三产业占比大幅增加，远超其他产业；第一产业占比减少接近 2000 年占比的 50%，表明我国产业结构优化初见成效，三大产业发展逐渐协调。

5.3.3 箱线图

箱线图又称箱须图，是利用数据中的最小值、上分位数、中位数、下四分位数与最大值这 5 个统计量来描述连续特征变量的一种图形。通过它也可以粗略地看出数据是否具有对称性、分布的分散程度等信息，特别适用于对几个样本进行比较。箱线图的构成如图 5-3 所示。

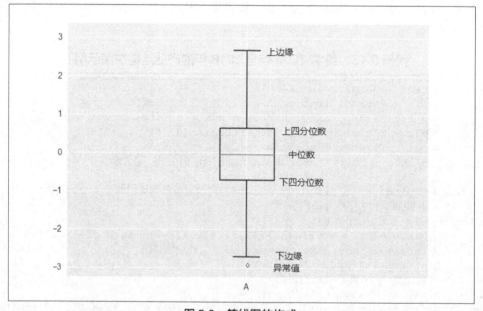

图 5-3　箱线图的构成

箱线图的上边缘为最大值，下边缘为最小值，但范围不超过盒型各端加 1.5 倍 IQR（四分位距，即上四分位数与下四分位数的极差）的距离。超出上下边缘的值即视为异常值。

pyplot 模块中使用 boxplot 函数绘制箱线图，其基本语法格式如下。

```
matplotlib.pyplot.boxplot(x, notch=None, sym=None, vert=None, whis=None,
positions=None, widths=None, patch_artist=None, bootstrap=None, usermedians=
None, conf_intervals=None, meanline=None, showmeans=None, showcaps=None,
showbox=None, showfliers=None, boxprops=None, labels=None, flierprops=None,
medianprops=None, meanprops=None, capprops=None, whiskerprops=None, manage_
xticks=True, autorange=False, zorder=None, hold=None, data=None)
```

boxplot 函数的常用参数及说明如表 5-13 所示。

表 5-13　boxplot 函数的常用参数及说明

参数名称	说明
x	接收 array，表示用于绘制箱线图的数据。无默认值
notch	接收 bool，表示中间箱体是否有缺口。默认为 None
sym	接收特定 string，指定异常点形状。默认为 None
vert	接收 bool，表示图形是纵向的还是横向的。默认为 None
positions	接收 array，表示图形位置。默认为 None
widths	接收 scalar 或者 array，表示每个箱体的宽度。默认为 None
labels	接收 array，指定每一个箱线图的标签。默认为 None
meanline	接收 bool，表示是否显示均值线。默认为 False

例如，绘制 2000～2017 年各产业及各行业国民生产总值箱线图，观察 2000～2017 年不同的产业和行业在国民生产总值中的分散情况，可以评估整体分散情况，从而判断整体增速是否加快，示例如代码 5-14 所示。

代码 5-14　绘制 2000～2017 年各产业及各行业国民生产总值箱线图示例

```
In[4]:   plt.rcParams['font.sans-serif'] = 'SimHei'
         plt.rcParams['axes.unicode_minus'] = False
         pic = plt.figure(dpi=200, figsize=(8, 8))
         plt.rcParams['font.sans-serif'] = 'SimHei'
         a_labs = [i[: 4] for i in name[3: 6]]
         b_labs = [i[: 2] for i in name[6:]]
         pic.add_subplot(2, 1, 1)
         plt.boxplot([list(values[:, 3]), list(values[:, 4]),
                     list(values[:, 5])], notch=True, meanline=True)
         plt.xticks(range(1, 4), a_labs)
         plt.title('2000～2017 年各产业国民生产总值箱线图')
         pic.add_subplot(2, 1, 2)
         tem = []
         for i in range(6, len(values[0])):
             tem.append(list(values[:, i]))
         plt.boxplot(tem, notch=True, meanline=True)
         plt.xticks(range(1, len(b_labs) + 1), b_labs)
         plt.title('2000～2017 年各行业国民生产总值箱线图')
         plt.savefig('../tmp/生产总值箱线图.png')
         plt.show()
```

Out[4]:

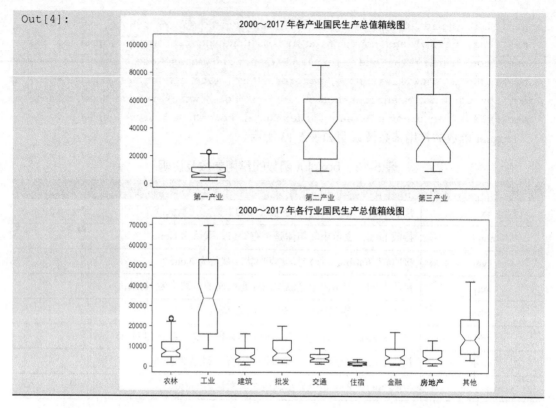

通过代码 5-14 绘制的箱线图可以看出，2000～2017 年第一产业在某一年有一个异常值；第三产业整体增速变大，导致了第三产业数据前半部分相对密集而后半部分相对分散；第二产业增长较平缓；行业中的工业与住宿的增长比较平缓，其他行业、批发行业、建筑行业、金融行业和房地产行业增速均有所加快。

小结

数据可视化是数据分析的有效手段，Python 有着强大的可视化功能，有较多的可视化库，本章仅介绍了基础绘图模块 Matplotlib，其主要内容如下。

（1）Matplotlib 绘图基础，介绍了按需求绘制不同排版的子图、修改坐标轴各部分（包括标题、标签、文本、图例等）、通过 rc 参数修改图形元素等的方法。

（2）分析特征关系常用图形，介绍了散点图、折线图的绘制方法及其作用。

（3）分析特征内部数据状态常用图形，介绍了直方图、条形图、箱线图的绘制方法及其作用。

课后习题

1. 选择题

（1）下列函数不是控制坐标轴属性的是（　　）。

    A. xlabel   B. xlim

    C. xticks   D. xkcd

（2）下列描述有误的是（　　　）。

    A. 基本流程：创建画布，绘制图形，保存展示图形

    B. 必须先保存图形才能展示图形

    C. 添加图例必须在绘制图形之后

    D. 创建子图时，默认会根据画布的大小平均分配

（3）在不使用辅助库的情况下，Matplotlib 不能绘制的图形是（　　　）。

    A. 箱线图   B. 折线图

    C. 3D 图   D. 条形图

（4）按以下步骤绘图，会出现错误的是（　　　）。

    A. 创建画布→添加图例→绘制图形→展示图形

    B. 创建画布→绘制图形→展示图形→保存图形

    C. 创建画布→修改图形元素→绘制图形→展示图形

    D. 绘制图形→添加图例→保存图形→展示图形

（5）下列不属于 rc 参数的是（　　　）。

    A. axes.titlesize   B. axes.linewidth

    C. boxplot   D. axes.facecolor

2. 填空题

（1）Matplotlib 绘制图形的层级是_____，预设的绘图风格有_____。

（2）Matplotlib 绘制图形（不包含创建子图）的完整流程是_____。

（3）想要分析变量间的相关关系，最常用的图形是_____，其函数为_____。

（4）想要分析变量内部分布情况，最常用的图形是_____，其函数为_____。

（5）写出下列标点对应的符号：①圆圈_____，②菱形_____，③星号_____，④正方形_____。

3. 操作题

（1）使用"国民经济核算季度数据"数据，分别绘制 2000 年～2017 年各产业与各行业的国民生产总值散点图，要求如下。

① 在同一画布中使用两个子图进行绘制。

② 各行业或各产业使用不同散点标记。

③ 横轴为时间，精确到各年份各季度；纵轴为国民生产总值。

④ 需添加标题、轴标签、图例。

（2）使用"国民经济核算季度数据"数据，分别绘制 2000 年与 2017 年各产业与各行业国民生产总值构成分布饼图，要求如下。

① 在同一画布中使用 4 个子图进行绘制。

② 各行业或产业使用不同颜色，并在图中添加标签。

③ 为每个饼图添加标题、占比。

第 6 章 scikit-learn

scikit-learn（简称 sklearn）项目最早由数据科学家 David Cournapeau 于 2007 年发起，它需要 NumPy 和 SciPy 等其他包的支持，是一个 Python 机器学习开源框架。sklearn 的基本功能主要分为数据预处理、数据降维、分类、回归、聚类和模型选择 6 部分。它整合了多种机器学习算法，可以帮助用户在使用过程中快速建立模型，且模型接口统一，使用起来非常方便。例如，sklearn 把大量的特征处理相关的功能封装为转换器（Transformer），将模型训练与预测功能封装为估计器（Estimator）。本章通过讲述数据准备到模型选择的机器学习整体流程，并通过具体介绍模型训练中各类学习算法来学习 sklearn，向读者逐步呈现 Python 机器学习的具体流程。

6.1 数据准备

这里的数据准备指的是数据预处理，将原始数据转换为适合机器学习的形式，它决定了机器学习效果的上限。常见的数据预处理方法包括标准化、归一化、二值化、独热编码等。sklearn 库的 preprocessing 模块提供了多种数据预处理类。

6.1.1 标准化

标准化是指将数据按比例缩放，使之落入某个特定区间，目的是消除特征间量纲和取值范围差异的影响。常见的标准化方法有标准差标准化和离差标准化。

1. 标准差标准化

标准差标准化也称零均值标准化或分数标准化，是当前使用最广泛的数据标准化方法。经标准差标准化处理后的数据的标准差为 1，均值为 0，其转换公式如式（6-1）所示。

$$X^* = \frac{X - \bar{X}}{\delta} \tag{6-1}$$

其中，$\bar{X}$ 为原始数据的均值，δ 为原始数据的标准差。

preprocessing 模块的 StandardScaler 类可用于特征的标准差标准化处理，StandardScaler 类能创建标准差标准化转换器，其基本语法格式如下。

```
class sklearn.preprocessing.StandardScaler(copy=True, with_mean=True, with_std=True)
```

StandardScaler 类的常用参数及说明如表 6-1 所示。

表 6-1　StandardScaler 类的常用参数及说明

参数名称	说明
with_mean	接收 bool，若为 True，则表示在缩放数据前进行中心化，当数据为稀疏矩阵时，不起作用，并可能引起异常。默认为 True
with_std	接收 bool，表示是否将数据缩放为单位方差或单位标准差。默认为 True

使用 StandardScaler 类创建标准差标准化转换器，并使用 fit 方法生成计算规则，结果返回 StandardScaler 对象，如代码 6-1 所示。

代码 6-1　使用 StandardScaler 类创建标准差标准化转换器并使用 fit 方法生成计算规则

```
In[1]:    from sklearn import preprocessing
          import numpy as np
          x_train = np.array([[1., -1., 2.],
                              [2., 0., 0.],
                              [0., 1., -1.]])
          x_test = np.array([[-1., 1., 0.]])
          # 创建转换器并生成规则
          std_transformer = preprocessing.StandardScaler().fit(x_train)
          print('生成规则后的标准差标准化转换器为: \n', std_transformer)
Out[1]:   生成规则后的标准差标准化转换器为:
          StandardScaler(copy=True, with_mean=True, with_std=True)
```

StandardScaler 对象拥有 4 个属性，如表 6-2 所示。

表 6-2　StandardScaler 对象的属性

属性	说明
scale_	每个特征对应的数据缩放比例
mean_	每个特征的均值
var_	每个特征的方差
n_samples_seen_	由估算器分配给每个特征的样本数

访问代码 6-1 中 StandardScaler 对象的 mean_ 和 var_ 属性，如代码 6-2 所示。

代码 6-2　访问 StandardScaler 对象的 mean_ 和 var_ 属性

```
In[2]:    print('特征均值为: \n', std_transformer.mean_, '\n',
                '特征方差为: \n', std_transformer.var_)
Out[2]:   特征均值为:
          [1.         0.         0.33333333]
          特征方差为:
          [0.66666667 0.66666667 1.55555556]
```

StandardScaler 对象提供了 7 种方法，如表 6-3 所示。

表 6-3　StandardScaler 对象的方法

方法	格式	说明
fit	fit(X, y=None)	计算标准化所需的均值与方差
fit_transform	fit_transform(X, y=None, **fit_params)	先使用 fit 方法，再使用 transform 方法
get_params	get_params(deep=True)	获取对象参数
inverse_transform	inverse_transform(X, copy=None)	将应用了变换的数据转换回原数据
partial_fit	partial_fit(X, y=None)	在线 fit 方法
set_params	set_params(**params)	设置对象参数
transform	transform(X, y='deprecated', copy=None)	对数据 X 进行转换

使用 transform 方法可以对训练集进行转换，并在测试集中应用相同的转换，如代码 6-3 所示。

代码 6-3   使用 transform 方法对数据集进行转换

In[3]:	`print('标准差标准化后的训练集为：\n',` `    std_transformer.transform (x_train))`

Out[3]:	标准差标准化后的训练集为：
	`[[ 0.        -1.22474487  1.33630621]`
	`[ 1.22474487  0.        -0.26726124]`
	`[-1.22474487  1.22474487 -1.06904497]]`

In[4]:	`print('标准差标准化后的测试集为：\n',` `    std_transformer.transform (x_test))`
Out[4]:	标准差标准化后的测试集为： `[[-2.44948974  1.22474487 -0.26726124]]`

2．离差标准化

离差标准化是对原始数据的一种线性变换，结果是将原始数据的数值映射到[0,1]区间中，转换公式如式（6-2）所示。

$$X^* = \frac{X - min}{max - min} \tag{6-2}$$

其中，max 为样本数据的最大值，min 为样本数据的最小值，max−min 为极差。离差标准化保留了原始数据值之间的联系，是消除量纲和数据取值范围影响最简单的方法。

preprocessing 模块的 MinMaxScaler 类用于特征离差标准化处理。MinMaxScaler 类能创建离差标准化转换器，其基本语法格式如下。

```
class sklearn.preprocessing.MinMaxScaler(feature_range=(0, 1), copy=True)
```

使用 MinMaxScaler 类创建离差标准化转换器，并使用 fit 方法生成计算规则，结果返回 MinMaxScaler 对象，如代码 6-4 所示。

代码 6-4   使用 MinMaxScaler 类创建离差标准化转换器并使用 fit 方法生成计算规则

In[5]:	`# 创建转换器并生成规则`
	`mms_transformer = preprocessing.MinMaxScaler().fit(x_train)`
	`print('生成规则后的离差标准化转换器为：\n', mms_transformer)`

Out[5]:	生成规则后的离差标准化转换器为： ` MinMaxScaler(copy=True, feature_range=(0, 1))`

MinMaxScaler 对象拥有 5 个属性，如表 6-4 所示。

表 6-4   MinMaxScaler 对象的属性

属性	说明
min_	每个特征的最小调整
scale_	每个特征对应的数据缩放比例
data_min_	每个特征的最小值
data_max_	每个特征的最大值
data_range_	每个特征的范围

访问代码 6-4 中 MinMaxScaler 对象的 data_min_ 和 data_max_ 属性，如代码 6-5 所示。

代码 6-5 访问 MinMaxScaler 对象的 data_min_ 和 data_max_ 属性

In[6]:	`print('特征最大值为: ', mms_transformer.data_max_)`
Out[6]:	特征最大值为: [2. 1. 2.]
In[7]:	`print('特征最小值为: ', mms_transformer.data_min_)`
Out[7]:	特征最小值为: [0. -1. -1.]

MinMaxScaler 对象的方法与 StandardScaler 相同，使用 transform 方法对训练集进行转换，并在测试集中应用相同的转换，如代码 6-6 所示。

代码 6-6 使用 transform 方法对数据集进行转换

In[8]:	`print('离差标准化后的训练集为: \n',` `        mms_transformer.transform (x_train))`
Out[8]:	离差标准化后的训练集为: [[0.5 0. 1.] [1. 0.5 0.33333333] [0. 1. 0.]]
In[9]:	`print('离差标准化后的测试集为: \n',` `        mms_transformer.transform (x_test))`
Out[9]:	离差标准化后的测试集为: [[-0.5 1. 0.33333333]]

6.1.2 归一化

归一化也称正则化，指依照特征矩阵的行处理数据，目的在于使样本向量在点乘运算或/和其他函数计算相似性时拥有统一的标准，正则化规则为 L2 正则项时的转换公式如式（6-3）所示。

$$X^* = \frac{x}{\sqrt{\sum_{i=1}^{n} x_i^2}} \tag{6-3}$$

其中，n 为特征数，i 为特征序号。

preprocessing 模块的 Normalizer 类用于特征归一化处理。Normalizer 类用于创建归一化转换器，其基本语法格式如下。

```
class sklearn.preprocessing.Normalizer(norm='12', copy=True)
```

使用 Normalizer 类创建归一化转换器，并使用 fit 方法生成计算规则，结果返回 Normalizer 对象，如代码 6-7 所示。

代码 6-7 使用 Normalizer 类创建归一化转换器并使用 fit 方法生成计算规则

In[10]:	`# 创建转换器并生成规则`
	`norm_transformer = preprocessing.Normalizer().fit(x_train)`
	`print('生成规则后的归一化转换器为: \n', norm_transformer)`

Out[10]:	生成规则后的归一化转换器为: Normalizer(copy=True, norm='12')

Normalizer 对象未提供属性，比 StandardScaler 对象少了 inverse_transform 和 partial_fit 方法，如表 6-5 所示。

表 6-5　Normalizer 对象的方法

方法	格式	说明
fit	fit(X, y=None)	不进行任何操作，并使估计器保持不变，仅用于实现通常的 API
fit_transform	fit_transform(X, y=None, **fit_params)	先使用 fit 方法，再使用 transform 方法
get_params	get_params(deep=True)	获取对象参数
set_params	set_params(**params)	设置对象参数
transform	transform(X, y='deprecated', copy=None)	对数据 X 进行转换

使用 transform 方法对训练集进行转换，并在测试集中应用相同的转换，如代码 6-8 所示。

代码 6-8　使用 transform 方法对数据集进行转换

```
In[11]:    print('归一化后的训练集为：\n',
                 norm_transformer.transform (x_train))
Out[11]:   归一化后的训练集为：
           [[ 0.40824829 -0.40824829  0.81649658]
            [ 1.          0.          0.        ]
            [ 0.          0.70710678 -0.70710678]]
In[12]:    print('归一化后的测试集为：\n',
                 norm_transformer.transform (x_test))
Out[12]:   归一化后的测试集为：
           [[-0.70710678  0.70710678  0.        ]]
```

6.1.3　二值化

二值化指通过设置阈值，将特征值转换为 0 或 1，当特征值大于阈值时转换为 1，当特征值小于或等于阈值时转换为 0。二值化与数据离散化不同，二值化后的值落在 0 或 1 上，而数据离散化后的值落在所属区间中。

preprocessing 模块的 Binarizer 类用于特征二值化，用于创建二值化转换器，其基本语法格式如下。

```
class sklearn.preprocessing.Binarizer(threshold=0.0, copy=True)
```

使用 Binarizer 类创建二值化转换器，并使用 fit 方法生成计算规则，结果返回 Binarizer 对象，如代码 6-9 所示。

代码 6-9　使用 Binarizer 类创建二值化转换器并使用 fit 方法生成计算规则

```
In[13]:    # 创建转换器并生成规则
           bin_transformer = preprocessing.Binarizer().fit(x_train)
           print('生成规则后的二值化转换器为：\n', bin_transformer)
Out[13]:   生成规则后的二值化转换器为：
           Binarizer(copy=True, threshold=0.0)
```

Binarizer 对象较 StandardScaler 对象少了 partial_fit 和 inverse_transform 方法。

使用 transform 方法对训练集进行转换，并在测试集中应用相同的转换，如代码 6-10 所示。

代码 6-10　使用 transform 方法对数据集进行转换

In[14]:	`print('二值化后的训练集为:\n', bin_transformer.transform(x_train))`
Out[14]:	二值化后的训练集为:
	[[1. 0. 1.]
	[1. 0. 0.]
	[0. 1. 0.]]
In[15]:	`print('二值化后的测试集为:\n', bin_transformer.transform(x_test))`
Out[15]:	二值化后的测试集为:
	[[0. 1. 0.]]

6.1.4　独热编码

在机器学习中，特征可能不是数值型而是分类型，但某些模型要求为数值型，最简单的方法是将特征编码为整数，如已知分类 "性别" 为['男', '女']，地点为['北京', '上海']，则['男', '北京']编码为[0,1]，['女', '北京']编码为[1,1]。此处理方法又产生了一个问题，特征无法在 sklearn 的估计器中直接使用，因为连续输入使得估计器认为类别之间是有序的，但实际上其是无序的。为解决这个问题，出现了独热编码。

独热编码即 One-Hot 编码，又称一位有效编码，使用 N 位状态寄存器来对 N 个状态进行编码，每个状态都有它独立的寄存器位，并且在任意时候其中只有一位有效。哑变量编码与独热编码类似，它将任意一个状态位去除，使用 $N-1$ 个状态位即可反映 N 个类别的信息，如图 6-1 所示。

原始数据		独热编码				哑变量编码		
	城市		城市_广州	城市_上海	城市_杭州		城市_广州	城市_上海	城市_杭州

	城市		城市_广州	城市_上海	城市_杭州		城市_广州	城市_上海	城市_杭州
1	广州	1	1	0	0	1	0	0	0
2	上海	2	0	1	0	2	0	1	0
3	杭州	3	0	0	1	3	0	0	1
4	上海	4	0	1	0	4	0	1	0

图 6-1　独热编码与哑变量编码

preprocessing 模块的 OneHotEncoder 类用于独热编码，可以创建独热编码转换器，其基本语法格式如下。

```
class sklearn.preprocessing.OneHotEncoder(n_values=None, categorical_
features=None, categories=None, sparse=True, dtype=<class 'numpy.float64'>,
handle_unknown='error')[source]
```

OneHotEncoder 类的常用参数及说明如表 6-6 所示。

表 6-6　OneHotEncoder 类的常用参数及说明

参数名称	说明
categories	接收 auto 和 list，表示每个特征的类别。auto 表示从训练集中自动确定类别；在 list 中，categories[i] 保存第 i 列中预期的类别。默认为 auto

使用 OneHotEncoder 类创建独热编码转换器，并使用 fit 方法生成计算规则，需注意 fit 仅接收数值型数据，所以要将分类型数据转换为数值型数据，结果返回 OneHotEncoder 对象，如代码 6-11 所示。

代码 6-11　使用 OneHotEncoder 类创建独热编码转换器并使用 fit 方法生成计算规则

```
In[16]:   x_train = np.array([['男', '北京', '已婚'],
                              ['男', '上海', '未婚'],
                              ['女', '广州', '已婚']])
          x_test = np.array([['男', '北京', '未婚']])
          # 构建分类型转换为数值型函数
          def auto_coder(X):
              for i in range(X.shape[1]):
                  X[:, i] = preprocessing.LabelEncoder().fit_transform
          (X[:, i])
              X = X.astype(int)
              return X
          # 将训练集转换为数值型
          x_train_num = auto_coder(x_train)
          print('转换为数值型后的训练集为: \n', x_train_num)

Out[16]:  转换为数值型后的训练集为:
          [[1 1 0]
           [1 0 1]
           [0 2 0]]

In[17]:   # 创建转换器并生成规则
          oe_transformer                                                  =
          preprocessing.OneHotEncoder().fit(x_train_num)
          print('生成规则后的独热编码转换器为: \n', oe_transformer)

Out[17]:  生成规则后的独热编码转换器为:
          OneHotEncoder(categorical_features='all', dtype=<class 'numpy.
          float64'>,
               handle_unknown='error', n_values='auto', sparse=True)
```

OneHotEncoder 对象比 QuantileTransformer 多了 get_feature_names 方法，如表 6-7 所示。

表 6-7　OneHotEncoder 对象的方法

方法	格式	说明
fit	fit(X, y=None)	使用独热编码计算数据 X
fit_transform	fit_transform(X, y=None)	先使用 fit 方法，再使用 transform 方法
get_feature_names	get_feature_names(input_features=None)	返回输出特征的特征名称

续表

方法	格式	说明
get_params	get_params(deep=True)	获取对象参数
inverse_transform	inverse_transform(X)	将应用了变换的数据转换回原数据
set_params	set_params(**params)	设置对象参数
transform	transform(X)	使用独热编码对数据 X 进行转换

使用 transform 方法对训练集进行转换，并在测试集中应用相同的转换，注意要使用 toarray 方法将结果转换为数组形式，如代码 6-12 所示。

代码 6-12　使用 transform 方法对数据集进行转换

```
In[18]:    print('独热编码后的训练集为: \n',
                   oe_transformer.transform(x_train_num).toarray())
Out[18]:   独热编码后的训练集为:
           [[0. 1. 0. 1. 0. 1. 0.]
            [0. 1. 1. 0. 0. 0. 1.]
            [1. 0. 0. 0. 1. 1. 0.]]
In[19]:    x_test_num = auto_coder(x_test)
           print('独热编码后的测试集为: \n',
                   oe_transformer.transform(x_test_num).toarray())
Out[19]:   独热编码后的测试集为:
           [[1. 0. 1. 0. 0. 1. 0.]]
```

6.2　降维

机器学习领域中的降维指在某些限定条件下降低随机变量个数得到一组相关性不强的主变量的过程。降维采用某种映射方法将原高维空间中的数据点映射到低维空间中，其本质是一个映射函数 $f: x \rightarrow y$，其中 x 代表原始数据点的表达式，目前大部分表达式为向量表达形式；y 为数据点映射后的低维向量表达式，降维后 y 的维度将小于 x 的维度。

在原始的高维空间中包含冗余信息及噪声信息，会降低模型的识别精度。机器学习算法的复杂度和数据的维数有着密切关系，甚至与维数成指数级关联。通过有效降维，将能在一定程度上减少冗余信息，从而提高模型的识别精度，提高模型的运行效率。而且，高维数据无法通过作图可视化，降维后可通过图形可视化寻找数据内部的结构特征。

降维可细分为特征选择和特征提取两种方法。特征选择假定数据中包含大量冗余或无关变量（又称特征、属性、指标），旨在从原有变量中找出主要变量。特征提取是将高维数据转换为低维数据的过程，在此过程中可能舍弃原有数据，创造新的变量。

sklearn 库中集成了多种降维算法，如表 6-8 所示。

表 6-8　sklearn 库中集成的降维算法

类	算法名称	说明
PCA	主成分分析	用于对一组连续正交分量中的多变量数据集进行方差最大方向的分解
GaussianRandomProjection	高斯随机投影	通过将原始输入空间投影到随机生成的矩阵中来降低维度

类	算法名称	说明
SparseRandomProjection	稀疏随机矩阵	使用稀疏随机矩阵，通过投影原始输入空间来降低维度
DictionaryLearning	字典学习	找到一个在拟合数据的稀疏编码中表现良好的字典来降低维度，是一个矩阵因式分解问题
FastICA	独立成分分析	将多变量信号分解为独立性最强的加性子组件
NMF	非负矩阵分解	在矩阵中所有元素均为非负数约束条件之下的矩阵分解方法
LinearDiscriminantAnalysis	线性判别分析	将数据通过投影的方法映射到更低维度的空间中，投影后的数据会按照类别进行区分，相同类别的数据将会在投影后的空间中更接近

6.2.1 PCA

特征提取的一个典型方法为主成分分析（Principe Component Analysis，PCA）。PCA 由 Karl Pearson 于 1901 年发明，是一种广泛应用于不同领域的无监督线性数据转换技术。PCA 基于特征之间的关系识别出数据内在模式，通过计算协方差矩阵的特征值和相应的特征向量，在高维数据中找到最大方差的方向，并将数据映射到一个维度不大于原始数据的新的子空间中，PCA 算法的原理如图 6-2 所示。

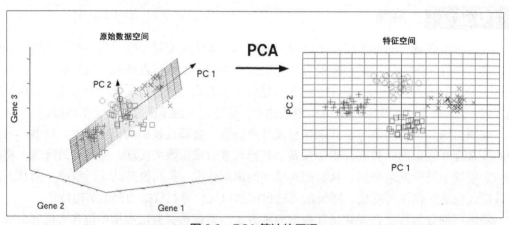

图 6-2　PCA 算法的原理

PCA 为无监督学习，用户不需要对模型的计算过程进行干预，却有可能无法得到预期的结果。PCA 对数据进行降维时，其对主元向量的重要性进行排序，根据需要取前面最重要的部分，将后面的维数省去，同时最大程度地保持了原有数据的信息，但贡献率小的主成分往往可能含有针对样本差异的重要信息。

sklearn 库中提供的 PCA 类可创建 PCA 模型，其基本语法格式如下。

```
class sklearn.decomposition.PCA(n_components=None, copy=True, whiten=False,
svd_solver='auto', tol=0.0, iterated_power='auto', random_state=None)
```

PCA 类的常用参数及说明如表 6-9 所示。

表 6-9 PCA 类的常用参数及说明

参数名称	说明
n_components	接收 int、float 或 str，表示所要保留的主成分个数 n，即保留下来的特征个数 n，赋值为 int 时，表示降维的维度，如 n_components=1，将把原始数据降到一个维度；赋值为 str 时，表示降维的模式，如 n_components='mle'，将自动选取特征个数 n，使其满足所要求的方差百分比。默认为 None
copy	接收 bool，表示是否在运行算法时将原始训练数据复制一份，若为 True，则运行后，原始训练数据的值不会有任何改变，因为是在原始数据的副本上进行运算的；若为 False，则运行后，原始训练数据的值会发生改变。默认为 True
whiten	接收 bool，作用为白化，使每个特征具有相同的方差。默认为 False
svd_solver	接收 str，指定奇异值分解 SVD 的方法，可选值为 auto、full、arpack、randomized。默认为 auto

样本数据使用 sklearn 库中的 iris（鸢尾花）数据集，含有 4 个特征 150 条记录，标签分为 3 类，代码 6-13 所示为将 iris 数据集导入到 datasets 模块中。

代码 6-13 将 iris 数据集导入到 datasets 模块中

```
In[1]:    from sklearn import datasets
          # 加载 iris 数据集
          iris = datasets.load_iris()
          x = iris.data
          print('iris 数据集前 10 行为: \n', x[: 10])
Out[1]:   iris 数据集前 10 行为:
          [[5.1 3.5 1.4 0.2]
          [4.9 3.  1.4 0.2]
          [4.7 3.2 1.3 0.2]
          [4.6 3.1 1.5 0.2]
          [5.  3.6 1.4 0.2]
          [5.4 3.9 1.7 0.4]
          [4.6 3.4 1.4 0.3]
          [5.  3.4 1.5 0.2]
          [4.4 2.9 1.4 0.2]
          [4.9 3.1 1.5 0.1]]
In[2]:    print('iris 数据集的维度为: ', x.shape)
Out[2]:   iris 数据集的维度为:  (150, 4)
```

使用 PCA 降维后需保留 95% 以上的方差，方能保证降维的效果，可通过调整 PCA 类中的 n_components 参数实现，通常有以下 3 种方法。

（1）手动设置维度，此时 n_components 参数为 int 类型，即降维后的维度，通过 explained_variance_ratio_ 属性降维后查看保留的方差百分比，以此为依据来调整合适的 n_components 参数，n_components 参数应设置为不小于 1 的整数。

（2）手动设置保留的方差百分比，此时 n_components 参数也为 float 类型，系统将会自动选择维度，n_components 参数的值应大于 0 且不大于 1。

（3）将 n_components 参数设置为 str 类型，取值为 mle，PCA 类将会用 MLE（极大似然估计）算法根据特征的方差分布情况仔细选择合适数量的主成分特征来降维，进而达到自动择优降维的目的。

使用 PCA 类可通过 3 种方式构建模型，并通过 fit 方法训练模型，如代码 6-14 所示。

代码 6-14　通过 3 种方式构建并训练模型

```
In[3]:    from sklearn.decomposition import PCA
          # 指定保留的特征数为 3
          pca = PCA(n_components=3).fit(x)
          print('指定特征数的 PCA 模型为：\n', pca)
Out[3]:   指定特征数的 PCA 模型为：
           PCA(copy=True, iterated_power='auto', n_components=3, random_
          state=None,
            svd_solver='auto', tol=0.0, whiten=False)
In[4]:    # 指定降维后保留的方差百分比为 0.95
          pca1 = PCA(n_components=0.95).fit(x)
          print('指定方差百分比的 PCA 模型为：\n', pca1)
Out[4]:   指定方差百分比的 PCA 模型为：
           PCA(copy=True, iterated_power='auto', n_components=0.95, random_
          state=None,
            svd_solver='auto', tol=0.0, whiten=False)
In[5]:    # 指定使用 MLE 算法自动降维
          pca2 = PCA(n_components="mle").fit(x)
          print('指定 MLE 算法的 PCA 模型为：\n', pca2)
Out[5]:   指定 MLE 算法的 PCA 模型为：
           PCA(copy=True, iterated_power='auto', n_components='mle', random_
          state=None,
            svd_solver='auto', tol=0.0, whiten=False)
```

PCA 对象拥有 7 种属性，如表 6-10 所示。

表 6-10　PCA 对象的属性

属性	说明
components_	返回具有最大方差的成分
explained_variance_	所保留的 n 个成分各自的方差
explained_variance_ratio_	白化，使每个特征具有相同的方差
n_components_	返回所保留的成分个数 n
noise_variance_	噪声方差大小
mean_	特征均值
singular_values_	每个特征的奇异值

以指定保留特征数为 3 的方法为例，查看特征方差和方差占比，如代码 6-15 所示。

代码 6-15　查看特征方差和方差占比

```
In[6]:    # 查看模型训练后各项特征的方差
          print('各项特征的方差为：', pca.explained_variance_)
Out[6]:   各项特征的方差为： [4.22484077 0.24224357 0.07852391]
In[7]:    # 查看降维后的特征占所有特征的方差百分比
          print('降维后特征的方差占比为：', pca.explained_variance_ratio_)
Out[7]:   降维后特征的方差占比为： [0.92461621 0.05301557 0.01718514]
```

PCA 对象提供了 10 种方法，如表 6-11 所示。

表 6-11 PCA 对象的方法

方法	格式	说明
fit	fit(X,y=None)	sklearn 中通用的方法，fit(X)表示用数据 X 来训练 PCA 模型
fit_transform	fit_transform(X)	用数据 X 来训练 PCA 模型，同时返回降维后的数据
get_covariance	get_covariance()	计算并生成模型的协方差
get_params	get_params(deep=True)	获取当前模型的参数
get_precision	get_precision()	计算当前模型的精度矩阵
inverse_transform	inverse_transform(X)	将降维后的数据转换成原始数据
score	score(X, y=None)	返回所有样本的平均对数似然数
score_samples	score_samples(X)	返回每个样本的对数似然数
set_params	set_params(**params)	设置模型的参数
transform	transform(X)	将数据 X 转换成降维后的数据

使用 transform 方法的 3 种方式对样本数据进行降维，如代码 6-16 所示。

代码 6-16 使用 transform 方法的 3 种方式对样本数据进行降维

```
In[8]:      # 查看指定特征数的降维结果
            x_pca = pca.transform(x)
            print('指定特征数的降维结果前10行数据为：\n', x_pca[: 10])
Out[8]:     指定特征数的降维结果前10行数据为：
            [[-2.68420713  0.32660731 -0.02151184]
             [-2.71539062 -0.16955685 -0.20352143]
             [-2.88981954 -0.13734561  0.02470924]
             [-2.7464372  -0.31112432  0.03767198]
             [-2.72859298  0.33392456  0.0962297 ]
             [-2.27989736  0.74778271  0.17432562]
             [-2.82089068 -0.08210451  0.26425109]
             [-2.62648199  0.17040535 -0.01580151]
             [-2.88795857 -0.57079803  0.02733541]
             [-2.67384469 -0.1066917  -0.1915333 ]]
In[9]:      # 查看指定方差百分比的降维结果
            x_pca1 = pca1.transform(x)
            print('指定方差百分比的降维结果前10行数据为：\n', x_pca1[: 10])
Out[9]:     指定方差百分比的降维结果前10行数据为：
            [[-2.68420713  0.32660731]
             [-2.71539062 -0.16955685]
             [-2.88981954 -0.13734561]
             [-2.7464372  -0.31112432]
             [-2.72859298  0.33392456]
             [-2.27989736  0.74778271]
             [-2.82089068 -0.08210451]
             [-2.62648199  0.17040535]
             [-2.88795857 -0.57079803]
             [-2.67384469 -0.1066917 ]]
```

In[10]:	# 查看 MLE 算法降维结果
	x_pca2 = pca2.transform(x)
	print('MLE 算法的降维结果前 10 行数据为：\n', x_pca2[: 10])

Out[10]:	MLE 算法的降维结果前 10 行数据为： [[-2.68420713 0.32660731 -0.02151184] [-2.71539062 -0.16955685 -0.20352143] [-2.88981954 -0.13734561 0.02470924] [-2.7464372 -0.31112432 0.03767198] [-2.72859298 0.33392456 0.0962297] [-2.27989736 0.74778271 0.17432562] [-2.82089068 -0.08210451 0.26425109] [-2.62648199 0.17040535 -0.01580151] [-2.88795857 -0.57079803 0.02733541] [-2.67384469 -0.1066917 -0.1915333]]

6.2.2 ICA

独立成分分析（Independent Component Analysis，ICA）是近年来出现的一种强有力的数据分析工具，已经被广泛应用于实际数据的处理中，如图像处理、语音信号处理、生物医学信号处理、模式识别、数据挖掘及通信等。

ICA 是一种用来从多变量（多维）统计数据中找到隐含的因素或成分的方法，被认为是主成分分析和因子分析（Factor Analysis）的一种扩展。ICA 可以为样本数据学习得到一组线性独立（Linearly Independent）的基向量，即基底中基向量的个数小于等于数据的维数，同时，其是一个标准正交基（Orthonormal Basis）。

ICA 常用于还原混淆信号中的不同源信号，而 PCA 无法做到这点。PCA 的目的是找到一组分量表示，使重构误差最小，即最能代表原事物的特征。而 ICA 的目的是找到一组分量表示，使每个分量最大化独立，以发现一些隐藏因素。PCA 与 ICA 的降维效果对比如图 6-3 所示。

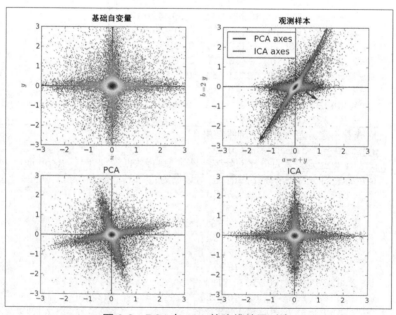

图 6-3 PCA 与 ICA 的降维效果对比

相比于 PCA，ICA 更能刻画变量的随机统计特性，且能抑制高斯噪声。但 ICA 的特征矩阵中特征数量（即基向量数量）大于原始数据维度时会产生优化方面的困难，并导致训练时间过长。

sklearn 库中的 FastICA 类实现了 FastICA 算法，为 ICA 算法的改进算法，其运行速度更快。FastICA 类的基本语法格式如下。

```
class sklearn.decomposition.FastICA(n_components=None, algorithm='parallel',
whiten=True,  fun='logcosh',  fun_args=None,  max_iter=200,  tol=0.0001,
w_init=None, random_state=None)
```

FastICA 类的常用参数及说明如表 6-12 所示。

表 6-12 FastICA 类的常用参数及说明

参数名称	说明
n_components	接收 int，表示将要使用的组件的数量，若为 None，则表示使用全部组件。默认为 None
algorithm	接收 str，运行控制参数，表示使用并行或串行运行 FastICA 算法。默认为 parallel
whiten	接收 bool，若为 False，则表示数据已经被白化，将不进行白化操作。默认为 True
fun	接收 str 或 function，可选择 logcosh、exp 或 cube，表示用于逼近 Neg-entropy 的 G 函数，也可以是自定义函数，使用自定义函数时，该函数应返回一个元组，包含输出结果及导数。默认为 logcosh
fun_args	接收 dict，表示传入 fun 的参数，若为空且 fun 为 logcosh，则该参数的实际值为{'alpha': 1.0}。默认为 None
max_iter	接收 int，表示函数要执行的迭代的次数上限。默认为 200
random_state	接收 int 或 RandomState instance，该参数为 int 类型时，为随机数生成器使用的种子；该参数为 RandomState instance 时，为随机数生成器；若为 None，则使用的随机数生成器为 np.random 模块使用的 RandomState 实例。默认为 None

例如，分别生成正弦信号、方波信号和锯齿信号，将这 3 种信号增加噪声后合成为混淆信号，如代码 6-17 所示。

代码 6-17 生成 3 种信号并将其合成为混淆信号

```
In[11]:    import numpy as np
           from scipy import signal
           # 数据准备
           np.random.seed(0)
           n_samples = 2000
           time = np.linspace(0, 8, n_samples)
           # 生成 3 种源信号
           waft1 = np.sin(2 * time)                       # 正弦信号
           waft2 = np.sign(np.sin(3 * time))              # 方波信号
           waft3 = signal.sawtooth(2 * np.pi * time)      # 锯齿信号
           print('正弦信号为: \n', waft1, '\n',
                   '方波信号为: \n', waft2, '\n',
                   '锯齿信号为: \n', waft3)
```

Out[11]:	正弦信号为：
	`[ 0.        0.00800392  0.01600732 ... -0.27253687 -0.28022907`
	`  -0.28790332]`
	方波信号为：
	`[ 0.  1.  1. ... -1. -1. -1.]`
	锯齿信号为：
	`[-1.       -0.991996 -0.983992 ...  0.983992  0.991996 -1.       ]`
In[12]:	```# 生成混淆信号
waft = np.c_[waft1, waft2, waft3]
waft += 0.2 * np.random.normal(size=waft.shape) # 增加噪声
waft /= waft.std(axis=0) # 数据标准化
arr = np.array([[1, 1, 1], [0.5, 2, 1.0],
[1.5, 1.0, 2.0]]) # 混淆矩阵
mix_waft = np.dot(waft, arr.T) # 生成的混淆信号
print('混淆信号为: \n', mix_waft)```
Out[12]:	混淆信号为：
	`[[-0.74486315 -0.91401507 -1.81570038]`
	` [ 0.03932519  1.06492993 -1.58715033]`
	` [-0.40766041  0.39786915 -1.90998106]`
	` ...`
	` [ 0.23856791 -0.28486909  1.38619226]`
	` [-0.00653213 -0.99317023  1.48134842]`
	` [-3.00301507 -3.62816891 -4.8258685 ]]`

注：此处部分结果已省略。

将混淆信号作为样本数据，将需要提取的特征数设为 3，通过 ICA 类构建 ICA 模型，并使用 fit 方法训练模型，如代码 6-18 所示。

代码 6-18 构建并训练 ICA 模型

In[13]:	```from sklearn.decomposition import FastICA
ica = FastICA(n_components=3).fit(mix_waft)
print('ICA模型为: \n', ica)```
Out[13]:	ICA 模型为：
	`FastICA(algorithm='parallel', fun='logcosh', fun_args=None,`
	`   max_iter=200, n_components=3, random_state=None, tol=0.0001,`
	`w_init=None,`
	`   whiten=True)`

FastICA 对象的属性有 components_、mixing_ 和 n_iter_，如表 6-13 所示。

表 6-13 FastICA 对象的属性

属性	说明
components_	表示独立成分的矩阵
mixing_	表示使用的混淆矩阵
n_iter_	算法运行模式为 deflation，表示所有组件的最大迭代次数，否则表示收敛时的迭代次数

调用 fit 方法训练 ICA 模型，使用 mixing_ 属性返回模型使用的混淆矩阵，如代码 6-19 所示。

代码 6-19 使用 mixing_ 属性返回模型使用的混淆矩阵

| In[14]: | ```
ica_mixing = ica.mixing_
print('ICA 使用的混淆矩阵: \n', ica_mixing)
``` |
| Out[14]: | ```
ICA 使用的混淆矩阵:
[[-46.02147955  42.50809743  45.32804372]
 [-44.05919471  21.19031463  88.65606826]
 [-91.72748329  61.75542772  44.5776646 ]]
``` |

FastICA 对象比 PCA 对象少了 get_covariance、get_precision、score 和 score_samples 方法，如表 6-14 所示。

表 6-14 FastICA 对象的方法

方法	格式	说明
fit	fit(X,y=None)	sklearn 中通用的方法，fit(X)表示用数据 X 来训练模型
fit_transform	fit_transform(X)	用数据 X 来训练模型，同时返回降维后的数据
get_params	get_params(deep=True)	获取当前模型的参数
inverse_transform	inverse_transform(X, copy=True)	使用混淆矩阵将结果转换成原本的混淆数据
set_params	set_params(**params)	设置模型的参数
transform	transform(X)	将数据 X 转换成降维后的数据

使用 transform 方法还原信号，并与 PCA 模型的还原结果进行对比，如代码 6-20 所示。

代码 6-20 使用 transform 方法还原信号并与 PCA 模型的还原结果对比

| In[15]: | ```
import matplotlib.pyplot as plt

# 使用 ICA 还原信号
waft_ica = ica.transform(mix_waft)
# 使用 PCA 还原信号
waft_pca = PCA(n_components=3).fit_transform(mix_waft)
# 绘制结果
plt.figure(figsize=[12,6])  # 设置画布大小
# 设置中文显示
plt.rcParams['font.sans-serif'] = 'SimHei'
plt.rcParams['axes.unicode_minus'] = False
models = [mix_waft, waft, waft_ica, waft_pca]
names = ['混淆信号',
         '实际源信号',
         'ICA 复原信号',
         'PCA 复原信号']
colors = ['red', 'steelblue', 'orange']
for i, (model, name) in enumerate(zip(models, names), 1):
        plt.subplot(4, 1, i)
        plt.title(name)
        for sig, color in zip(model.T, colors):
                plt.plot(sig, color=color)
plt.subplots_adjust(0.09, 0.04, 0.94, 0.94, 0.26, 0.46)
plt.show()
``` |
```

Out[15]:

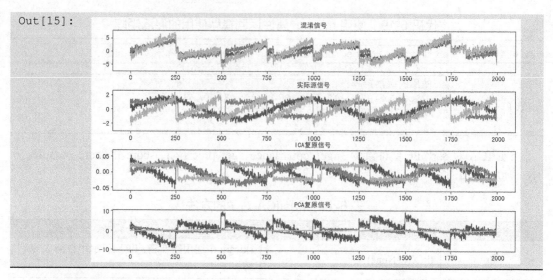

由代码 6-20 的输出结果可以看出，ICA 很好地还原了 3 种源信号，而 PCA 的还原结果依然是混淆的。

6.2.3　LDA

线性判别分析（Linear Discriminant Analysis，LDA）是一种有监督学习的降维技术，也是一种线性分类器。LDA 将数据通过投影的方法映射到更低维度的空间中，投影后的数据会按照类别进行区分，相同类别的数据将会在投影后的空间中更接近。LDA 投影效果如图 6-4 所示。

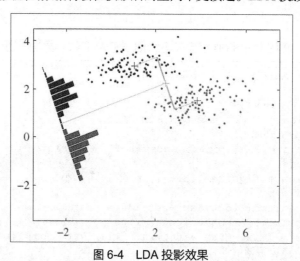

图 6-4　LDA 投影效果

由于 LDA 为有监督学习，因此可使用先验知识，降维和分类效果与用户预期相近。但 LDA 对数据分布要求较高，且容易出现过拟合现象。

通过 sklearn 库中的 LinearDiscriminantAnalysis 类可使用 LDA 对数据进行降维，其基本语法格式如下。

```
class sklearn.discriminant_analysis.LinearDiscriminantAnalysis(solver='svd',
shrinkage=None, priors=None, n_components=None, store_covariance=False,
tol=0.0001)
```

LinearDiscriminantAnalysis 类的常用参数及说明如表 6-15 所示。

表 6-15 LinearDiscriminantAnalysis 类的常用参数及说明

参数名称	说明
solver	接收 str，表示求解特征矩阵时使用的方法，可选方法为 svd、lsqr、eigen。默认为 svd，适用于特征数较多的场景
shrinkage	接收 str 或 float，正则化参数，默认不进行正则化，该参数值为 auto 时，算法将自行判断是否正则化数据，仅当 solver 参数不为 svd 时有效。默认为 None
priors	接收 array，表示类别权重，用于分类时指定不同类别的权重。默认为 None
n_components	接收 int，表示降维后的维数，只接收 $[1,k-1]$ 范围内的整数，k 为样本的类别数。默认为 None

使用 LinearDiscriminantAnalysis 类降维时，需要手动设置 n_components 参数的值，即需要降维的维数，样本数据使用 iris 数据集。通过 LinearDiscriminantAnalysis 类构建 LDA 模型并使用 fit 方法训练模型，并构建 PCA 模型进行训练模型的对比，如代码 6-21 所示。

代码 6-21　通过 LinearDiscriminantAnalysis 类构建 LDA 模型并使用 fit 方法训练模型

| In[16]: | ```
from sklearn.discriminant_analysis import LinearDiscriminantAnalysis
y = iris.target
# 构建并训练 LDA 模型
lda = LinearDiscriminantAnalysis(n_components=2).fit(x, y)
print('LDA 模型为: \n', lda)
``` |
|---|---|
| Out[16]: | LDA 模型为:
 LinearDiscriminantAnalysis(n_components=2, priors=None, shrinkage=None,
　　　　　　　solver='svd', store_covariance=False, tol=0.0001) |
| In[17]: | ```
# 构建并训练 PCA 模型
pca = PCA(n_components=2).fit(x)
print('PCA 模型为: \n', pca)
``` |
| Out[17]: | PCA 模型为:
 PCA(copy=True, iterated_power='auto', n_components=2, random_state=None,
　svd_solver='auto', tol=0.0, whiten=False) |

LinearDiscriminantAnalysis 对象拥有 9 个属性，如表 6-16 所示。

表 6-16　LinearDiscriminantAnalysis 对象的属性

属性	说明
coef_	权重向量，表示各类别的权重
intercept_	截距项，即常数项
covariance_	表示算法生成的全部类别的协方差矩阵
explained_variance_ratio_	表示降维后的方差百分比
means_	表示各个类别的均值
priors_	先验类别

续表

属性	说明
scalings_	线性分割各类别的特征向量
xbar_	总体均值
classes_	表示样本的类标签

使用 fit 方法训练模型，并查看降维后的方差百分比和样本的类标签，如代码 6-22 所示。

代码 6-22　查看降维后的方差百分比和样本的类标签

```
In[18]:    print('LDA 模型方差百分比为: ', lda.explained_variance_ratio_)
Out[18]:   LDA 模型方差百分比为: [0.99147248 0.00852752]
In[19]:    print('LDA 模型类标签为: ', lda.classes_)
Out[19]:   LDA 模型类标签为: [0 1 2]
```

LinearDiscriminantAnalysis 对象提供了 10 种方法，如表 6-17 所示。

表 6-17　LinearDiscriminantAnalysis 对象的方法

方法	格式	说明
decision_function	decision_function(X)	输出样本数据的置信度
fit	fit(X, y)	sklearn 中通用的方法，fit(X)表示用数据 X 来训练模型
fit_transform	fit_transform(X, y=None, **fit_params)	用数据 X 来训练模型，并返回模型的输出结果
get_params	get_params(deep=True)	获取当前模型的参数
predict	predict(X)	输出样本数据 X 的类别标签
predict_log_proba	predict_log_proba(X)	计算 X 的对数概率
predict_proba	predict_proba(X)	计算 X 的概率
score	score(X, y, sample_weight=None)	返回测试数据的准确度均值
set_params	set_params(**params)	设置模型的参数
transform	transform(X)	将数据 X 转换成降维后的数据

使用transform方法分别获取LDA模型与PCA模型的降维结果并进行对比，如代码6-23 所示。

代码 6-23　获取 LDA 模型与 PCA 模型的降维结果并进行对比

```
In[20]:    target_names = iris.target_names
           # 获取 LDA 与 PCA 模型的降维结果
           x_lda = lda.transform(x)
           x_pca = pca.transform(x)
           # 绘制图形，进行效果对比
           plt.figure()
```

```
# 设置中文显示
plt.rcParams['font.sans-serif'] = 'SimHei'
plt.rcParams['axes.unicode_minus'] = False
colors = ['navy', 'turquoise', 'darkorange']
markers = ['*','.','d']
lw = 2
for color, i, target_name, marker in zip(colors, [0, 1, 2],
                                   target_names, markers):
    plt.scatter(x_pca[y == i, 0], x_pca[y == i, 1], color=color,
                alpha=.8, lw=lw, label=target_name,
                marker=marker)
plt.legend(loc='best', shadow=False, scatterpoints=1)
plt.title('PCA 降维结果')
plt.figure()
for color, i, target_name, marker in zip(colors, [0, 1, 2],
                                   target_names, markers):
    plt.scatter(x_lda[y == i, 0], x_lda[y == i, 1], alpha=.8,
                color=color,label=target_name, marker=marker)
plt.legend(loc='best', shadow=False, scatterpoints=1)
plt.title('LDA 降维结果')
plt.show()
```

Out[20]:

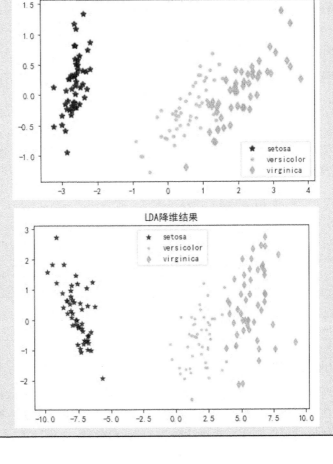

由代码 6-23 的输出结果可以看出，LDA 降维后，iris 数据集中不同类的数据已经分离开，而 PCA 降维后的数据仍然混淆在一起。

6.3 分类

分类指构造一个分类模型，输入样本的特征值，输出对应的类别，将每个样本映射到预先定义好的类别中。分类模型建立在已有类标记的数据集上，属于有监督学习，常用于行为分析、物品识别、图像检测等。

sklearn 库提供了大量用于构建分类模型的类，它们存在于不同的模块中，如表 6-18 所示。

表 6-18   sklearn 库中构建分类模型的类

模块名称	类名称	算法名称
linear_model	LogisticRegression	Logistic 回归
	LogisticRegressionCV	Logistic 回归（交叉验证）
	PassiveAggressiveClassifier	被动攻击算法
	RidgeClassifier	岭回归
	SGDClassifier	随机梯度下降
tree	DecisionTreeClassifier	决策树
	ExtraTreeClassifier	极端随机树
neighbors	KNeighborsClassifier	最近邻
	RadiusNeighborsClassifier	半径最近邻
svm	LinearSVC	线性支持向量机
	NuSVC	含 nu 参数的支持向量机
	SVC	支持向量机
naive_bayes	BernoulliNB	伯努利朴素贝叶斯
	GaussianNB	高斯朴素贝叶斯
	MultinomialNB	多项式朴素贝叶斯
ensemble	AdaBoostClassifier	AdaBoost
	BaggingClassifier	Bagging
	ExtraTreesClassifier	极端随机树
	GradientBoostingClassifier	梯度提升树
	RandomForestClassifier	随机森林
	VotingClassifier	投票
neural_network	MLPClassifier	多层感知机

6.3.1 Logistic 回归

Logistic 回归模型属于对数线性模型，它的预测函数基于 sigmoid 函数，利用极大似然估计法可以估计模型的参数，利用梯度下降法或拟牛顿法求得最终参数的估计值。Logistic 回归需要对数据进行正则化，正则化分为 L1 惩罚项和 L2 惩罚项。

Logistic 回归的优点是计算代价不高，易于理解和实现；缺点是在面对多元或非线性决策边界时性能较差。若输入逻辑回归模型的特征数据存在量纲上的差异，则最好先对数据进行标准化处理，以获得更好的预测结果，因为模型一般采用梯度下降法，量纲差异可能导致模型无法收敛于最小值。

sklearn 的 linear_model 模块提供了 LogisticRegression 类用于构建 Logistic 回归模型。LogisticRegression 类的基本语法格式如下。

```
class  sklearn.linear_model.LogisticRegression(penalty='l2',  dual=False,
tol=0.0001, C=1.0, fit_intercept=True, intercept_scaling=1, class_weight=
None,  random_state=None,  solver='liblinear',  max_iter=100, multi_class=
'ovr', verbose=0, warm_start=False, n_jobs=1)
```

LogisticRegression 类的常用参数及说明如表 6-19 所示。

表 6-19　LogisticRegression 类的常用参数及说明

参数名称	说明
penalty	接收 str，可选参数为 "l1" 和 "l2"，表示惩罚项的规范，当求解方法为 newton-cg、sag 或 lbfgs 时，只支持 l2 惩罚项。默认为 l2
dual	接收 bool，表示是否将原问题转换为对偶问题。默认为 False
tol	接收 float，表示迭代停止的容忍度，即精度要求。默认为 1e-4
C	接收 float，表示正则化系数。默认为 1.0
fit_intercept	接收 bool，表示是否应将常数（又称偏差或截距）添加到决策函数中。默认为 True
intercept_scaling	接收 float，表示偏差或截距的缩放比例，当 solver 参数为 liblinear 时起作用，且此时 fit_intercept 参数为 True。默认为 1.0
class_weight	接收 dict 或 balanced，表示分类模型中各种类别的权重，当出现样本不平衡的情况时，可以考虑调整 class_weight 系数，防止算法对训练样本多的类别偏倚。默认为 None
random_state	接收 int，表示随机种子的数量，若设置了随机种子，则最后的准确率是一样的。当 solver 参数为 sag 和 liblinear 时起作用。默认为 None
solver	接收 str，可选参数为 newton-cg、lbfgs、liblinear、sag 或 saga，表示优化损失函数拟合参数的算法。liblinear 为坐标轴下降法；sag 为随机平均梯度下降法；saga 为线性收敛的随机优化算法；newton-cg 为牛顿法；lbfgs 为拟牛顿法。默认为 liblinear
max_iter	接收 int，表示算法收敛的最大迭代次数。默认为 100
multi_class	接收 str，可选参数为 ovr、multinomial，表示类别判断的方法。默认为 ovr
verbose	接收 bool，表示是否输出冗余信息。默认为 False
warm_start	接收 bool，表示是否将上次模型的结果作为初始状态。默认为 False
n_jobs	接收 int，表示 multi_class 参数为 ovr 时并行运算的（CPU）数量，当优化算法为 liblinear 时，此参数将被忽略。默认为 1，−1 表示运行全部

样本数据使用 sklearn 提供的 load_breast_cancer ［（美国）威斯康星州乳腺癌］数据集，它含有 30 个特征 569 条记录，目标值（标签）为 0 和 1。将 load_breast_cancer 数据集划分为训练集和测试集，如代码 6-24 所示。

代码 6-24　将 load_breast_cancer 数据集划分为训练集和测试集

```
In[1]:      from sklearn.datasets import load_breast_cancer
            from sklearn.model_selection import train_test_split
            # 导入 load_breast_cancer 数据
            cancer = load_breast_cancer()
            x = cancer['data']
            y = cancer['target']
            # 将数据划分为训练集和测试集
            x_train, x_test, y_train, y_test = train_test_split(x, y, test_size
            =0.2, random_state=22)
            print('x_train 第 1 行数据为: \n', x_train[0: 1], '\n',
                  'y_train 第 1 个数据为: ', y_train[0: 1])
```

```
Out[1]:     x_train 第 1 行数据为:
             [[1.184e+01 1.870e+01 7.793e+01 4.406e+02 1.109e-01 1.516e-01
            1.218e-01
              5.182e-02 2.301e-01 7.799e-02 4.825e-01 1.030e+00 3.475e+00
            4.100e+01
              5.551e-03 3.414e-02 4.205e-02 1.044e-02 2.273e-02 5.667e-03
            1.682e+01
              2.812e+01 1.194e+02 8.887e+02 1.637e-01 5.775e-01 6.956e-01
            1.546e-01
              4.761e-01 1.402e-01]]
             y_train 第 1 个数据为: [0]
```

使用 LogisticRegression 类构建 Logistic 回归模型，并使用 fit 方法训练模型，结果返回 LogisticRegression 对象，表示训练好的模型，如代码 6-25 所示。

代码 6-25　构建 Logistic 回归模型并训练模型

```
In[2]:      # 数据标准化
            from sklearn.preprocessing import StandardScaler
            stdScaler = StandardScaler().fit(x_train)
            x_trainStd = stdScaler.transform(x_train)
            x_testStd = stdScaler.transform(x_test)
            # 使用 LogisticRegression 类构建 Logistic 回归模型
            from sklearn.linear_model import LogisticRegression
            lr_model = LogisticRegression(solver='saga')
            # 训练 Logistic 回归模型
            lr_model.fit(x_trainStd, y_train)
            print('训练出来的 LogisticRegression 模型为: \n', lr_model)
```

```
Out[2]:     训练出来的 LogisticRegression 模型为:
             LogisticRegression(C=1.0, class_weight=None, dual=False, fit_
            intercept=True,
                       intercept_scaling=1, max_iter=100, multi_class='ovr',
            n_jobs=1,
                       penalty='l2', random_state=None, solver='saga',
            tol=0.0001,
                       verbose=0, warm_start=False)
```

LogisticRegression 对象的属性有 coef_、intercept_ 和 n_iter_，如表 6-20 所示。

表 6-20　LogisticRegression 对象的属性

属性	说明
coef_	返回各特征的系数
intercept_	返回模型的截距
n_iter_	返回模型迭代次数

通过 LogisticRegression 对象的属性可以查看模型各特征的相关系数、截距和迭代次数，如代码 6-26 所示。

代码 6-26　查看模型各特征的相关系数、截距和迭代次数

```
In[3]:     print('各特征的相关系数为: \n', lr_model.coef_)
Out[3]:    各特征的相关系数为:
            [[-0.587937    -0.66615041 -0.55790711 -0.60229224 -0.13486186
            0.2879377
            -0.64790862 -0.74292539  0.01133344  0.53823629 -0.93436793
            0.27460124
            -0.67973664 -0.76703416 -0.28941743  0.56551545 -0.05798796
            -0.1508578
            0.48435066  0.57709377 -0.93062788 -1.04033499 -0.81617502
            -0.87780428
            -0.90179476 -0.07546581 -0.77020593 -0.86201089 -0.74338494
            -0.29033662]]
In[4]:     print('模型的截距为: ', lr_model.intercept_)
Out[4]:    模型的截距为: [0.65105369]
In[5]:     print('模型的迭代次数为: ', lr_model.n_iter_)
Out[5]:    模型的迭代次数为: [100]
```

LogisticRegression 对象提供了 10 种方法，如表 6-21 所示。

表 6-21　LogisticRegression 对象的方法

方法	格式	说明
fit	fit(X, y, sample_weight=None)	使用训练集中的数据 X 训练模型
predict	predict(X)	预测类别标签
score	score(X, y, sample_weight=None)	返回测试集的平均准确率
predict_proba	predict_proba(X)	返回类别的概率估计
predict_log_proba	predict_log_proba(X)	返回概率估计的对数
decision_function	decision_function(X)	返回样本的置信度
get_params	get_params(deep=True)	获取模型参数
set_params	set_params(**params)	设置模型参数
densify	densify()	将系数矩阵转换为密度数组形式
sparsify	sparsify()	将系数矩阵转换为稀疏形式

fit 方法的使用方式如代码 6-25 所示，其他方法的使用方式如代码 6-27 所示。

代码 6-27　LogisticRegression 对象方法的使用方式

| In[6]: | ```python
print('预测测试集前 10 个结果为: \n',
      lr_model.predict(x_testStd)[: 10])
``` |
| Out[6]: | 预测测试集前 10 个结果为:
　[1 0 0 0 1 1 1 1 1 1] |
| In[7]: | ```python
print('测试集准确率为: ', lr_model.score(x_testStd, y_test))
``` |
| Out[7]: | 测试集准确率为: 0.9736842105263158 |
| In[8]: | ```python
print('测试集前 3 个对应类别的概率为: \n',
      lr_model.predict_proba (x_testStd)[: 3])
``` |
| Out[8]: | 测试集前 3 个对应类别的概率为:
　[[1.39969956e-02 9.86003004e-01]
　[9.99999952e-01 4.84333503e-08]
　[9.99966632e-01 3.33683525e-05]] |
| In[9]: | ```python
print('测试集前 3 个对应类别的概率的 log 值为: \n',
      lr_model.predict_log_proba(x_testStd)[: 3])
``` |
| Out[9]: | 测试集前 3 个对应类别的概率的 log 值为:
　[[1.39969956e-02 9.86003004e-01]
　[9.99999952e-01 4.84333503e-08]
　[9.99966632e-01 3.33683525e-05]] |
| In[10]: | ```python
print('测试集前 3 个的决策函数值为: \n',
      lr_model.decision_function(x_testStd)[: 3])
``` |
| Out[10]: | 测试集前 3 个的决策函数值为:
　[4.25481669 -16.84307716 -10.30786927] |
| In[11]: | ```python
print('模型的参数为: \n', lr_model.get_params())
``` |
| Out[11]: | 模型的参数为:
　{'C': 1.0, 'class_weight': None, 'dual': False, 'fit_intercept': True, 'intercept_scaling': 1, 'max_iter': 100, 'multi_class': 'ovr', 'n_jobs': 1, 'penalty': 'l2', 'random_state': None, 'solver': 'saga', 'tol': 0.0001, 'verbose': 0, 'warm_start': False} |
| In[12]: | ```python
print('修改 max_iter 参数为 1000 后的模型为: \n',
      lr_model.set_params (max_iter=1000))
``` |
| Out[12]: | 修改 max_iter 参数为 1000 后的模型为:
 LogisticRegression(C=1.0, class_weight=None, dual=False, fit_intercept=True,
　　　　intercept_scaling=1, max_iter=1000, multi_class='ovr', n_jobs=1,
　　　　penalty='l2', random_state=None, solver='saga', tol=0.0001,
　　　　verbose=0, warm_start=False) |
| In[13]: | ```python
print('系数矩阵转为密度数组后的模型为: \n', lr_model.densify())
``` |
| Out[13]: | 系数矩阵转为密度数组后的模型为:
 LogisticRegression(C=1.0, class_weight=None, dual=False, fit_intercept=True,
　　　　intercept_scaling=1, max_iter=1000, multi_class='ovr', n_jobs=1,
　　　　penalty='l2', random_state=None, solver='saga', tol=0.0001,
　　　　verbose=0, warm_start=False) |
| In[14]: | ```python
print('系数矩阵转为稀疏形式后的模型为: \n', lr_model.sparsify())
``` |
```

```
Out[14]:      系数矩阵转为稀疏形式后的模型为：
              LogisticRegression(C=1.0, class_weight=None, dual=False, fit_
              intercept=True,
                      intercept_scaling=1, max_iter=1000, multi_class='ovr',
              n_jobs=1,
                      penalty='l2', random_state=None, solver='saga',
              tol=0.0001,
                      verbose=0, warm_start=False)
```

6.3.2　SVM

支持向量机（Support Vector Machine，SVM）的基本模型是定义在特征空间中的间隔最大的线性分类器，包括核函数，这使得它成为实质上的非线性分类器。SVM 的学习策略就是间隔最大化，可形式化为一个求解凸二次规划的问题，也等价于正则化的合页损失函数的最小化问题。SVM 的学习算法是求解凸二次规划的最优化方法。

SVM 能对非线性决策边界建模，又有许多可选的核函数。在面对过拟合时，SVM 有着极强的稳健性，尤其在高维空间中。但是，SVM 是内存密集型算法，选择正确的核函数需要相当的技巧，不太适用于较大的数据集。

sklearn 的 svm 模块提供了 3 种类用于构建 SVM 分类模型，它们是 SVC、NuSVC 和 LinearSVC。SVC 和 NuSVC 方法基本一样，唯一区别是损失函数的度量方式不同，NuSVC 使用 nu 参数，而 SVC 使用 C 参数。LinearSVC 不接收关键词 kernel。

常用于构建 SVM 模型的类为 SVC，其基本语法格式如下。

```
class sklearn.svm.SVC(C=1.0, kernel='rbf', degree=3, gamma='auto', coef0=
0.0, shrinking=True, probability=False, tol=0.001, cache_size=200, class_
weight=None, verbose=False, max_iter=-1, decision_function_shape='ovr',
random_state=None)
```

SVC 类的常用参数及说明如表 6-22 所示。

表 6-22　SVC 类的常用参数及说明

参数名称	说明
C	接收 float，表示惩罚系数。默认为 1.0
kernel	接收 str，可选参数为 linear、poly、rbf、sigmoid、precomputed 或者一个自定义函数，表示核函数，linear 是线性核函数；poly 是多项式核函数；rbf 是高斯核函数；sigmoid 是 sigmod 核函数。默认为 rbf
degree	接收 int，表示核函数为 poly 时的最高次数。默认为 3
gamma	接收 float，表示核函数为 rbf、poly 和 sigmoid 时的核函数系数，它是特征维度的倒数。默认为 auto
coef0	接收 float，表示核函数中的常数值，当核函数为 poly 或 sigmoid 时有效。默认为 0.0
probability	接收 bool，表示是否使用概率估计，必须在调用 fit 方法前启用，并会减慢 fit 方法的训练速度。默认为 False
shrinking	接收 bool，表示是否采用 shrinking heuristic 方法。默认为 True
tol	接收 float，表示迭代停止的容忍度，即精度要求。默认为 1e-3
cache_size	接收 float，表示核函数的缓存大小。无默认值，可选参数

Python 机器学习编程与实战

参数名称	说明
class_weight	接收 dict、balanced 或 None，表示分类模型中各种类别的权重，在出现样本不平衡时，可以考虑调整 class_weight 系数，防止算法对训练样本多的类别偏倚。默认为 None
verbose	接收 bool，表示是否输出冗余信息。默认为 False
max_iter	接收 int，表示最大迭代次数。默认为−1，即无限制
decision_function_shape	接收 str，可选参数为 ovo 或 ovr，表示决策函数的形状。默认为 ovr
random_state	接收 int、RandomState 实例或 None，表示随机种子的数量，若设置了随机种子，则最后的准确率是一样的；若接收 int，则指定随机数生成器的种子；若接收 RandomState，则指定随机数生成器；若接收 None，则指定使用默认的随机数生成器。默认为 None

SVM 模型样本数据使用 load_breast_cancer 数据集，SVM 算法基于距离，需要使用标准化后的数据（x_trainStd 和 x_testStd）作为模型的输入，使用 SVC 类构建 SVM 分类模型并训练模型，最后返回 SVC 对象，如代码 6-28 所示。

代码 6-28　构建 SVM 分类模型并训练模型

```
In[15]:   from sklearn.svm import SVC
          svc_model = SVC()
          svc_model.fit(x_trainStd, y_train)
          print('训练出来的 SVM 模型为：\n', svc_model)
Out[15]:  训练出来的 SVM 模型为：
          SVC(C=1.0, cache_size=200, class_weight=None, coef0=0.0,
           decision_function_shape='ovr', degree=3, gamma='auto',
           kernel='rbf', max_iter=-1, probability=False, random_
           state=None, shrinking= True, tol=0.001, verbose=False)
```

SVC 对象比 LogisticRegression 对象多了 support_、support_vectors_、n_support_ 和 dual_coef_ 属性，少了 n_iter_ 属性，如表 6-23 所示。

表 6-23　SVC 对象的属性

属性	说明
support_	以数组的形式返回支持向量的索引
support_vectors_	返回支持向量
n_support_	每个类别支持向量的个数
dual_coef_	决策函数中的支持向量系数
coef_	分配给各个特征的权重，只有核函数为 linear 的时候才可用
intercept_	返回模型的截距值

访问代码 6-28 中 SVC 对象的属性，如代码 6-29 所示。

代码 6-29　访问 SVC 对象的属性

In[16]:	`print('前 5 个支持向量的索引为：', svc_model.support_[0: 5])`
Out[16]:	前 5 个支持向量的索引为：[0 2 4 14 18]
In[17]:	`print('第 1 个支持向量为：\n', svc_model.support_vectors_[0: 1])`
Out[17]:	第 1 个支持向量为：

```
 [[-0.65189103 -0.15680254 -0.58122701 -0.60685353  1.0688307
0.90764819
   0.43813717  0.08487301  1.8169707   2.12302781  0.27272439
-0.33148675
   0.28964385  0.01148279 -0.49922137  0.47605033  0.31943569
-0.2313993
   0.29919857  0.63434202  0.11699875  0.39881416  0.36495532
0.01555988
   1.39876933  2.05806621  2.0497137   0.61806352  3.25309114
3.02311263]]
```

In[18]:	`print('每个类别支持向量的个数为：', svc_model.n_support_)`
Out[18]:	每个类别支持向量的个数为：[57 54]
In[19]:	`print('支持向量的系数为：\n', svc_model.dual_coef_)`
Out[19]:	支持向量的系数为：

```
 [[-0.06601232 -1.         -1.         -0.90680315 -1.         -0.05617604
  -1.         -1.         -1.         -1.          -0.14514008 -1.
  -1.         -1.          -0.33772716 -0.1951554  -0.20948229 -1.
  -1.         -0.19396099 -1.         -0.68282965 -0.10730608 -1.
  -0.78058749 -0.25729401 -1.         -0.07870579 -0.3380396  -1.
  -1.         -0.395745   -1.         -0.69164678 -1.  -0.22471256
  -1.         -0.29085816 -1.         -0.7984701   -1.  -0.8037323
  -0.30475447 -0.44621861 -1.         -1.          -0.59590367 -1.
  -0.21664251 -1.          -0.78487434 -0.67195678 -0.27814288 -0.74467276
  -0.20311273 -1.         -1.          1.          0.39843095  0.69928189
   0.42732245  1.          1.          1.          1.          0.09281912
  0.54352963  0.81039992  0.50150214  0.90369929 0.16005781  1.
  1.          0.0426445   0.95741566  0.10807293  1.          1.
  0.85237084  1.          0.26597503  0.60678374  1.          0.36958469
  0.75600974  0.00204111  1.          0.90513281  1.          0.09405698
  0.73672289  1.          1.          0.03730972  0.50775706  0.72236162
  1.          1.          0.7321129   1.  0.27954726  1.
  1.          0.4705631   1.          1.  1.          0.82315795
  1.          1.          1.          ]]
```

In[20]:	`print('模型的截距值为：', svc_model.intercept_)`
Out[20]:	模型的截距值为：[-0.13651424]

SVC 对象提供了 6 种方法，如表 6-24 所示。

表 6-24 SVC 对象的方法

方法	格式	说明
fit	fit(X, y, sample_weight=None)	使用训练集数据训练 SVM 模型
predict	predict(X)	预测类别标签
score	score(X, y, sample_weight=None)	返回测试集的平均准确率
decision_function	decision_function(X)	返回数据集到分离超平面的距离
get_params	get_params(deep=True)	获取参数
set_params	set_params(**params)	设置模型参数

使用 predict、score 和 decision_function 方法可以输出 SVC 对象的预测结果、准确率和超平面距离，如代码 6-30 所示。

代码 6-30 输出 SVC 对象的预测结果、准确率和超平面距离

```
In[21]:   print('预测测试集前 10 个结果为：\n',
                svc_model.predict (x_testStd) [: 10])
Out[21]:  预测测试集前 10 个结果为：
          [1 0 0 0 1 1 1 1 1 1]
In[22]:   print('测试集准确率为：', svc_model.score(x_testStd, y_test))
Out[22]:  测试集准确率为：0.9736842105263158
In[23]:   print('测试集前 10 个超平面的距离为：\n',
                svc_model.decision_ function(x_testStd)[: 10])
Out[23]:  测试集前 10 个超平面的距离为：
          [ 1.73999241 -2.4906929  -1.93441581 -1.62954668  0.78457984
            1.83574938  1.32640289  2.04114042  1.70162023  1.67643463]
```

6.3.3 决策树

决策树是一个树状结构，它包含一个根节点、若干内部节点和若干叶节点。根节点包含样本全集，叶节点对应决策结果，内部节点对应一个特征或属性测试。从根节点到每个叶节点的路径对应了一个判定测试序列，决策树学习目的是产生一棵泛化能力强（即处理未知数据能力强）的决策树，其基本流程遵循简单而直观的分而治之策略，决策树的生成是一个递归过程。

构造决策树的核心问题在于每一步如何选择适当的特征对样本做拆分，其主要算法有CART、ID3、C4.5。CART 使用 Gini 指数作为选择特征的准则；ID3 使用信息增益作为选择特征的准则；C4.5 使用信息增益比作为选择特征的准则。决策树的剪枝是为了防止树的过拟合，增强其泛化能力，它包括预剪枝和后剪枝。

决策树的优点主要表现在 3 个方面。首先，决策树算法的结果易于理解和解释，能做可视化分析，容易提取出规则。其次，决策树可同时处理标称型和数值型数据。最后，决策树能很好地扩展到大型数据库中，它的大小独立于数据库的大小。

决策树的缺点表现在以下 3 个方面。

（1）在特征太多而样本较少的情况下容易出现过拟合。

（2）忽略了数据集中属性的相互关联。

（3）ID3 算法计算信息增益时，结果偏向数值比较多的特征。

另外，输入决策树模型的特征无须进行标准化处理。同时，控制好训练样本数量和特征数量之间的比值，预先采用降维方法找到有代表性的、能够起分类作用的特征，能够在一定程度上避免过拟合问题。

sklearn 的 tree 模块提供了 DecisionTreeClassifier 类用于构建决策树分类模型。DecisionTreeClassifier 类的基本语法格式如下。

```
class  sklearn.tree.DecisionTreeClassifier(criterion='gini',  splitter=
'best', max_depth=None, min_samples_split=2, min_samples_leaf=1, min_weight_
fraction_leaf=0.0,  max_features=None,  random_state=None,  max_leaf_nodes=
None, min_impurity_decrease=0.0, min_impurity_split=None, class_weight=None,
presort=False)
```

DecisionTreeClassifier 类的常用参数及说明如表 6-25 所示。

表 6-25　DecisionTreeClassifier 类的常用参数及说明

参数名称	说明
criterion	接收 str，表示节点（特征）选择的准则，使用信息增益比 entropy 的是 ID3 和 C4.5 算法；使用基尼系数 gini 的是 CART 算法。默认为 gini
splitter	接收 str，可选参数为 best 或 random，表示特征划分点选择标准，best 表示在特征的所有划分点中找出最优的划分点；random 表示在随机的部分划分点中找出局部最优划分点。默认为 best
max_depth	接收 int，表示决策树的最大深度。默认为 None
min_samples_split	接收 int 或 float，表示子数据集再切分为需要的最小样本量。默认为 2
min_samples_leaf	接收 int 或 float，表示叶节点所需的最小样本数，若低于设定值，则该叶节点和其兄弟节点都会被剪枝。默认为 1
min_weight_fraction_leaf	接收 int、float、str 或 None，表示在叶节点处的所有输入样本权重总和的最小加权分数。默认为 None
max_features	接收 float，表示特征切分时考虑的最大特征数量，默认对所有特征进行切分，传入 int 类型的值，表示具体的特征个数；浮点数表示特征个数的百分比；sqrt 表示总特征数的平方根；log2 表示总特征数的 log 个特征。默认为 None
random_state	接收 int、RandomState 实例或 None，表示随机种子的数量，若设置了随机种子，则最后的准确率是一样的；若接收 int，则指定随机数生成器的种子；若接收 RandomState，则指定随机数生成器；若为 None，则指定使用默认的随机数生成器。默认为 None
max_leaf_nodes	接收 int 或 None，表示最大叶节点数。默认为 None，即无限制
min_impurity_decrease	接收 float，表示切分点不纯度最小减少程度，若某节点的不纯度减少小于或等于这个值，则切分点会被移除。默认为 0
min_impurity_split	接收 float，表示切分点最小不纯度，它用来限制数据集的继续切分（决策树的生成）。若某个节点的不纯度（分类错误率）小于这个阈值，则该点的数据将不再进行切分。无默认值，但该参数将被移除，可使用 min_impurity_decrease 参数代替
class_weight	接收 dict、dict 列表、balanced 或 None，表示分类模型中各种类别的权重，在出现样本不平衡时，可以考虑调整 class_weight 系数，防止算法对训练样本多的类别偏倚。默认为 None
presort	接收 bool，表示是否提前对特征进行排序。默认为 False

决策树模型样本数据使用 load_breast_cancer 数据集，无须标准化，直接使用划分后的数据 x_train 和 x_test 作为模型输入，决策树分类模型构建使用 DecisionTreeClassifier 类，训练后返回 DecisionTreeClassifier 对象，如代码 6-31 所示。

代码 6-31　构建决策树分类模型并训练模型

```
In[24]:     from sklearn.tree import DecisionTreeClassifier
            dt_model = DecisionTreeClassifier()
            dt_model.fit(x_train, y_train)
            print('训练出来的决策树模型为: \n', dt_model)
Out[24]:    训练出来的决策树模型为:
             DecisionTreeClassifier(class_weight=None, criterion='gini',
            max_depth=None,
                        max_features=None, max_leaf_nodes=None,
                        min_impurity_decrease=0.0, min_impurity_split=None,
                        min_samples_leaf=1, min_samples_split=2,
                        min_weight_fraction_leaf=0.0, presort=False, random_
            state=None,
                        splitter='best')
```

训练好模型后，可生成可视化决策树，如代码 6-32 所示。

代码 6-32　生成可视化决策树

```
In[25]:     # 决策过程可视化，需安装 graphviz，结果输出为 PDF 文件
            from sklearn import tree
            import graphviz
            dot_data = tree.export_graphviz(dt_model, out_file=None)
            graph = graphvipz.Source(dot_data)
            graph.render("../tmp/cancer")
Out[25]:
```

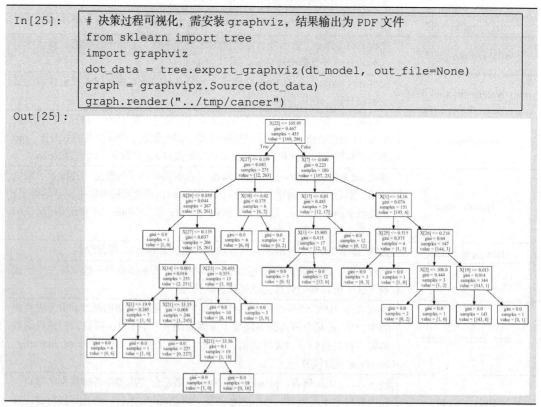

DecisionTreeClassifier 对象有 7 个属性，如表 6-26 所示。

表 6-26　DecisionTreeClassifier 对象的属性

属性	说明
classes_	输出分类模型的类别标签
feature_importances_	输出每个特征的重要性数值
max_features_	最大特征数
n_classes_	类别数
n_features_	特征数，当数据量小时，max_features 和 n_features_相等
n_outputs_	输出结果数量
tree_	返回底层的 tree 对象

访问代码 6-31 中 DecisionTreeClassifier 对象的属性，如代码 6-33 所示。

代码 6-33　DecisionTreeClassifier 对象的属性

```
In[26]:    print('决策树模型类别标签为: ', dt_model.classes_)
Out[26]:   决策树模型类别标签为: [0 1]
In[27]:    print('每个特征的重要性数值为: \n', dt_model.feature_importances_)
Out[27]:   每个特征的重要性数值为:
           [0.          0.05273747 0.          0.          0.          0.
            0.          0.07466641 0.          0.          0.          0.
            0.00706025 0.          0.          0.          0.          0.03299556
            0.02314964 0.01058253 0.          0.03916809 0.70311683 0.
            0.          0.          0.01204058 0.04448265 0.          0.         ]
In[28]:    print('最大特征数为: ', dt_model.max_features_)
Out[28]:   最大特征数为: 30
In[29]:    print('决策树模型的类别数为: ', dt_model.n_classes_)
Out[29]:   决策树模型的类别数为: 2
In[30]:    print('决策树模型的特征数为: ', dt_model.n_features_)
Out[30]:   决策树模型的特征数为: 30
In[31]:    print('决策树模型的输出结果数量为: ', dt_model.n_outputs_)
Out[31]:   决策树模型的输出结果数量为: 1
```

相较于前文介绍的 LogisticRegression 对象和 SVC 对象，apply 方法和 decision_path 方法是 DecisionTreeClassifier 对象特有的，如表 6-27 所示。

表 6-27　DecisionTreeClassifier 对象的方法

方法	格式	说明
fit	fit(X, y, sample_weight=None, check_input=True, X_idx_sorted=None)	使用训练集数据构建决策树
apply	apply(X, check_input=True)	返回每个样本叶节点的索引
decision_path	decision_path(X, check_input=True)	返回决策路径
predict	predict(X, check_input=True)	预测类别标签
score	score(X, y, sample_weight=None)	返回测试集的平均准确率
predict_proba	predict_proba(X, check_input=True)	预测概率
predict_log_proba	predict_log_proba(X)	预测概率的对数
get_params	get_params(deep=True)	获取模型参数
set_params	set_params(**params)	设置模型参数

使用 predict、score、apply 和 decision_path 方法可以获取预测结果、测试集准确率、叶节点索引和决策路径，如代码 6-34 所示。

代码 6-34　获取预测结果、测试集准确率、叶节点索引和决策路径

In[32]:	`print('预测测试集前 10 个结果为: \n',` `    dt_model.predict(x_test)[: 10])`
Out[32]:	预测测试集前 10 个结果为: [1 0 0 0 0 1 1 1 1 1]
In[33]:	`print('测试集准确率为: ', dt_model.score(x_test, y_test))`
Out[33]:	测试集准确率为: 0.9122807017543859
In[34]:	`print('测试集前 5 个叶节点索引为: ', dt_model.apply(x_test)[0: 5])`
Out[34]:	测试集前 5 个叶节点索引为: [10 35 35 35 35]
In[35]:	`print('测试集前 2 个决策路径为: \n',` `    dt_model.decision_path (x_test)[0: 2])`
Out[35]:	测试集前 2 个决策路径为: (0, 0)　　　1 (0, 1)　　　1 (0, 2)　　　1 (0, 4)　　　1 (0, 5)　　　1 (0, 9)　　　1 (0, 10)　　1 (1, 0)　　　1 (1, 20)　　1 (1, 26)　　1 (1, 30)　　1 (1, 34)　　1 (1, 35)　　1

6.3.4　KNN

最近邻（K-Nearest Neighbor，KNN）假设给定一个训练数据集，其中实例的类别已定，分类时，对新的实例根据其 k 个最近邻的训练实例的类别，通过多数表决等方式进行预测，因此 KNN 不具有显式的学习过程。KNN 实际上会利用训练数据集对特征向量空间进行划分，并作为其分类的模型。k 值的选择、距离度量和分类决策规则是 KNN 的 3 个基本要素。

KNN 理论简单，容易实现，是一种在线技术。其缺点主要体现在 3 个方面：首先，每一次分类都会重新进行一次全局运算，所以当样本容量大时，计算开销大；其次，样本不平衡时，预测偏差比较大；最后，k 值不易选择。

sklearn 的 neighbors 模块提供了 KNeighborsClassifier 类用于构建 KNN 分类模型。KNeighborsClassifier 类的基本语法格式如下。

```
class  sklearn.neighbors.KNeighborsClassifier(n_neighbors=5,  weights=
'uniform', algorithm='auto', leaf_size=30, p=2, metric='minkowski', metric_
params=None, n_jobs=1, **kwargs)
```

KNeighborsClassifier 类的常用参数及说明如表 6-28 所示。

表 6-28　KNeighborsClassifier 类的常用参数及说明

参数名称	说明
n_neighbors	接收 int，表示近邻点的个数，即 k 值。默认为 5
weights	接收 str 或 callable，可选参数有 uniform 和 distance，表示近邻点的权重，uniform 表示所有近邻点的权重相等；distance 表示距离近的点比距离远的点的权重大。默认为 uniform
algorithm	接收 str，可选参数有 auto、ball_tree、kd_tree 和 brute，表示搜索近邻点的算法。默认为 auto，即自动选择
leaf_size	接收 int，表示 kd 树和 ball 树算法的叶尺寸，它会影响树的构建速度、搜索速度及存储树所需的内存大小。默认为 30
p	接收 int，表示距离度量公式，1 表示曼哈顿距离公式，2 表示欧式距离。默认为 2
metric	接收 str 或 callable，表示树算法的距离矩阵。默认为 minkowski
metric_params	接收 dict，表示 metric 参数中接收的自定义函数的参数。默认为 None
n_jobs	接收 int，表示并行运算的（CPU）数量，默认为 1，−1 表示使用全部 CPU

　　KNN 模型样本数据使用 load_breast_cancer 数据集，KNN 算法基于距离，需要使用标准化后的数据（x_trainStd 和 x_testStd）作为模型的输入，KNN 分类模型使用 KNeighborsClassifier 类构建，训练后返回 KNeighborsClassifier 对象，如代码 6-35 所示。

代码 6-35　构建 KNN 分类模型并训练模型

```
In[36]:    # 使用 KNeighborsClassifier 类构建 KNN 模型
           from sklearn.neighbors import KNeighborsClassifier
           knn_model = KNeighborsClassifier()
           knn_model.fit(x_trainStd, y_train)
           print('训练出来的 KNN 模型为: \n', knn_model)
Out[36]:   训练出来的 KNN 模型为:
            KNeighborsClassifier(algorithm='auto', leaf_size=30, metric=
           'minkowski',
                       metric_params=None, n_jobs=1, n_neighbors=5, p=2,
                       weights='uniform')
```

　　与 6.3 节介绍的其他对象（模型）相比，KNeighborsClassifier 对象未提供属性，除 predict、score 等方法外，它还有 kneighbors 和 kneighbors_graph 两个独有方法，如表 6-29 所示。

表 6-29　KNeighborsClassifier 对象的方法

方法	格式	说明
fit	fit(X, y)	将训练集数据放入模型进行训练
kneighbors	kneighbors(X=None, n_neighbors=None, return_distance=True)	返回最近邻点及距离
kneighbors_graph	kneighbors_graph(X=None, n_neighbors=None, mode='connectivity')	返回以 CSR 格式的稀疏矩阵显示的最近邻点
predict	predict(X)	预测类别标签
score	score(X, y, sample_weight=None)	返回测试集的平均准确率
predict_proba	predict_proba(X)	预测概率
get_params	get_params(deep=True)	获取模型参数
set_params	set_params(**params)	设置模型参数

表 6-29 中 predict、score、kneighbors 和 kneighbors_graph 方法的使用方式如代码 6-36 所示。

代码 6-36 KNeighborsClassifier 对象方法的使用方式

| In[37]: | ```python
print('预测测试集前 10 个结果为: \n',
      knn_model.predict (x_testStd)[: 10])
``` |
|---|---|
| Out[37]: | 预测测试集前 10 个结果为:
[1 0 0 0 1 1 1 1 1 1] |
| In[38]: | ```python
print('测试集准确率为: ', knn_model.score(x_testStd, y_test))
``` |
| Out[38]: | 测试集准确率为: 0.9736842105263158 |
| In[39]: | ```python
print('测试集前 5 个最近邻点为: \n',
      knn_model.kneighbors(x_testStd)[0][0: 5], '\n',
      '测试集前 5 个最近邻点的距离为: \n',
      knn_model.kneighbors(x_testStd)[1][0: 5])
``` |
| Out[39]: | 测试集前 5 个最近邻点为:
[[1.8063981 2.0357179 2.26294453 2.26881798 2.4626225]
[2.6985068 2.76214309 2.86690661 3.17415789 3.18133039]
[3.9235241 3.96895927 3.99488232 3.99770864 4.0544675]
[2.80851804 3.10749246 3.29845443 3.48210284 3.55561284]
[2.4481254 2.45937217 2.7792112 3.11046918 3.14158766]]
测试集前 5 个最近邻点的距离为:
[[374 35 441 168 217]
[132 328 238 397 64]
[361 346 153 270 398]
[83 394   7 229 51]
[420 181 453 45 41]] |
| In[40]: | ```python
mat = knn_model.kneighbors_graph(x_testStd)
print('将 CSR 格式的稀疏矩阵显示的最近邻点转换为数组后结果为: \n',
      mat.toarray())
``` |
| Out[40]: | 将 CSR 格式的稀疏矩阵显示的最近邻点转换为数组后结果为:
[[0. 0. 0. ... 0. 0. 0.]
[0. 0. 0. ... 0. 0. 0.]
[0. 0. 0. ... 0. 0. 0.]
...
[0. 0. 0. ... 0. 0. 0.]
[0. 0. 0. ... 0. 0. 0.]
[0. 0. 0. ... 0. 0. 0.]] |

注: 此处部分结果省略。

6.3.5 朴素贝叶斯

朴素贝叶斯是基于贝叶斯定理与特征条件独立假设的分类方法。对于给定的训练数据集, 先基于特征条件独立假设学习输入输出的联合概率分布; 再基于此模型, 对给定的输入 x, 利用贝叶斯定理求出后验概率最大的输出 y。朴素贝叶斯算法实现简单, 学习与预测的效率都很高, 是一种常用的方法。

朴素贝叶斯算法有对大数据集训练速度快、支持增量式运算、可以实时对新增样本进行训练、结果可解释性强等优点, 同时存在因为使用了样本特征独立性的假设, 所以特征有关联时效果不佳的缺点。

构建朴素贝叶斯模型时要注意以下事项。

(1) 概率 P 通常是值很小的小数, 连续的小数相乘易造成下溢出, 使乘积为 0 或者得不到正确答案。一种解决办法是对乘积取自然对数，将连乘变为连加。

（2）特征数量较少的训练数据集不适合使用朴素贝叶斯。

（3）输入模型的数据无须标准化处理。

sklearn 的 naive_bayes 模块提供了 3 种用于构建朴素贝叶斯模型的类，它们是 GaussianNB（高斯朴素贝叶斯）、MultinomialNB（多项式朴素贝叶斯）和 BernoulliNB（伯努利朴素贝叶斯），它们分别对应 3 种不同的数据分布类型。

常用的朴素贝叶斯模型的构建类是 GaussianNB，其基本语法格式如下。

```
class sklearn.naive_bayes.GaussianNB(priors=None)
```

GaussianNB 类的常用参数及说明如表 6-30 所示。

表 6-30　GaussianNB 类的常用参数及说明

参数名称	说明
priors	接收 array，表示先验概率大小，若没有给定，则模型根据样本数据进行计算（利用极大似然估计法）。默认为 None

朴素贝叶斯模型样本数据使用 load_breast_cancer，无须标准化，直接使用划分后的数据 x_train 和 x_test 作为模型输入，朴素贝叶斯分类模型使用 GaussianNB 类构建，训练后返回 GaussianNB 对象，如代码 6-37 所示。

代码 6-37　构建朴素贝叶斯分类模型并训练模型

```
In[41]:    # 使用 GaussianNB 类构建朴素贝叶斯模型
           from sklearn.naive_bayes import GaussianNB
           gnb_model = GaussianNB()
           gnb_model.fit(x_train, y_train)
           print('训练出来的朴素贝叶斯模型为: ', gnb_model)
Out[41]:   训练出来的朴素贝叶斯模型为: GaussianNB(priors=None)
```

GaussianNB 对象有 4 个属性，如表 6-31 所示。

表 6-31　GaussianNB 对象的属性

属性	说明
class_prior_	每个类别的概率
class_count_	每个类别训练样本的数量
theta_	每个类别中每个特征的均值
sigma_	每个类别中每个特征的方差

通过访问属性可以获取各个类别的概率、训练样本的数量、特征均值和特征方差，如代码 6-38 所示。

代码 6-38　各个类别的概率、训练样本的数量、特征均值和特征方差

```
In[42]:    print('每个类别出现的概率为: ', gnb_model.class_prior_)
Out[42]:   每个类别出现的概率为: [0.37142857 0.62857143]
In[43]:    print('每个类别训练样本的数量为: ', gnb_model.class_count_)
Out[43]:   每个类别训练样本的数量为: [169. 286.]
```

```
In[44]:    print('每个类别中每个特征的均值为：\n', gnb_model.theta_)
Out[44]:   每个类别中每个特征的均值为：
           [[1.74481065e+01 2.15639645e+01 1.15192012e+02 9.77307101e+02
             1.01877041e-01 1.42734734e-01 1.56143136e-01 8.62633136e-02
             1.90695858e-01 6.24121893e-02 6.05159763e-01 1.18698876e+00
             4.31632544e+00 7.27933728e+01 6.74010059e-03 3.15098817e-02
             4.05011243e-02 1.49292308e-02 1.95870355e-02 4.04742012e-03
             2.11097041e+01 2.92478107e+01 1.41192367e+02 1.42237101e+03
             1.43999349e-01 3.70612249e-01 4.41401657e-01 1.80676509e-01
             3.16697633e-01 9.17349112e-02]
            [1.21590245e+01 1.80608741e+01 7.81978671e+01 4.63506643e+02
             9.30540909e-02 8.19600000e-02 4.77360559e-02 2.63821189e-02
             1.75828671e-01 6.31550699e-02 2.87030420e-01 1.23576154e+00
             2.01828776e+00 2.13490979e+01 7.22918881e-03 2.20052168e-02
             2.69744332e-02 1.00819510e-02 2.07283881e-02 3.77203497e-03
             1.33865909e+01 2.35948601e+01 8.70515035e+01 5.59123077e+02
             1.25450594e-01 1.85133182e-01 1.70399294e-01 7.57520280e-02
             2.71085664e-01 7.99389161e-02]]
In[45]:    print('每个类别中每个特征的方差为：\n', gnb_model.sigma_)
Out[45]:   每个类别中每个特征的方差为：
           [[1.01012628e+01 1.22196122e+01 4.68127908e+02 1.37119263e+05
             4.67436688e-04 3.15177882e-03 5.38156477e-03 1.45607892e-03
             1.03765856e-03 3.82792640e-04 1.30970647e-01 2.16196173e-01
             7.33995417e+00 4.21918135e+03 3.38001431e-04 6.57886145e-04
             7.57823461e-04 3.61409630e-04 4.19278662e-04 3.34624435e-04
             1.86149947e+01 2.71802409e+01 8.75428010e+02 3.74981002e+05
             7.66364937e-04 2.98615189e-02 3.27339183e-02 2.42980225e-03
             5.09930289e-03 8.09819950e-04]
            [3.16259512e+00 1.65803543e+01 1.39199695e+02 1.82892853e+04
             5.15866346e-04 1.56903951e-03 2.44747506e-03 5.89463918e-04
             9.75361873e-04 3.79607156e-04 1.33742609e-02 3.81679612e-01
             6.00599230e-01 8.17731879e+01 3.39891518e-04 6.22849943e-04
             1.58482136e-03 3.64936860e-04 3.81727467e-04 3.40357083e-04
             3.92376779e+00 3.09134482e+01 1.83163768e+02 2.70448928e+04
             7.44420765e-04 9.40321384e-03 2.21539279e-02 1.62271582e-03
             2.05691336e-03 5.38756405e-04]]
```

与 6.3 节介绍的其他对象（模型）相比，GaussianNB 对象的 partial_fit 方法是特有的，如表 6-32 所示。

表 6-32　GaussianNB 对象的方法

方法	格式	说明
fit	fit(X, y, sample_weight=None)	将训练集数据放入模型进行训练
partial_fit	partial_fit(X, y, classes=None, sample_weight=None)	追加训练模型，该方法主要用于大规模数据集的训练，此时，大规模数据集被分成多个小数据集，并分别进行训练
predict	predict(X)	预测类别标签
score	score(X, y, sample_weight=None)	返回测试集的平均准确率
predict_proba	predict_proba(X)	预测概率
predict_log_proba	predict_log_proba(X)	预测概率的对数
get_params	get_params(deep=True)	获取模型参数
set_params	set_params(**params)	设置模型参数

使用 predict、score、partial_fit 方法可以获取预测结果、测试集准确率并追加训练模型，如代码 6-39 所示。

代码 6-39　获取预测结果、测试集准确率并追加训练模型

In[46]:	`print('预测测试集前 10 个结果为: \n', gnb_model.predict(x_test)[:10])`
Out[46]:	预测测试集前 10 个结果为: [1 0 0 0 1 1 1 1 1]
In[47]:	`print('测试集准确率为: ', gnb_model.score(x_test, y_test))`
Out[47]:	测试集准确率为: 0.9649122807017544
In[48]:	`print('追加训练数据后的模型为: ', gnb_model.partial_fit(x_test, y_test))`
Out[48]:	追加训练数据后的模型为: GaussianNB(priors=None)

6.3.6　随机森林

随机森林属于集成学习（Esemble Learning），它通过构建并组合多个学习器来完成学习任务。集成学习对多个学习器进行组合，通常获得比单一学习器显著优越的泛化性能。根据个体学习器的生成方式，目前集成学习分为以下两大类。

（1）个体学习器之间存在强依赖关系，必须串行生成的序列化方法，典型代表是 Boosting。

（2）个体学习器之间不存在强依赖关系，可同时生成的并行化方法，典型代表是 Bagging 和随机森林。

随机森林是 Bagging 的一个变体，Bagging 先对训练集进行采样，产生若干个不同的子集，再从每个训练子集中训练一个基学习器，预测结果采用简单投票法。随机森林在以决策树为基学习器构建 Bagging 集成的基础上，进一步在决策树的训练过程中引入随机属性选择，随机森林的每一棵决策树中的每一个节点，先从该节点的属性集中随机选择 K 个属性的子集，再从这个属性子集中选择最优属性进行划分。

随机森林的优点主要表现在如下 3 个方面。

（1）由于每次不再考虑全部属性而是考虑一个属性子集，所以相比于 Bagging 计算，其开销更小，训练效率更高。

（2）由于增加了属性的扰动，随机森林中基学习器的性能降低，使得在随机森林起始时性能较差，但是随着基学习器的增多，相比于 Bagging，随机森林通常会收敛于更低的泛化误差。

（3）两个随机性的引入使得随机森林不易陷入过拟合，对数据的适应能力更强，可以处理离散和连续的数据。

随机森林的缺点主要是在噪声较大时容易过拟合。

sklearn 的 ensemble 模块提供了 RandomForestClassifier 类用于构建随机森林分类模型。RandomForestClassifier 类的基本语法格式如下。

```
class sklearn.ensemble.RandomForestClassifier(n_estimators=10, criterion=
'gini', max_depth=None, min_samples_split=2, min_samples_leaf=1, min_weight_
fraction_leaf=0.0, max_features='auto', max_leaf_nodes=None, min_impurity_
decrease=0.0, min_impurity_split=None, bootstrap=True, oob_score=False,
n_jobs=1, random_state=None, verbose=0, warm_start=False, class_weight=None)
```

RandomForestClassifier 类的常用参数及说明如表 6-33 所示。

表 6-33 RandomForestClassifier 类的常用参数及说明

参数名称	说明
n_estimators	接收 int，表示随机森林树的数量。默认为 10
criterion	接收 str，表示节点（特征）选择的准则，使用信息增益比 entropy 的是 ID3 和 C4.5 算法；使用基尼系数 gini 的是 CART 算法。默认为 gini
max_depth	接收 int，表示决策树的最大深度。默认为 None
min_samples_split	接收 int 或 float，表示子数据集再切分为需要的最小样本量。默认为 2
min_samples_leaf	接收 int 或 float，表示叶节点的最小样本数，若低于设定值，则该叶节点和其兄弟节点都会被剪枝。默认为 1
min_weight_fraction_leaf	接收 int、float、str 或 None，表示在叶节点处的所有输入样本权重总和的最小加权分数。默认为 None
max_features	接收 int、float、sqrt.log2 或 None，表示特征切分时考虑的最大特征数量，默认是对所有特征进行切分，int 表示具体的特征个数；float 数表示特征个数的百分比；sqrt 表示总特征数的平方根；log2 表示总特征数的 log2 个特征。默认为 None
max_leaf_nodes	接收 int 或 None，表示最大叶节点数。默认为 None，即无限制
min_impurity_decrease	接收 float，表示切分点不纯度最小减少程度，若某节点的不纯度减少小于这个值，则切分点会被移除。默认为 0
min_impurity_split	接收 float，表示切分点最小不纯度，它用来限制数据集的继续切分（决策树的生成）。若某个节点的不纯度（分类错误率）小于或等于这个阈值，则该点的数据将不再进行切分。无默认值，但该参数将被移除，可使用 min_impurity_decrease 参数代替
bootstrap	接收 bool，表示是否使用 bootstrap 技术采样。默认为 True
oob_score	接收 bool，表示是否使用未参与建立树模型的数据集去验证模型的泛化效果。默认为 True
n_jobs	接收 int，表示 multi_class 参数为 ovr 时并行运算的（CPU）数量，当优化算法为 liblinear 时，此参数将被忽略。默认为 1，−1 表示运行全部
random_state	接收 int、RandomState 实例或 None，表示随机种子的数量，若设置了随机种子，则最后的准确率是一样的；若接收 int，则指定随机数生成器的种子；若接收 RandomState，则指定随机数生成器；若接收 None，则指定使用默认的随机数生成器。默认为 None
verbose	接收 bool，表示是否输出冗余信息。默认为 False
warm_start	接收 bool，表示是否将上次模型的结果作为初始状态。默认为 False
class_weight	接收 dict、balanced 或 None，表示分类模型中各种类别的权重，在出现样本不平衡的情况时，可以考虑调整 class_weight 系数，防止算法对训练样本多的类别偏倚。默认为 None

随机森林模型样本数据使用 load_breast_cancer 数据集，无须进行标准化，直接使用划分后的数据 x_train 和 x_test 作为模型的输入，使用 RandomForestClassifier 类构建随机森林分类模型并训练模型，最后返回 RandomForestClassifier 对象，如代码 6-40 所示。

代码 6-40　构建随机森林分类模型并训练模型

In[49]:	``` # 使用 RandomForestClassifier 类构建随机森林分类模型 from sklearn.ensemble import RandomForestClassifier rf_model = RandomForestClassifier() rf_model.fit(x_train, y_train) print('训练出来的随机森林模型为: \n', rf_model) ```

Out[49]:	训练出来的随机森林模型为:
	 RandomForestClassifier(bootstrap=True, class_weight=None, criterion='gini',
	          max_depth=None, max_features='auto', max_leaf_nodes=None,
	          min_impurity_decrease=0.0, min_impurity_split=None,
	          min_samples_leaf=1, min_samples_split=2,
	          min_weight_fraction_leaf=0.0, n_estimators=10, n_jobs=1,
	          oob_score=False, random_state=None, verbose=0,
	          warm_start=False)

RandomForestClassifier 对象的属性类似于 DecisionTreeClassifier 对象，但相较于 DecisionTreeClassifier 对象，其存在 estimators_、oob_score_ 和 oob_decision_function_ 这 3 个独有属性，如表 6-34 示。

表 6-34　RandomForestClassifier 对象的属性

属性	说明
estimators_	返回所有训练过的决策树
classes_	输出分类模型的类别标签
n_classes_	类别数
n_features_	特征数，当数据量小时，max_features 和 n_features_ 相等
n_outputs_	输出结果数量
feature_importances_	输出每个特征的重要性数值
oob_score_	袋外估计准确率得分，必须在 oob_score 参数为 True 时才可用
oob_decision_function_	袋外估计对应的决策函数

访问代码 6-40 中创建的 RandomForestClassifier 对象的 estimators_属性，可以查看训练得到的决策树模型，如代码 6-41 所示。

代码 6-41　使用 estimators_属性查看训练得到的决策树模型

In[50]:	``` print('训练出来的前 2 个决策树模型为: \n', rf_model.estimators_[0: 2]) ```

Out[50]:	训练出来的前 2 个决策树模型为:
	 [DecisionTreeClassifier(class_weight=None, criterion='gini', max_depth=None,
	          max_features='auto', max_leaf_nodes=None,
	          min_impurity_decrease=0.0, min_impurity_split=None,
	          min_samples_leaf=1, min_samples_split=2,
	          min_weight_fraction_leaf=0.0, presort=False,
	          random_state=579974326, splitter='best'),

```
DecisionTreeClassifier(class_weight=None, criterion='gini',
max_depth=None,
            max_features='auto', max_leaf_nodes=None,
            min_impurity_decrease=0.0, min_impurity_split=None,
            min_samples_leaf=1, min_samples_split=2,
            min_weight_fraction_leaf=0.0, presort=False,
            random_state=1664123606, splitter='best')]
```

RandomForestClassifier 对象的方法与 DecisionTreeClassifier 对象的方法完全相同，如表 6-35 所示。

表 6-35　RandomForestClassifier 对象的方法

方法	格式	说明
fit	fit(X, y, sample_weight=None)	使用训练集数据建立随机森林
apply	apply(X)	将森林中的树应用于训练集，返回所有叶节点的索引
decision_path	decision_path(X)	返回决策路径
predict	predict(X)	预测类别标签
score	score(X, y, sample_weight=None)	返回测试集的平均准确率
predict_proba	predict_proba(X)	预测样本的类别概率
predict_log_proba	predict_log_proba(X)	预测样本的类别概率的对数
get_params	get_params(deep=True)	获取模型参数
set_params	set_params(**params)	设置模型参数

使用表 6-35 中 predict、score 方法可获取预测结果和测试集准确率，如代码 6-42 所示。

代码 6-42　获取预测结果和测试集准确率

In[51]:	`print('预测测试集前10个结果为:\n', rf_model.predict(x_test)[:10])`
Out[51]:	预测测试集前 10 个结果为: [1 0 0 0 1 1 1 1 1 1]
In[52]:	`print('测试集准确率为: ', rf_model.score(x_test, y_test))`
Out[52]:	测试集准确率为: 0.9649122807017544

6.3.7　多层感知机

多层感知机（Multi-Layer Perceptron，MLP）由感知机推广而来，克服了感知机无法实现对线性不可分数据识别的缺点，其主要特点是拥有多个神经元层，第一层为输入层，最后一层为输出层，中间层为隐层。MLP 是一种前向结构的人工神经网络，映射一组输入向量到一组输出向量中。MLP 可以看作一个有向图，由多个节点层组成，每一层全连接到下一层，除了输入节点外，每个节点都是一个带有非线性激活函数的神经元（或称处理单元）。一种称为反向传播算法的监督学习方法常用来训练 MLP。

MLP 具有可以学习得到非线性模型和使用 partial_fit 学习得到实时模型（在线学习）的优点，同时存在如下 3 个方面的缺点。

（1）具有隐藏层的 MLP 具有非凸的损失函数，它有不止一个局部最小值。因此，不同的随机权重初始化会导致不同的验证集准确率。

（2）需要调试一些超参数，如隐藏层神经元的数量、层数和迭代轮数。

（3）对特征归一化很敏感。

sklearn 的 neural_network 模块提供了 MLPClassifier 类用于构建多层感知机分类模型。MLPClassifier 类的基本语法格式如下。

```
class    sklearn.neural_network.MLPClassifier(hidden_layer_sizes=(100,  ),
activation='relu', solver='adam', alpha=0.0001, batch_size='auto', learning_
rate='constant',   learning_rate_init=0.001,   power_t=0.5,   max_iter=200,
shuffle=True, random_state=None, tol=0.0001, verbose=False, warm_start=
False, momentum=0.9, nesterovs_momentum=True, early_stopping=False, validation_
fraction=0.1, beta_1=0.9, beta_2=0.999, epsilon=1e-08)
```

MLPClassifier 类的常用参数及说明如表 6-36 所示。

表 6-36　MLPClassifier 类的常用参数及说明

参数名称	说明
hidden_layer_sizes	接收 tuple，表示隐藏层的大小，长度为 n_layers-2，第 i 个元素表示第 i 个隐藏层的神经元的个数。默认为(100,)
activation	接收 str，可选参数为 identity、logistic、tanh 和 relu，表示激活函数。默认为 relu
solver	接收 str，可选参数为 lbfgs、sgd、adam，表示权重优化算法。默认为 adam
alpha	接收 float，表示 L2 惩罚项的参数。默认为 0.0001
batch_size	接收 int，表示批尺寸，即随机优化器的最小训练数据，当优化算法为 bfgs l 时无效。默认为 auto，即 batch_size=min(200, n_samples)
learning_rate	接收 str，可选参数为 constant、invscaling 和 adaptive，表示学习率策略，用于更新权重，只有当 solver 参数为 sgd 时才能使用，constant 表示学习率恒定为 learning_rate_init 参数；invscaling 表示随着时间 t 使用 power_t 的逆标度指数不断降低学习率；adaptive 表示若训练损耗在下降，则保持学习率为 learning_rate_init 参数，若连续两次不能降低训练损耗或验证分数停止升高至少到 tol 参数，则将当前学习率除以 5。默认为 constant
learning_rate_init	接收 float，表示初始学习率，用于控制更新权重的步长，当 solver 为 sgd 或 adam 时才有效。默认为 0.001
power_t	接收 float，表示逆扩展学习率的指数，solver 参数为 sgd 时使用，learning_rate 参数为 invscaling 时用来更新有效学习率。默认为 0.5
max_iter	接收 int，表示算法收敛的最大迭代次数。默认为 200
shuffle	接收 bool，表示是否在每次迭代时对样本进行清洗，solver 参数为 sgd 或 adam 时使用。默认为 True
random_state	接收 int、RandomState 实例或 None，表示随机种子的数量，若设置了随机种子，则最后的准确率是一样的；若接收 int，则指定随机数生成器的种子；若接收 RandomState，则指定随机数生成器；若接收 None，则指定使用默认的随机数生成器。默认为 None
tol	接收 float，表示迭代停止的容忍度，即精度要求。默认为 1e-4
verbose	接收 bool，表示是否输出冗余信息。默认为 False
warm_start	接收 bool，表示是否将上次模型的结果作为初始状态。默认为 False
momentum	接收 float，表示梯度下降更新的动量，它的值应该在 0 到 1 之间，solver 参数为 sgd 时使用。默认为 0.9

续表

参数名称	说明
nesterovs_momentum	接收 bool，表示是否使用 Nesterov 动量法。默认为 True
early_stopping	接收 bool，表示当验证效果不再改善时是否终止训练，若为 True，则自动选出 10% 的训练数据用于验证，并在连续两次迭代改善低于 tol 参数时终止训练。默认为 False
validation_fraction	接收 float，表示验证集比例，当 early_stopping 参数为 True 时有效。默认为 0.1
beta_1	接收 float，表示估计一阶矩向量的指数衰减速率，solver 参数为 adam 时使用。默认为 0.9
beta_2	接收 float，表示估计二阶矩向量的指数衰减速率，solver 参数为 adam 时使用。默认为 0.999
epsilon	接收 float，表示 adam 中数值稳定性的值，solver 参数为 adam 时使用。默认为 1e−8

MLP 模型样本数据使用 load_breast_cancer 数据集，算法基于距离，需要使用标准化数据（x_trainStd 和 x_testStd）作为模型的输入，MLP 模型使用 MLPClassifier 类构建，训练后返回 MLPClassifier 对象，如代码 6-43 所示。

代码 6-43　构建多层感知机分类模型并训练模型

```
In[53]:    from sklearn.neural_network import MLPClassifier
           mlp_model = MLPClassifier(max_iter=1000, random_state=3)
           mlp_model.fit(x_trainStd, y_train)
           print('训练出来的多层感知机模型为: \n', mlp_model)
Out[53]:   训练出来的多层感知机模型为:
            MLPClassifier(activation='relu', alpha=0.0001, batch_size=
           'auto', beta_1=0.9,
                 beta_2=0.999, early_stopping=False, epsilon=1e-08,
                 hidden_layer_sizes=(100,), learning_rate='constant',
                 learning_rate_init=0.001, max_iter=1000, momentum=0.9,
                 nesterovs_momentum=True, power_t=0.5, random_state=3,
           shuffle=True,
                 solver='adam', tol=0.0001, validation_fraction=0.1,
           verbose=False,
                 warm_start=False)
```

MLPClassifier 对象有 8 个属性，如表 6-37 所示。

表 6-37　MLPClassifier 对象的属性

属性	说明
classes_	输出分类模型的类别标签
loss_	由损失函数计算得出的当前损失值
coefs_	第 i 个元素表示第 i 层的权重矩阵
intercepts_	第 i 个元素表示第 $i+1$ 层的偏差向量
n_iter_	迭代次数
n_layers_	神经网络层数
n_outputs_	输出个数
out_activation_	输出激活函数的名称

访问代码 6-43 中创建的 MLPClassifier 对象的属性，如代码 6-44 所示。

代码 6-44　访问创建的 MLPClassifier 对象的属性

```
In[54]:    print('分类模型的类别标签为: ', mlp_model.classes_)
Out[54]:   分类模型的类别标签为: [0 1]
In[55]:    print('当前损失值为: ', mlp_model.loss_)
Out[55]:   当前损失值为: 0.014352001355507285
In[56]:    print('迭代次数为: ', mlp_model.n_iter_)
Out[56]:   迭代次数为: 239
In[57]:    print('神经网络层数为: ', mlp_model.n_layers_)
Out[57]:   神经网络层数为: 3
In[58]:    print('输出个数为: ', mlp_model.n_outputs_)
Out[58]:   输出个数为: 1
In[59]:    print('输出激活函数的名称为: ', mlp_model.out_activation_)
Out[59]:   输出激活函数的名称为: logistic
In[60]:    print('权重矩阵为: \n', mlp_model.coefs_)
Out[60]:   权重矩阵为:
           [array([[ 0.04494865,  0.13151215, -0.03798858, ...,  0.00993955,
                    -0.00379621, -0.20403768],
           ...,
           [ 0.21332048],
           [ 0.2137827 ]])]
In[61]:    print('偏差向量为: \n', mlp_model.intercepts_)
Out[61]:   偏差向量为:
           [array([-0.14919705,  0.14506621,  0.05872795,  0.17490492,
                    0.56679963, -0.10159389,  0.20366849, ...,
                    0.2530506 ,  0.15510802,  0.25760145,  0.207907  ,
                    0.25101978, -0.03136266,  0.2656642 ]),
           array([0.00190226])]
```

注：权重矩阵和偏差向量输出结果较长，此处部分已省略。

MLPClassifier 对象比 LogisticRegression 对象少了 decision_function、densify 和 sparsify 方法，其他相同的方法作用一致。

使用 predict、scores 方法可以获取预测结果与测试集准确率，如代码 6-45 所示。

代码 6-45　获取预测结果与测试集准确率

```
In[62]:    print('预测测试集前 10 个结果为: \n', mlp_model.predict(x_testStd)
           [: 10])
Out[62]:   预测测试集前 10 个结果为:
           [1 0 0 0 1 1 1 1 1 1]
In[63]:    print('测试集准确率为: ', mlp_model.score(x_testStd, y_test))
Out[63]:   测试集准确率为: 0.9649122807017544
```

6.4　回归

回归算法的实现过程与分类算法类似，原理相差不大，主要区别在于，分类算法的目标值是离散的，但是回归算法的目标值是连续的。在回归模型中，自变量（特征）与因变量（目标）具有相关关系，自变量的值是已知的，因变量是要预测的。回归算法的实现步骤和分类算法基本相同，分为学习和预测两个步骤，学习是通过训练样本数据来拟合回归方程；预测则是利用学习过程中拟合出的回归方程，将测试数据放入到方程中求出预测值。

sklearn 提供了大量用于构建回归模型的类，它们存在于不同的模块中，其中，linear_model 模块中的类最多，部分算法与 6.3 节介绍的分类算法类似。sklearn 中构建回归模型的类如表 6-38 所示。

表 6-38　sklearn 中构建回归模型的类

模块名称	类名称	算法名称
linear_model	LinearRegression	最小二乘回归
	Ridge	岭回归
	RidgeCV	岭回归（交叉验证）
	Lasso	Lasso 回归
	LassoCV	Lasso 回归（交叉验证）
	MultiTaskLasso	多任务 lasso 回归
	ElasticNetCV	弹性网络
	MultiTaskElasticNet	多任务弹性网络
	MultiTaskElasticNetCV	多任务弹性网络（交叉验证）
	Lars	最小角回归
	LassoLars	使用 LARS 算法的 Lasso
	LassoLarsCV	使用 LARS 算法的 Lasso（交叉验证）
	OrthogonalMatchingPursuit	正交匹配追踪法
	orthogonal_mp	正交匹配追踪法（交叉验证）
	BayesianRidge	贝叶斯岭回归
	ARDRegression	主动相关决策理论
	SGDRegressor	随机梯度下降
	Perceptron	感知器
	PassiveAggressiveRegressor	被动攻击算法
	TheilSenRegressor	TheilSen 稳健回归
	HuberRegressor	Huber 稳健回归
svm	SVR	支持向量机回归
	NuSVR	含 nu 参数的支持向量机
	linearSVR	线性支持向量机
neighbors	KNeighborsRegressor	最近邻
tree	DecisionTreeRegressor	决策树
ensemble	BaggingRegressor	Bagging 回归
	ExtraTreesRegressor	极端随机树
	AdaBoostRegressor	AdaBoost
	GradientBoostingRegressor	梯度提升树回归
	RandomForestRegressor	随机森林回归

模块名称	类名称	算法名称
neural_network	MLPRegressor	多层感知机回归
kernel_ridge	KernelRidge	内核岭回归
multioutput	MultiOutputRegressor	多输出回归
isotonic	IsotonicRegression	等式回归
gaussian_process	GaussianProcessRegressor	高斯过程

6.4.1　最小二乘回归

最小二乘回归是最普通的线性回归，它的目的是获得最佳的拟合直线（回归线），在因变量和一个或多个自变量之间建立一种关系，通过最小化每个数据点到线的垂直偏差平方和来计算最佳拟合线。

最小二乘回归的优点是计算简单、易于理解，缺点是对异常值非常敏感。需要注意的是，使用最小二乘回归的自变量与因变量之间必须有线性关系。

sklearn 的 linear_model 模块提供了 LinearRegression 类用于构建最小二乘回归模型。LinearRegression 类的基本语法格式如下。

```
class sklearn.linear_model.LinearRegression(fit_intercept=True, normalize=
False, copy_X=True, n_jobs=1)
```

LinearRegression 类的常用参数及说明如表 6-39 所示。

表 6-39　LinearRegression 类的常用参数及说明

参数名称	说明
fit_intercept	接收 bool，表示是否计算模型的截距。默认为 True
normalize	接收 bool，表示是否在回归之前归一化样本特征，当 fit_intercept 参数为 False 时无效。默认为 False
copy_X	接收 bool，表示是否复制样本特征集。默认为 True
n_jobs	接收 int，表示任务并行时使用的 CPU 数量，若为-1，则使用所有可用的 CPU。默认为 1

最小二乘回归模型样本数据使用 sklearn 提供的 load_boston [（美国马萨诸塞州）波士顿房价] 数据集，包含 13 个特征 506 条记录，需将其划分为训练集和测试集，如代码 6-46 所示。

代码 6-46　将 load_boston 数据集划分为训练集和测试集

```
In[1]:   from sklearn.datasets import load_boston
         from sklearn.model_selection import train_test_split
         # 导入 load_boston 数据
         boston = load_boston()
         x = boston['data']
         y = boston['target']
         names = boston['feature_names']
         # 将数据划分为训练集和测试集
         x_train, x_test, y_train, y_test = train_test_split(x, y,
                                     test_size = 0.2, random_state = 22)
         print('x_train 前 3 行数据为: ', x_train[0: 3], '\n',
                 'y_train 前 3 个数据为: ', y_train[0: 3])
```

```
Out[1]:    x_train 前 3 行数据为：[[2.24236e+00  0.00000e+00  1.95800e+01
           0.00000e+00  6.05000e-01  5.85400e+00
            9.18000e+01  2.42200e+00  5.00000e+00  4.03000e+02  1.47000e+01
           3.95110e+02
            1.16400e+01]
           [2.61690e-01  0.00000e+00  9.90000e+00  0.00000e+00  5.44000e-01
           6.02300e+00
            9.04000e+01  2.83400e+00  4.00000e+00  3.04000e+02  1.84000e+01
           3.96300e+02
            1.17200e+01]
           [6.89900e-02  0.00000e+00  2.56500e+01  0.00000e+00  5.81000e-01
           5.87000e+00
            6.97000e+01  2.25770e+00  2.00000e+00  1.88000e+02  1.91000e+01
           3.89150e+02
            1.43700e+01]]
           y_train 前 3 个数据为：[22.7 19.4 22. ]
```

使用 LinearRegression 类构建最小二乘回归模型并训练模型，结果返回 LinearRegression 对象，如代码 6-47 所示。

代码 6-47　构建最小二乘回归模型并训练模型

```
In[2]:     # 使用 LinearRegression 类构建最小二乘回归模型
           from sklearn.linear_model import LinearRegression
           lr_model = LinearRegression()
           # 训练模型
           lr_model.fit(x_train, y_train)
           print('训练出来的 LinearRegression 模型为：\n', lr_model)
Out[2]:    训练出来的 LinearRegression 模型为：
            LinearRegression(copy_X=True,  fit_intercept=True,  n_jobs=1,
           normalize=False)
```

LinearRegression 对象的属性有 coef_ 和 intercept_，如表 6-40 所示。

表 6-40　LinearRegression 对象的属性

属性	说明
coef_	返回线性回归的估计系数
intercept_	返回模型的截距

访问属性，可查看构建的 LinearRegression 模型各特征的系数与截距，如代码 6-48 所示。

代码 6-48　查看构建的 LinearRegression 模型各特征的系数与截距

```
In[3]:     print('LinearRegression 模型中各特征系数为：\n', lr_model.coef_)
Out[3]:    LinearRegression 模型中各特征系数为：
            [-9.91475223e-02  4.67274075e-02 -2.02625202e-02  3.58381050e+00
            -1.71549567e+01  3.91773225e+00 -5.61459225e-03 -1.54805870e+00
             2.96151924e-01 -1.00630836e-02 -7.79420087e-01  9.97151065e-03
            -5.26264429e-01]
In[4]:     print('LinearRegression 模型中截距为：', lr_model.intercept_)
Out[4]:    LinearRegression 模型中截距为：32.444652521107955
```

LinearRegression 对象的方法有 5 种，如表 6-41 所示。

表 6-41　LinearRegression 对象的方法

方法	格式	说明
fit	fit(X, y, sample_weight=None)	将训练集数据放入模型进行训练
predict	predict(X)	返回预测值
score	score(X, y, sample_weight=None)	返回 R2 值，用于评价回归效果
get_params	get_params(deep=True)	获取模型参数
set_params	set_params(**params)	设置模型参数

使用 predict、score 方法可以获取模型的预测结果与测试集的 R2 值，如代码 6-49 所示。

代码 6-49　获取模型的预测结果与测试集的 R2 值

In[5]:	`print('预测测试集前 5 个结果为：\n', lr_model.predict(x_test)[: 5])`
Out[5]:	预测测试集前 5 个结果为： `[28.0015308  31.37535463 21.15836781 32.97678288 19.8528076 ]`
In[6]:	`print('测试集 R2 值为：', lr_model.score(x_test, y_test))`
Out[6]:	测试集 R2 值为：0.7658020514461036

绘制预测值和真实值对比的折线图，能够较为直观地评价所建模型的效果，如代码 6-50 所示。

代码 6-50　绘制预测值和真实值对比的折线图

In[7]:
```python
import matplotlib.pyplot as plt
from matplotlib import rcParams
rcParams['font.sans-serif'] = 'SimHei'
fig = plt.figure(figsize=(10,6))
y_pred = lr_model.predict(x_test)
plt.plot(range(y_test.shape[0]), y_test,color="blue",
         linewidth=1.5, linestyle="-")
plt.plot(range(y_test.shape[0]), y_pred,color="red",
         linewidth=1.5, linestyle="-.")
plt.legend(['真实值', '预测值'])
plt.show()
```

Out[7]:

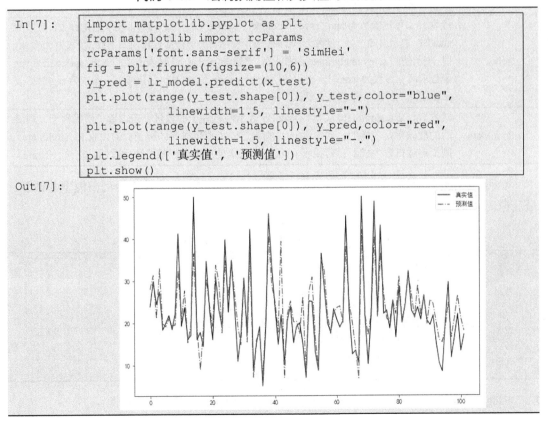

6.4.2 岭回归

岭回归属于线性回归，用于存在多重共线性（自变量高度相关）的数据。在多重共线性情况下，尽管最小二乘法对每个变量很公平，但是它们的差异很大，使得观测值偏移并远离真实值。岭回归通过给回归估计增加一个平方偏差，即 L2 正则项，进而降低标准误差。

sklearn 的 linear_model 模块提供了 Ridge 类用于构建岭回归模型。Ridge 类的基本语法格式如下。

```
class sklearn.linear_model.Ridge(alpha=1.0, fit_intercept=True, normalize=
False, copy_X=True, max_iter=None, tol=0.001, solver='auto', random_state=
None)
```

Ridge 类的常用参数及说明如表 6-42 所示。

表 6-42 Ridge 类的常用参数及说明

参数名称	说明
alpha	接收 float 或 float 组成的 array，表示正则化的强度，必须为正 float，其值越大，正则化项的占比越大。默认为 1.0
fit_intercept	接收 bool，表示是否计算模型的截距。默认为 True
normalize	接收 bool，表示是否在回归之前归一化样本特征，当 fit_intercept 参数为 False 时无效。默认为 False
copy_X	接收 bool，表示是否复制样本特征集。默认为 True
max_iter	接收 int，表示算法收敛的最大迭代次数。无默认值，可选
tol	接收 float，表示迭代停止的容忍度，即精度要求。默认为 0.001
solver	接收 str，可选参数为 auto、svd、cholesky、sparse_cg、lsqr、sag，表示优化算法，参数为 auto 时，表示自动选择，参数为 svd 时，表示使用奇异值分解计算回归系数，参数为 cholesky 时，表示使用 scipy.linalg.solve 函数求解，参数为 sparse_cg 时表示使用 scipy.sparse.linalg.cg 函数求解，参数为 lsqr 时，表示使用 scipy.sparse.linalg.lsqr 函数求解，参数为 sag 时，表示使用随机梯度下降求解。默认为 auto
random_state	接收 int、RandomState 实例或 None，表示随机种子的数量，若设置了随机种子，则最后的准确率是一样的；若接收 int，则指定随机数生成器的种子；若接收 RandomState，则指定随机数生成器；若接收 None，则指定使用默认的随机数生成器。默认为 None

岭回归模型样本数据使用 load_boston 数据集，使用 Ridge 类构建岭回归模型并训练，最后返回 Ridge 对象，如代码 6-51 所示。

代码 6-51 训练岭回归模型并训练模型

```
In[8]:    from sklearn.linear_model import Ridge
          ridge_model = Ridge()
          ridge_model.fit(x_train, y_train)
          print('训练出来的 ridge 模型为: \n', ridge_model)
Out[8]:   训练出来的 ridge 模型为:
          Ridge(alpha=1.0, copy_X=True, fit_intercept=True, max_iter =None,
             normalize=False, random_state=None, solver='auto', tol=0.001)
```

Ridge 对象比 LinearRegression 对象多了 n_iter_属性，如表 6-43 所示。

表 6-43　Ridge 对象的属性

属性	说明
coef_	返回权重矢量
intercept_	返回决策函数的截距
n_iter_	返回迭代次数

访问属性可查看代码 6-51 中创建的 Ridge 对象的迭代次数，如代码 6-52 所示。

代码 6-52　查看 Ridge 对象的迭代次数

```
In[9]:     print('迭代次数为: ', ridge_model.n_iter_)
Out[9]:    迭代次数为: None
```

Ridge 对象的方法与 LinearRegression 对象的方法相同，如表 6-44 所示。

表 6-44　Ridge 对象的方法

方法	格式	说明
fit	fit(X, y, sample_weight=None)	将训练集数据放入模型进行训练
predict	predict(X)	返回预测值
score	score(X, y, sample_weight=None)	返回 R2 值，用于评价回归效果
get_params	get_params(deep=True)	获取模型参数
set_params	set_params(**params)	设置模型参数

使用 predict、score 方法可以获取模型的预测结果与测试集的 R2 值，如代码 6-53 所示。

代码 6-53　获取模型的预测结果与测试集的 R2 值

```
In[10]:    print('预测测试集前 5 个结果为:\n', ridge_model.predict(x_test)[:5])
Out[10]:   预测测试集前 5 个结果为:
            [28.35544073 31.24169244 21.57041951 32.47829983 20.12212089]
In[11]:    print('测试集 R2 值为: ', ridge_model.score(x_test, y_test))
Out[11]:   测试集 R2 值为: 0.7630911965198763
```

6.4.3　Lasso 回归

Lasso 回归类似于岭回归，它们都是在回归优化函数中增加一个偏置项，以减少共线性的影响，从而减少模型方差。不同于岭回归使用平方偏差，Lasso 回归使用绝对值偏差，即 L1 正则项。需要注意的是，如果预测的一组变量是高度相关的，则 Lasso 回归会选出一个变量并将其余变量收缩为零。

sklearn 的 linear_model 模块提供了 Lasso 类用于构建 Lasso 回归模型。Lasso 类的基本语法格式如下。

```
class sklearn.linear_model.Lasso(alpha=1.0, fit_intercept=True, normalize=
False, precompute=False, copy_X=True, max_iter=1000, tol=0.0001, warm_
start=False, positive=False, random_state=None, selection='cyclic')
```

Lasso 类的常用参数及说明如表 6-45 所示。

表 6-45　Lasso 类的常用参数及说明

参数名称	说明
alpha	接收 float，表示常数项乘以 L1 项，为 0 时等同于普通的最小二乘法回归。默认为 1.0
fit_intercept	接收 bool，表示是否计算模型的截距。默认为 True
normalize	接收 bool，表示是否在回归之前归一化样本特征，当 fit_intercept 参数为 False 时无效。默认为 False
precompute	接收 bool 或 array，表示是否预计算 Gram 矩阵来加速计算，若设置为 auto，则由机器决定。默认为 False
copy_X	接收 bool，表示是否复制样本特征集。默认为 True
max_iter	接收 int，表示算法收敛的最大迭代次数，默认为 1000
tol	接收 float，表示迭代停止的容忍度，即精度要求。默认为 0.001
warm_start	接收 bool，表示是否将上次模型的结果作为初始状态。默认为 False
positive	接收 bool，表示是否强制权重向量的分量都为正数。默认为 False
random_state	接收 int、RandomState 实例或 None，表示随机种子的数量，若设置了随机种子，则最后的准确率是一样的；若接收 int，则指定随机数生成器的种子；若接收 RandomState，则指定随机数生成器；若接收 None，则指定使用默认的随机数生成器。默认为 None
selection	接收 str，可选参数为 cyclic 或 random，表示当每轮迭代时，选择权重向量的那个分量来更新，cyclic 表示更新的时候从前向后依次选择权重向量的一个分量来更新；random 表示更新的时候随机选择权重向量的一个分量来更新。默认为 cyclic

　　Lasso 回归模型样本数据使用 load_boston 数据集，Lasso 回归模型使用 Lasso 类构建，训练后返回 Lasso 对象，如代码 6-54 所示。

代码 6-54　构建 Lasso 回归模型并训练模型

```
In[12]:     from sklearn.linear_model import Lasso
            lasso_model = Lasso()
            lasso_model.fit(x_train, y_train)
            print('训练出来的 Lasso 模型为: \n', lasso_model)
Out[12]:    训练出来的 Lasso 模型为:
             Lasso(alpha=1.0, copy_X=True, fit_intercept=True, max_iter=
            1000,
                normalize=False, positive=False, precompute=False, random_
            state=None,
                selection='cyclic', tol=0.0001, warm_start=False)
```

　　Lasso 对象比 Ridge 多了 sparse_coef_ 属性，如表 6-46 所示。

表 6-46　Lasso 对象的属性

属性	说明
coef_	返回参数向量
sparse_coef_	scipy.sparse matrix，拟合的稀疏表示
intercept_	返回模型的截距
n_iter_	返回迭代次数

　　查看代码 6-54 中创建的 Lasso 对象的 sparse_coef_ 属性，如代码 6-55 所示。

代码 6-55　查看 Lasso 对象的 sparse_coef_ 属性

```
In[13]:    print('scipy.sparse matrix 为: \n', lasso_model.sparse_coef_)
Out[13]:   scipy.sparse matrix 为:
             (0, 0)       -0.048290041516606
             (0, 1)       0.05011896295004309
             (0, 2)       -0.019653154518611316
             (0, 5)       1.0136433369344955
             (0, 6)       0.005489485240551361
             (0, 7)       -0.8068504121265737
             (0, 8)       0.25121404350848475
             (0, 9)       -0.013760847585721523
             (0, 10)      -0.5094160265430436
             (0, 11)      0.008263848103848805
             (0, 12)      -0.7583344192010487
```

Lasso 对象比 Ridge 对象多了 path 方法，如表 6-47 所示。

表 6-47　Lasso 对象的方法

方法	格式	说明
fit	fit(X, y, check_input=True)	将训练集数据放入模型进行训练
predict	predict(X)	返回预测值
score	score(X, y, sample_weight=None)	返回 R2 值，用于评价回归效果
path	path(X, y, l1_ratio=0.5, eps=0.001, n_alphas=100, alphas=None, precompute='auto', Xy=None, copy_X=True, coef_init=None, verbose=False, return_n_iter=False, positive=False, check_input=True, **params)	使用坐标下降法计算弹性网络路径
get_params	get_params(deep=True)	获取模型参数
set_params	set_params(**params)[source]	设置模型参数

使用 predict、score、path 方法可以获取模型的预测结果、测试集 R2 值和测试集弹性网络路径，如代码 6-56 所示。

代码 6-56　获取模型的预测结果、测试集 R2 值和测试集弹性网络路径

```
In[14]:    print('预测测试集前 5 个结果为: \n',
                 lasso_model.predict(x_test)[: 5])
Out[14]:   预测测试集前 5 个结果为:
            [28.40249637 29.65761276 21.45358956 27.24282566 20.91031654]
In[15]:    print('测试集 R2 值为: ', lasso_model.score(x_test, y_test))
Out[15]:   测试集 R2 值为: 0.7173711554738799
In[16]:    print('测试集弹性网络路径为:\n', lasso_model.path(x_test, y_test))
Out[16]:   测试集弹性网络路径为:
            (array([16728.05678431, 15600.6417439 , 14549.21070389,
                   13568.64259696, 12654.16149858, 11801.31336558,
                   11005.94434236, 10264.18052929,
                   ...,
```

```
, array([[ 0.00000000e+00,  0.00000000e+00,  0.00000000e+
          00, ...,
          -1.70189421e-02, -2.11971417e-02, -2.50838300e-02],
          ...,
```

注：此处部分结果已省略。

6.5　聚类

聚类是在没有给定划分类别的情况下，根据数据相似度进行样本分组的一种方法。聚类模型可以将无类标记的数据聚集为多个簇，分别视为一类，是一种无监督的学习算法。在商业上，聚类可以帮助市场分析人员从消费者数据库中区分出不同的消费群体，并且概括出每一类消费者的消费模式或消费习惯。同时，聚类可以作为其他机器学习算法的一个预处理步骤，如异常值识别、连续特征离散化等。

聚类的输入是一组未被标记的样本，聚类根据数据自身的距离或相似度将样本划分为若干组，划分的原则是组内样本最小化而组间（外部）距离最大化，其原理示意图如图 6-5 所示。

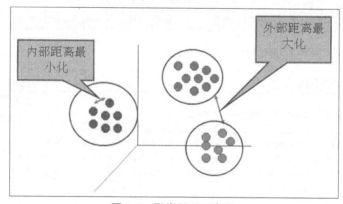

图 6-5　聚类原理示意图

常用聚类算法类别及其包含的主要算法如表 6-48 所示。

表 6-48　常用聚类算法类别及其包含的主要算法

算法类别	包括的主要算法
划分（分裂）方法	K-Means（K-均值聚类）算法、K-Medoids（K-中心聚类）算法和 CLARANS（基于选择的）算法等
层次分析方法	Agglomerative（层次凝聚）算法、BIRCH（平衡迭代规约和聚类）算法、CURE（代表点聚类）算法和 Chameleon（动态模型）算法等
基于密度的方法	DBSCAN（基于高密度连接区域）算法、DENCLUE（密度分布函数）算法和 OPTICS（对象排序识别）算法
基于概率的方法	GMM（高斯混合模型）算法等
基于网格的方法	STING（统计信息网络）算法、CLIQUE（聚类高维空间）算法和 Wave-Cluster（小波变换）算法等
其他方法	基于约束、基于模糊、谱聚类算法等

sklearn 提供的常用聚类方法及其适用范围如表 6-49 所示。

表 6-49 sklearn 提供的常用聚类方法及其适用范围

聚类方法	距离度量	适用范围
K-Means	点之间的距离	可用于样本数目很大、聚类数目中等的场景
Agglomerative Clustering	任意成对点线图间的距离	可用于样本数目较大、聚类数目较大的场景
DBSCAN	最近的点之间的距离	可用于样本数目很大、聚类数目中等的场景
Spectral Clustering	图距离	可用于样本数目中等、聚类数目较小的场景
Ward Hierarchical Clustering	点之间的距离	可用于样本数目较大、聚类数目较大的场景
BIRCH	点之间的欧式距离	可用于样本数目很大、聚类数目较大的场景

6.5.1 K-Means

K-Means 算法是最为经典的基于划分的聚类方法，该算法在最小化误差函数的基础上将数据划分为预定的类数 K，采用距离作为相似性的评价指标，即认为两个对象距离越近，其相似度就越大。

K-Means 算法的运作过程如图 6-6 所示。

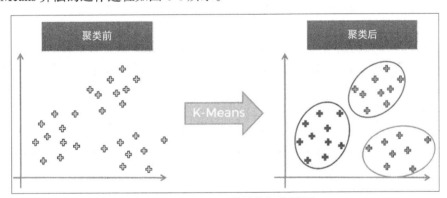

图 6-6 K-Means 算法的运作过程

K-Means 算法简单、快速，是解决聚类问题的一种经典算法，但 K-Means 算法需要提前给定聚类个数，且对噪声和离群点较为敏感，往往仅能达到局部最优的结果。

sklearn 中的 cluster 模块提供了 KMeans 类用于实现 K-Means 算法。KMeans 类的基本语法格式如下。

```
class sklearn.cluster.KMeans(n_clusters=8, init='k-means++', n_init=10,
max_iter=300, tol=0.0001, precompute_distances='auto', verbose=0, random_
state=None, copy_x=True, n_jobs=None, algorithm='auto')
```

KMeans 类的常用参数及说明如表 6-50 所示。

表 6-50 KMeans 类的常用参数及说明

参数名称	说明
n_clusters	接收 int，表示簇的个数，即聚类后的类的个数。默认为 8
init	接收 str，表示初始簇中心的获取方法。默认为 k-means++
n_init	接收 int，表示获取初始簇中心的更迭次数，为了弥补初始簇中心的影响，算法默认会初始化 10 次簇中心，并返回最好的结果。默认为 10

参数名称	说明
max_iter	接收 int，表示最大迭代次数，到达最大次数后，算法停止迭代。默认为 30
tol	接收 float，表示容忍度，即算法收敛的条件。默认为 0.0001
precompute_distances	接收 bool，表示是否需要提前计算距离，这个参数会在空间和时间之间做权衡，为 True 时表示把整个距离矩阵都放到内存中，为 auto 时表示在数据样本量乘以聚类个数的积大于 12000000 的时候将参数设置为 False。默认为 auto
random_state	接收 int，表示随机生成簇中心的状态条件。默认为 None
copy_x	接收 bool，表示是否在运行算法时将原始训练数据复制一份，若为 True，则运行后原始训练数据的值不会有任何改变，因为是在原始数据的副本中进行运算的；若为 False，则运行后原始训练数据的值会发生改变。默认为 True

K-Means 聚类模型使用 iris 数据集作为样本数据，设定聚类数为 3，K-Means 聚类模型由 KMeans 类生成并使用 fit 方法训练模型，如代码 6-57 所示。

代码 6-57　生成 K-Means 聚类模型并训练模型

```
In[1]:    from sklearn import datasets
          from sklearn.cluster import KMeans
          # 导入数据
          iris = datasets.load_iris()
          x = iris.data
          y = iris.target
          # 构建并训练 K-Means 聚类模型
          kmeans = KMeans(n_clusters=3, random_state=0).fit(x)
          print('K-means 模型为: \n', kmeans)
Out[1]:   K-Means 模型为:
           KMeans(algorithm='auto', copy_x=True, init='k-means++', max_
          iter=300,
              n_clusters=3, n_init=10, n_jobs=1, precompute_distances='auto',
              random_state=0, tol=0.0001, verbose=0)
```

KMeans 类中的属性包含 cluster_centers_、labels_、inertia_和 n_iter_，如表 6-51 所示。

表 6-51　KMeans 类中的属性

属性	说明
cluster_centers_	每个簇中心的坐标
labels_	每个样本对应的簇标签
inertia_	每个点到其簇的簇中心的距离之和
n_iter_	运行时迭代的次数

通过访问 cluster_centers_属性可以查看各个簇的簇中心，通过访问 labels_属性可以查看每个样本所属的簇的类别，通过访问 inertia_属性可以查看每个点到其簇的簇中心的距离之和，如代码 6-58 所示。

代码 6-58 查看 cluster_centers_、labels_、inertia_属性

```
In[2]:    print('簇的簇中心为: \n', kmeans.cluster_centers_)
Out[2]:   簇的簇中心为:
          [[5.9016129  2.7483871  4.39354839  1.43387097]
           [5.006      3.418      1.464       0.244     ]
           [6.85       3.07368421  5.74210526  2.07105263]]
In[3]:    print('样本所属的簇为: \n', kmeans.labels_)
Out[3]:   样本所属的簇为:
          [1 1 1 1 1 1 1 1 1 1 1 1 1 1 1 1 1 1 1 1 1 1 1 1 1 1 1 1 1 1 1 1 1 1 1
           1 1 1 1 1 1 1 1 1 1 1 1 1 1 1 0 0 2 0 0 0 0 0 0 0 0 0 0 0 0 0 0 0 0 0
           0 0 2 0 0 0 0 0 0 0 0 0 0 0 0 0 0 0 0 0 0 0 2 0 2 2 2 2 0 2 2 2 2
           2 2 0 0 2 2 2 2 0 2 0 2 0 2 2 0 0 2 2 2 2 0 2 2 2 2 0 2 2 2 0 2 2 0 2]
In[4]:    print('样本到类中心的距离之和为: ', kmeans.inertia_)
Out[4]:   样本到类中心的距离之和为: 78.94084142614602
```

KMeans 类提供了 8 种方法，如表 6-52 所示。

表 6-52 KMeans 类中的方法

方法	格式	说明
fit	fit(X, y=None, sample_weight=None)	sklearn 中通用的方法，表示对数据 X 进行 K-Means 聚类
fit_predict	fit_predict(X, y=None, sample_weight=None)	计算簇中心，并为簇分配序号
fit_transform	fit_transform(X, y=None, sample_weight=None)	对样本进行聚类，并转换为簇距离空间
get_params	get_params(deep=True)	获取模型参数
predict	predict(X, sample_weight=None)	预测 X 中每个样本所属的簇
score	score(X, y=None, sample_weight=None)	与 K-Means 算法目标相反的值
set_params	set_params(**params)	设置模型的参数
transform	transform(X)	将 X 转换为簇距离空间

使用 predict 方法预测样本所属类别，并绘制图形对比 iris 原本的类别和 K-Means 聚类结果，如代码 6-59 所示。

代码 6-59 使用 predict 方法预测样本所属类别并绘制图形对比聚类结果

```
In[5]:    import matplotlib.pyplot as plt
          # 获取模型聚类结果
          y_pre = kmeans.predict(x)
          # 绘制 iris 原本的类别
          plt.scatter(x[:, 0], x[:, 1], c=y)
          plt.show()
```

Out[5]:

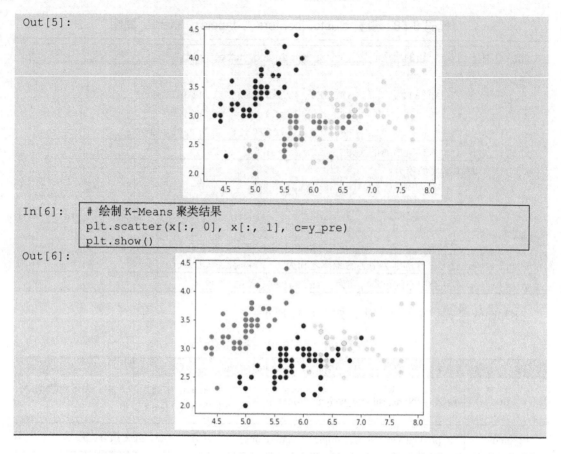

In[6]:
```
# 绘制 K-Means 聚类结果
plt.scatter(x[:, 0], x[:, 1], c=y_pre)
plt.show()
```

Out[6]:

6.5.2　层次聚类

层次聚类（Hierarchical Clustering）算法可在不同层次上对数据集进行划分，形成树状的聚类结构。算法将每个样本视为一类，之后按聚类之间的相似度进行聚类，直至全部样本聚为一类。层次聚类的过程如图 6-7 所示。

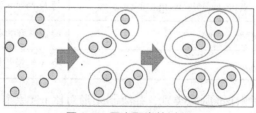

图 6-7　层次聚类的过程

层次聚类计算一次便能得到完整的聚类树，无须重复计算，且可以发现类别的层次关系，但是计算的复杂度较高，不适合大型数据集。

sklearn 中的 cluster 模块提供了 AgglomerativeClustering 类用于实现层次聚类中的 Agglomerative 算法。AgglomerativeClustering 类的基本语法格式如下。

```
class    sklearn.cluster.AgglomerativeClustering(n_clusters=2,    affinity=
'euclidean',  memory=None,  connectivity=None,  compute_full_tree='auto',
linkage='ward', pooling_func='deprecated')
```

AgglomerativeClustering 类的常用参数及说明如表 6-53 所示。

表 6-53   AgglomerativeClustering 类的常用参数及说明

参数名称	说明
n_clusters	接收 int，表示指定的聚类的簇的数量。默认为 2
affinity	接收 str，表示计算距离的方法，可选 euclidean、l1、l2、manhattan、cosine、precomputed。当 linkage 参数为 ward 时，此参数必须为 euclidean。默认为 euclidean
memory	接收 str 或 joblib 对象，表示是否缓存聚类树，默认情况下不缓存，该参数为 str 时，表示存储聚类树的路径。默认为 None
compute_full_tree	接收 bool，表示是否在聚类数达到设定的簇的数量时停止构建聚类树，当簇的数量少于样本数时有利于减少计算量。但当需要改变簇的数量时，构建完整的聚类树较为有利。该参数当且仅当 connectivity 参数有指定连接矩阵时才有效。默认为 auto
linkage	接收 str，用于指定链接算法，ward 表示单链接（single-linkage）算法，complete 表示全链接（complete-linkage）算法，average 表示均连接（average-linkage）算法。默认为 ward

AgglomerativeClustering 类需要手动设定聚类数 n_clusters（不同的连接算法会影响聚类大小的均匀程度），使用 iris 数据集作为样本数据，并使用 single-linkage 算法进行层次聚类，如代码 6-60 所示。

代码 6-60   使用 single-linkage 算法进行层次聚类

```
In[7]:    from sklearn.cluster import AgglomerativeClustering
          # 单链接层次聚类
          clusing_ward = AgglomerativeClustering(n_clusters=3).fit(x)
          print('单链接层次聚类模型为: \n', clusing_ward)
Out[7]:   单链接层次聚类模型为:
           AgglomerativeClustering(affinity='euclidean', compute_full_tree=
          'auto',
                      connectivity=None, linkage='ward', memory=None,
          n_clusters=3,
                      pooling_func=<function mean at 0x00000000048C0AE8>)
```

AgglomerativeClustering 对象有 4 个属性，如表 6-54 所示。

表 6-54   AgglomerativeClustering 对象的属性

属性	说明
labels_	每个样本对应的簇标签
n_leaves_	分层树的叶节点数量
n_components_	连接图中连通分量的估计值
children_	一个 array，表示每个非叶节点的子节点

通过访问 labels_属性和 n_leaves_属性可查看簇类别标签和叶节点数量，如代码 6-61 所示。

代码 6-61　查看簇类别标签和叶节点数量

```
In[8]:    print('簇类别标签为: \n', clusing_ward.labels_)
Out[8]:   簇类别标签为:
          [1 1 1 1 1 1 1 1 1 1 1 1 1 1 1 1 1 1 1 1 1 1 1 1 1 1 1 1 1 1 1 1 1 1 1 1 1
           1 1 1 1 1 1 1 1 1 1 1 1 1 0 0 0 0 0 0 0 0 0 0 0 0 0 0 0 0 0 0 0 0 0 0 0 0
           0 0 0 2 0 0 0 0 0 0 0 0 0 0 0 0 0 0 0 0 0 0 0 0 2 0 2 2 2 2 0 2 2 2 2
           2 2 0 0 2 2 2 2 0 2 0 2 0 2 2 0 0 2 2 2 2 2 0 0 2 2 2 0 2 2 2 0 2 2 2 0 2
           2 0]
In[9]:    print('叶节点数量为: ', clusing_ward.n_leaves_)
Out[9]:   叶节点数量为: 150
```

AgglomerativeClustering 对象提供了 4 种方法，如表 6-55 所示。

表 6-55　AgglomerativeClustering 对象的方法

方法	格式	说明
fit	fit(X, y=None)	sklearn 中通用的方法，表示对数据 X 进行层次聚类
fit_predict	fit_predict(X, y=None)	训练模型并预测每个样本的簇标签
get_params	get_params(deep=True)	获取模型参数
set_params	set_params(**params)	设置模型参数

使用 fit_predict 方法获取单链接层次聚类模型的聚类结果，并与使用 average-linkage 算法和 complete-linkage 算法的层次聚类模型的聚类效果做对比，如代码 6-62 所示。

代码 6-62　对比单链接、均链接和全链接层次聚类模型的聚类结果

```
In[10]:   # 绘制单链接聚类结果
          cw_ypre = AgglomerativeClustering(n_clusters=3).fit_predict(x)
          plt.scatter(x[:, 0], x[:, 1], c=cw_ypre)
          plt.rcParams['font.sans-serif']='SimHei'
          plt.rcParams['axes.unicode_minus'] = False
          plt.title('单链接聚类', size=17)
          plt.show()
Out[10]:
```

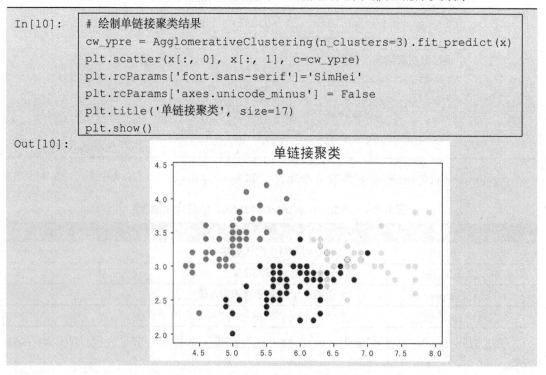

```
In[11]:    # 绘制均链接聚类结果
           cw_ypre = AgglomerativeClustering(linkage='average',
                                             n_clusters=3).fit_predict(x)
           plt.scatter(x[:, 0], x[:, 1], c=cw_ypre)
           plt.title('均链接聚类', size = 17)
           plt.show()
```

Out[11]:

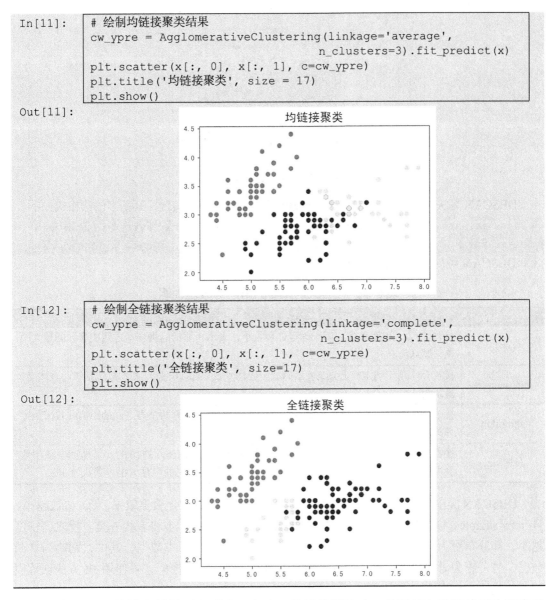

```
In[12]:    # 绘制全链接聚类结果
           cw_ypre = AgglomerativeClustering(linkage='complete',
                                             n_clusters=3).fit_predict(x)
           plt.scatter(x[:, 0], x[:, 1], c=cw_ypre)
           plt.title('全链接聚类', size=17)
           plt.show()
```

Out[12]:

由代码 6-62 的输出结果可以看出，在这 3 种链接算法中，单链接与均链接层次聚类的类别大小较为均匀，而全链接层次聚类的类别大小差异最大。

6.5.3　DBSCAN

DBSCAN 是一种基于密度的空间聚类算法。该算法利用了基于密度的聚类的概念，即要求聚类空间中的一定区域内所包含对象的数目不小于给定的阈值，将每个具有足够密度的区域划分为一个簇，能在具有噪声的空间中发现任意形状的簇（其中，簇的定义为密度相连的点的最大集合），DBSCAN 算法聚类过程如图 6-8 所示。

DBSCAN 算法聚类速度快，且能够有效处理噪声点和发现任意形状的空间聚类，但当数据量增大时，算法所消耗的内存及 I/O 也很大，且对于分布密度不均匀的空间的聚类效果较差。

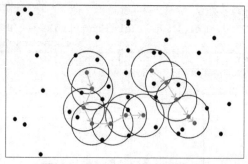

图 6-8　DBSCAN 算法聚类过程

DBSCAN 算法可由 sklearn 中 cluster 模块中的 DBSCAN 类实现，其基本语法格式如下。

```
class sklearn.cluster.DBSCAN(eps=0.5, min_samples=5, metric='euclidean',
metric_params=None, algorithm='auto', leaf_size=30, p=None, n_jobs=None)
```

DBSCAN 类的常用参数及说明如表 6-56 所示。

表 6-56　DBSCAN 类的常用参数及说明

参数名称	说明
eps	接收 float，密度系数，用于确定邻域大小，表示相邻的同类样本之间能容忍的最大距离。默认为 0.5
min_samples	接收 int，用于确定核心点，表示邻域中的样本数（或总权重），样本数包括核心点本身。默认为 5
algorithm	接收 str，可选 auto、ball_tree、kd_tree、brute，用于计算两个点之间的距离并找出最近邻的点。默认为 auto
leaf_size	接收 int，用于指定当 algorithm 参数为 ball_tree 或 Rd_tree 时树的叶节点大小。该参数会影响构建树和搜索最近邻的速度，同时会影响存储树的内存大小。默认为 30

DBSCAN 类主要通过调整 eps 参数和 min_samples 参数优化聚类效果，eps 参数越小，且 min_samples 参数越大，密度就越大，即分布更为集中的样本将聚为一类。反之，密度越小，即分布更为分散的样本将聚为一类。例如，生成三簇样本数据，其中，两簇为非凸数据，另一簇为对比数据，使用默认参数的 DBSCAN 类构建模型，并使用 fit 方法训练模型，如代码 6-63 所示。

代码 6-63　使用 DBSCAN 类构建模型并训练模型

```
In[13]:    import numpy as np
           from sklearn.cluster import DBSCAN
           # 生成两簇非凸数据
           x1, y2 = datasets.make_blobs(n_samples=1000, n_features=2,
                                        centers=[[1.2, 1.2]],
                                        cluster_std=[[.1]],
                                        random_state = 9)
           # 生成一簇对比数据
           x2, y1 = datasets.make_circles(n_samples=5000,
                                          factor=.6, noise=.05)
           x = np.concatenate((x1, x2))
           plt.scatter(x[:, 0], x[:, 1], marker='o')
           plt.show()
```

Out[13]:

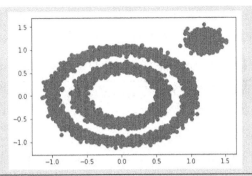

| In[14]: | # 生成 DBSCAN 模型，使用默认参数
dbs = DBSCAN().fit(x)
print('默认参数的 DBSCAN 模型:\n', dbs) |

Out[14]:　默认参数的 DBSCAN 模型:
　　DBSCAN(algorithm='auto', eps=0.5, leaf_size=30, metric='euclidean',
　　　　metric_params=None, min_samples=5, n_jobs=1, p=None)

DBSCAN 对象的属性有 core_sample_indices_、components_ 和 labels_，如表 6-57 所示。

表 6-57　DBSCAN 对象的属性

属性	说明
core_sample_indices_	核心样本在原始训练集中的位置
components_	训练模型后得到的核心样本的一份副本
labels_	每个样本所属的簇标签。噪声样本的簇标记为−1

使用 fit 方法训练使用默认参数的 DBSCAN 模型，并查看样本的簇标签和核心样本的位置，如代码 6-64 所示。

代码 6-64　查看样本的簇标签和核心样本的位置

| In[15]: | print('DBSCAN 模型的簇标签为: ', dbs.labels_) |

Out[15]:　DBSCAN 模型的簇标签为: [0 0 0 …0 0 0]

| In[16]: | print('核心样本的位置为: ', dbs.core_sample_indices_) |

Out[16]:　核心样本的位置为: [　　0　　1　　2 …5997 5998 5999]

通过簇标签可以看出，使用默认参数的 DBSCAN 模型将所有样本归为一类，与实际不符，需要调整 eps 参数和 min_samples 参数优化聚类效果。

DBSCAN 对象提供了 4 种方法，如表 6-58 所示。

表 6-58　DBSCAN 对象的方法

方法	格式	说明
fit	fit(X, y=None)	sklearn 中通用的方法，表示使用数据 X 训练模型
fit_predict	fit_predict(X, y=None)	训练模型并预测每个样本的簇标签
get_params	get_params(deep=True)	获取模型参数
set_params	set_params(**params)	设置模型参数

调整 eps 参数和 min_samples 参数优化 DBSCAN 模型，使用 fit_predict 方法得到聚类结果，并与 K-Means 聚类的结果做对比，如代码 6-65 所示。

代码 6-65　使用 fit_predict 方法得到聚类结果并与 K-Means 聚类的结果做对比

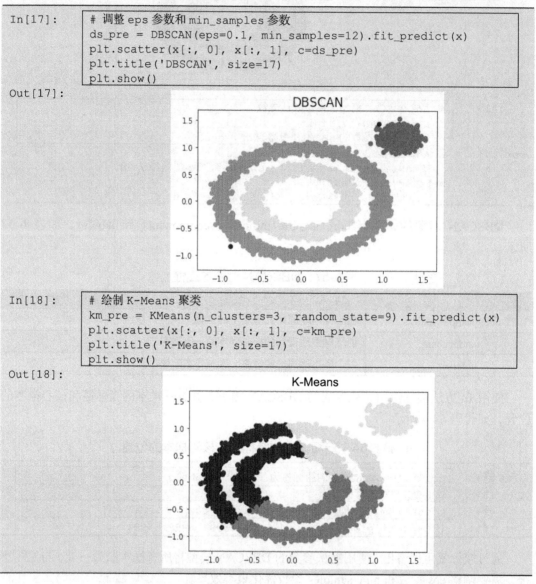

由代码 6-65 的输出结果可以看出，DBSCAN 对于非凸形状分布的数据集的聚类效果要比 K-Means 聚类的效果好。

6.5.4　GMM

高斯混合模型（Gaussian Mixture Model，GMM），该算法由多个高斯模型线性叠加混合而成，是单一高斯概率分布函数的延伸，每一个高斯模型对应一个类别，通过 EM（最大期望）算法进行训练得到样本的类别，能够平滑地近似任意形状的密度分布。GMM 算法聚类过程如图 6-9 所示。

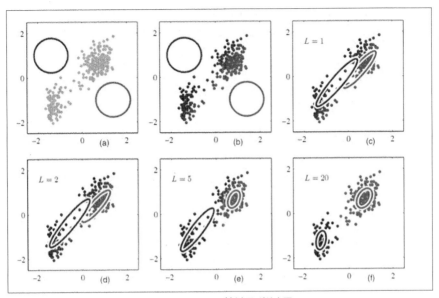

图 6-9　GMM 算法聚类过程

GMM 算法是混合模型中计算速度最快的算法，其得到的不是一个确定的分类标记，而是每个类的概率，由于每一步迭代计算量较大，因此会占用更多的计算资源，且由于使用 EM 算法，因此容易陷入局部最优。

sklearn 中的 cluster 模块中提供了 GaussianMixture 类用于构建 GMM 模型，GaussianMixture 类的基本语法格式如下。

```
class    sklearn.mixture.GaussianMixture(n_components=1,    covariance_type=
'full', tol=0.001, reg_covar=1e-06, max_iter=100, n_init=1, init_params=
'kmeans', weights_init=None, means_init=None, precisions_init=None, random_
state=None, warm_start=False, verbose=0, verbose_interval=10)
```

GaussianMixture 类的常用参数及说明如表 6-59 所示。

表 6-59　GaussianMixture 类的常用参数及说明

参数名称	说明
n_components	接收 int，表示混合模型中高斯模型的个数，即聚类的簇个数。默认为 1
covariance_type	接收 str，可选 full、tied、diag、spherical，表示模型使用的协方差类型，full 表示高斯模型各自拥有不同的协方差矩阵，tied 表示所有高斯模型拥有相同的协方差矩阵，diag 表示高斯模型各自拥有不同的对角协方差矩阵，spherical 表示高斯模型各自拥有不同的简单协方差矩阵和球面协方差矩阵。默认为 full
tol	接收 float，表示 EM 的迭代停止阈值。默认为 0.001
max_iter	接收 int，表示最大迭代次数。默认为 100
init_params	接收 str，可选 kmeans、random，表示初始化参数实现方式，默认使用 kmeans 实现，也可以选择随机产生

使用 GaussianMixture 类构建 GMM 模型时需要手动指定簇的数量（可通过指定 n_components 参数实现），使用 iris 数据集作为样本数据，构建并训练 GMM 模型，如代码 6-66 所示。

代码 6-66　通过 GaussianMixture 类构建 GMM 模型并训练模型

| In[19]: | ```
# 导入数据
iris = datasets.load_iris()
x = iris.data
y = iris.target
# 绘制样本数据
plt.scatter(x[:, 0], x[:, 1], c=y)
plt.title('iris', size=17)
plt.show()
``` |
|---|---|

Out[19]:

| In[20]: | ```
# 构建聚类数为 3 的 GMM 模型
from sklearn.mixture import GaussianMixture
gmm = GaussianMixture(n_components=3).fit(x)
print('GMM 模型: \n', gmm)
``` |
|---|---|

Out[20]:　GMM 模型:
```
 GaussianMixture(covariance_type='full', init_params='kmeans',
max_iter=100,
         means_init=None, n_components=3, n_init=1, precisions_
init=None,
         random_state=None, reg_covar=1e-06, tol=0.001, verbose=0,
         verbose_interval=10, warm_start=False, weights_init=None)
```

GaussianMixture 对象有 8 个属性，如表 6-60 所示。

表 6-60　GaussianMixture 对象的属性

属性	说明
weights_	各个高斯模型的权重
means_	各个高斯模型的均值
covariances_	各个高斯模型的协方差
precisions_	各个高斯模型的精度矩阵，为协方差矩阵的逆
precisions_cholesky_	各个高斯模型的 cholesky 分解的精度矩阵
converged_	当模型拟合达到收敛时为 True，否则为 False
n_iter_	EM 算法最佳拟合策略达到收敛所使用的步数
lower_bound_	EM 算法最佳拟合策略关于训练数据 X 的对数似然数的下限值

使用 fit 方法训练 GMM 模型, 通过访问 weights_ 和 means_属性可查看 GMM 模型中各高斯模型的权重和均值, 如代码 6-67 所示。

代码 6-67 查看 GMM 模型中各高斯模型的权重和均值

In[21]:	`print('GMM 模型的权重为: ', gmm.weights_)`
Out[21]:	GMM 模型的权重为: [0.30127092 0.33333333 0.36539574]
In[22]:	`print('GMM 模型的均值为: \n', gmm.means_)`
Out[22]:	GMM 模型的均值为:
	[[5.9170732 2.77804839 4.20540364 1.29848217]
	[5.006 3.418 1.464 0.244]
	[6.54639415 2.94946365 5.48364578 1.98726565]]

GaussianMixture 类中包含 11 种方法, 如表 6-61 所示。

表 6-61 GaussianMixture 类中的方法

方法	格式	说明
aic	aic(X)	生成输入数据 X 在当前模型上的 Akaike 信息准则
bic	bic(X)	生成输入数据 X 在当前模型上的贝叶斯信息准则
fit	fit(X, y=None)	sklearn 中通用的方法, 表示使用数据 X 训练模型, 使用 EM 算法估计模型参数
fit_predict	fit_predict(X, y=None)	使用 EM 算法估计模型参数, 并预测样本的簇标签
get_params	get_params(deep=True)	获取模型的参数
predict	predict(X)	使用训练过的模型预测样本的簇标签
predict_proba	predict_proba(X)	预测输入数据 X 的每个高斯模型的后验概率
sample	sample(n_samples=1)	从拟合的高斯分布生成随机样本
score	score(X, y=None)	计算输入数据 X 的平均对数似然数
score_samples	score_samples(X)	计算每个样本的加权对数概率
set_params	set_params(**params)	设置模型参数

使用 predict 方法获取 GMM 模型的聚类结果, 并与 K-Means 聚类结果做对比, 如代码 6-68 所示。

代码 6-68 获取 GMM 模型的聚类结果并与 K-Means 聚类结果做对比

| In[23]: | ```
# 获取 GMM 模型的聚类结果
gmm_pre = gmm.predict(x)
plt.scatter(x[:, 0], x[:, 1], c=gmm_pre)
plt.title('GMM', size=17)
plt.show()
``` |
|---|---|
```

Out[23]:

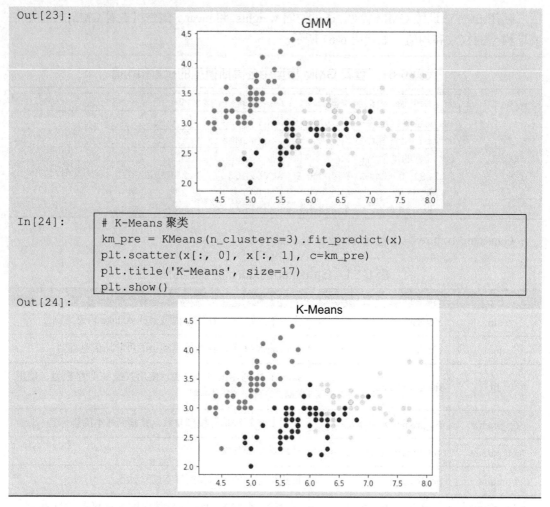

In[24]:

```python
# K-Means 聚类
km_pre = KMeans(n_clusters=3).fit_predict(x)
plt.scatter(x[:, 0], x[:, 1], c=km_pre)
plt.title('K-Means', size=17)
plt.show()
```

Out[24]:

由代码 6-68 的输出结果可以看出，GMM 聚类的结果比 K-Means 聚类的结果更接近于数据集原本的类别。

6.6　模型验证

选出一个最合适的模型的方式是通过模型验证对模型进行评价，对于有监督学习算法而言，一个模型泛化能力越好，这个模型的评价越高。这需要通过模型验证来测试不同模型对于未知数据的表现。仅仅使用训练数据对模型进行评价往往会带来过度拟合的问题，这就需要将数据集划分为训练集和测试集，再通过交叉验证测试模型对于不同组合的训练集和测试集的表现效果。

6.6.1　数据集划分

在使用机器学习算法构建模型之前，通常需要先将数据集划分为训练集和测试集。在分配训练集和测试集的时候，测试集的数据越小，对模型的泛化误差的估计越不准确。所以，需要对数据集的划分比例进行权衡。在实际应用中，基于整个数据集数据量的大小，通常训练集数据和测试集数据的划分比例是 3∶2、7∶3 或 4∶1，而对于庞大的数据可以使用 9∶1 的划分比例。

sklearn 的 model_selection 模块中的 train_test_split 函数用于将数据集随机划分为训练集和测试集，其基本语法格式如下。

```
sklearn.model_selection.train_test_split(*arrays, **options)
```

train_test_split 函数的常用参数及说明如表 6-62 所示。

表 6-62　train_test_split 函数的常用参数及说明

参数名称	说明
*arrays	接收 list、array、matrix 和 DataFrame，表示用于划分的可索引的数据集。无默认值
test_size	接收 float、int 和 None，该参数为 float 时，取值为 0.0~1.0，表示划分后测试集数据占原数据集的比例；为 int 时，表示测试集数据中样本的个数，为 None 时，表示补充 train_size 指定的剩余部分的数据集；仅当 train_size 未指定时方为默认的 0.25。默认为 0.25
train_size	接收 float、int 和 None，默认为 None。该参数为 float 时，取值为 0.0~1.0，表示划分后训练集数据占原数据集的比例，为 int 时，表示训练集数据中样本的个数，为 None 时，表示将补充 test_size 指定的剩余部分数据集
random_state	接收 int、RandomState 实例或 None。该参数为 int 时，表示划分数据集时使用的随机种子；为 RandomState 实例时，表示使用的是随机数生成器；为 None 时，表示随机数生成器是 np.random 使用的 RandomState 实例。默认为 None

导入 cancer 数据集，使用 train_test_split 函数将数据集按 7∶3 的比例划分为训练集与测试集，如代码 6-69 所示。

代码 6-69　使用 train_test_split 函数将数据集划分为训练集与测试集

| In[1]: | ```
from sklearn.model_selection import train_test_split
from sklearn.datasets import load_breast_cancer
cancer = load_breast_cancer()
x = cancer['data']
y = cancer['target']
print('cancer 数据集维数为: ', x.shape, '\n',
      'cancer 样本个数为: ', y.shape)
``` |
| --- | --- |
| Out[1]: | cancer 数据集维数为: (569, 30)
cancer 样本个数为: (569,) |
| In[2]: | ```
# 按 7∶3 的比例划分数据集
x_train, x_test, y_train, y_test = train_test_split(x, y,
                            test_size = 0.3, random_state = 0)
print('训练集维数为: ', x_train.shape, '\n',
      '训练集样本个数为: ', y_train.shape)
``` |
| Out[2]: | 训练集维数为: (398, 30)
训练集样本个数为: (398,) |
| In[3]: | ```
print('测试集维数为: ', x_test.shape, '\n',
      '测试集样本个数为: ', y_test.shape)
``` |
| Out[3]: | 测试集维数为: (171, 30)
测试集样本个数为: (171,) |

6.6.2　交叉验证

不同的训练集、测试集分割方法将会导致模型的准确率不同，而交叉验证（Cross
```

Validation）的基本思想就是对数据集进行一系列分割，生成多组不同的训练集与测试集，分别训练模型并计算测试准确率，对结果进行平均处理，从而有效降低测试准确率的差异。

常用的交叉验证方法是使用 sklearn 的 model_selection 模块中的 cross_val_score 函数，其基本语法格式如下。

```
sklearn.model_selection.cross_val_score(estimator, X, y=None, groups=None,
scoring=None, cv=None, n_jobs=1, verbose=0, fit_params=None, pre_dispatch=
'2*n_jobs')
```

cross_val_score 函数的常用参数及说明如表 6-63 所示。

表 6-63　cross_val_score 函数的常用参数及说明

参数名称	说明
estimator	接收 object，表示需要进行验证的估计器。无默认值
X	接收 array，表示用于训练的数据集。无默认值
y	接收 array，表示模型需要预测的目标变量。默认为 None
scoring	接收 str，表示用于计算准确率的算法，为 None 时表示使用分类器自带的准确率算法。默认为 None
cv	接收 int，表示使用的交叉验证划分方法，若为 int 或者 None，估计器为分类器且目标变量为二元或者多分类，则使用 StratifiedKFold 方法，否则使用 KFold 方法。也可自行指定使用的交叉验证划分方法。默认为 None

导入 iris 数据集，使用 cross_val_score 函数对 SVM 模型进行交叉验证，如代码 6-70 所示。

代码 6-70　使用 cross_val_score 函数对 SVM 模型进行交叉验证

```
In[4]:   # 对 SVM 模型进行交叉验证
         from sklearn import svm
         from sklearn.model_selection import cross_val_score
         clf = svm.SVC(kernel='linear', C=1)
         score = cross_val_score(clf, cancer.data, cancer.target, cv=5)
         print('交叉验证结果为: \n', score)
Out[4]:  交叉验证结果为:
         [0.94782609 0.93043478 0.97345133 0.92035398 0.95575221]
```

6.6.3　自动调参

机器学习中模型的参数调优有多种方式，包括手动调优、网格搜索、随机搜索及基于贝叶斯的参数调优等，其中，使用参数设置的网格搜索是目前使用最广泛的参数调优方法。

sklearn 的 model_selection 模块中的 GridSearchCV 类实现了一种基于网格搜索的自动调参方法。GridSearchCV 会对参数值所有可能的组合进行评估，从而计算出最佳的组合。但是此方法适用于小数据集，若数据量级较大，则难以得出结果。GridSearchCV 类的基本语法格式如下。

```
class sklearn.model_selection.GridSearchCV(estimator, param_grid, scoring=
None, fit_params=None, n_jobs=1, iid=True, refit=True, cv=None, verbose=0,
pre_dispatch='2*n_jobs', error_score='raise', return_train_score=True)
```

GridSearchCV 类的常用参数及说明如表 6-64 所示。

表 6-64　GridSearchCV 类的常用参数及说明

参数名称	说明
estimator	接收 object，表示需要进行验证的估计器。无默认值
param_grid	接收 dict 或 list、具有参数名称作为键的 dict 和作为值的参数设置 list，或由 dict 构成的 list，表示需要最优化的参数的取值。无默认值
scoring	接收 str、list、tuple、dict 和 None，表示模型评价准则，根据所选模型不同，评价准则不同。该参数为 str 或者可调用对象时，评分函数的形式需为 scorer(estimator, X, y)。若为 None，则使用估计器的误差估计函数。默认为 None
n_jobs	接收 int，表示并行运行时的线程数。默认为 1
refit	接收 bool，为 True 时，模型将会以交叉验证训练集得到的最佳参数重新对所有可用的训练集与测试集运行一次，作为最终用于性能评估的最佳模型参数，即在搜索参数结束后，用最佳参数结果再次训练一遍全部数据集。默认为 True
cv	接收 int，表示使用的交叉验证划分方法，若为 None，则默认使用三折交叉验证；若为 int，则使用 StratifiedKFold 方法或 KFold 方法。也可自行指定使用的交叉验证划分方法。默认为 None

加载 iris 数据集，构建 PCA 模型，构建 GridSearchCV 自动调参容器对 PCA 模型进行调参，如代码 6-71 所示。

代码 6-71　构建 GridSearchCV 自动调参容器对 PCA 模型进行调参

```
In[5]:    from sklearn.model_selection import GridSearchCV
          from sklearn.decomposition import PCA
          # 构建 PCA 模型
          pca = PCA(n_components=2)
          # 设置需要调整的参数
          param_grid = {'n_components': [1, 2, 3]}
          # 设置自动调参容器
          grid_search = GridSearchCV(pca, param_grid=param_grid).fit(x, y)
          print('自动调参容器为: \n', grid_search)
Out[5]:   自动调参容器为:
          GridSearchCV(cv=None, error_score='raise',
              estimator=PCA(copy=True, iterated_power='auto', n_components=2,
          random_state=None,
           svd_solver='auto', tol=0.0, whiten=False),
              fit_params=None, iid=True, n_jobs=1,
              param_grid={'n_components': [1, 2, 3]}, pre_dispatch=
          '2*n_jobs',
              refit=True, return_train_score='warn', scoring=None,
          verbose=0)
```

GridSearchCV 对象有 8 个属性，如表 6-65 所示。

表 6-65　GridSearchCV 对象的属性

属性	说明
cv_results_	一个将键作为列标题、值作为列的 dict，可以导入到 DataFrame 中，params 键用于存储所有参数候选项的参数设置列表
best_estimator_	通过搜索选择的估计器，即在左侧数据中给出最高分数（或指定的最小损失）的估计器。如果 refit 参数为 False，则该属性不可用
best_score_	最高分数估计器的分数
best_params_	最佳结果的参数设置
best_index_	位于存储的所有参数设置列表中最佳候选参数的索引位置
scorer_	选出最佳参数的估计器所使用的评分器
n_splits_	交叉验证拆分的数量
refit_time_	在整个数据集的基础上选出最佳模型所消耗的时间

使用 fit 方法遍历参数组合，并查看最高得分的参数，如代码 6-72 所示。

代码 6-72　遍历参数组合并查看最高得分的参数

```
In[6]:    print('最佳结果参数设置为: ', grid_search.best_params_)
Out[6]:   最佳结果参数设置为: {'n_components': 3}
```

GridSearchCV 对象提供了 10 种方法，如表 6-66 所示。

表 6-66　GridSearchCV 对象的方法

方法	格式	说明
decision_function	decision_function(X)	调用最佳模型的 decision_function 方法，仅当 refit 参数为 Ture 且估计器含有 decision_function 方法时才可用
fit	fit(X, y=None, groups=None, **fit_params)	遍历所有参数组合，对模型进行训练
get_params	get_params(deep=True)	获取模型参数
inverse_transform	inverse_transform(Xt)	调用最佳模型的 inverse_transform 方法，仅当 refit 参数为 Ture 且估计器含有 inverse_transform 方法时才可用
predict	predict(*args, **kwargs)	使用评分最高的参数组合的模型预测模型结果，仅当 refit 参数为 Ture 且估计器含有 predict 方法时才可用
predict_log_proba	predict_log_proba(X)	调用最佳模型的 predict_log_proba 方法，仅当 refit 参数为 Ture 且估计器含有 predict_log_proba 方法时才可用
predict_proba	predict_proba(X)	调用最佳模型的 predict_proba 方法，仅当 refit 参数为 Ture 且估计器含有 predict_proba 方法时才可用
score	score(X, y=None)	若模型已经重新训练过，则返回给定数据集的对应评分
set_params	set_params(**params)	设置模型参数
transform	transform(X)	使用评分最高的参数组合的模型转换数据，仅当 refit 参数为 Ture 且估计器含有 transform 方法时才可用

6.6.4 模型评价

sklearn 提供了 3 种方法用于评价，估计器的 score 方法提供了一个默认的评估法则来对模型进行评价；cross-validation 的模型评估工具也能对模型进行评价，但依赖于内部的 scoring 策略；metrics 模块整合了一组测量预测误差的简单函数，给出了基础真实的数据和预测。

metrics 模块中的评价函数按类别可分为分类（Classification）、回归（Regression）、排序（Ranking）、聚类（Clustering）等。

1. 分类模型评价函数

metrics 模块中包含 22 种分类模型评价函数，如表 6-67 所示。

表 6-67　分类模型评价函数

评价函数	格式	评价方法
metrics.accuracy_score	accuracy_score(y_true, y_pred, normalize=True, sample_weight=None)	准确率
metrics.auc	auc(x, y, reorder=False)	使用梯度下降计算的 AUC 值
metrics.average_precision_score	average_precision_score(y_true, y_score, average='macro', sample_weight=None)	平均准确率
metrics.balanced_accuracy_score	balanced_accuracy_score(y_true, y_pred, sample_weight=None, adjusted=False)	平衡精度
metrics.brier_score_loss	brier_score_loss(y_true, y_prob, sample_weight=None, pos_label=None)	Brier 分数损失
metrics.classification_report	classification_report(y_true, y_pred, labels=None, target_names=None, sample_weight=None, digits=2)	主要分类指标的文本报告
metrics.cohen_kappa_score	cohen_kappa_score(y1, y2, labels=None, weights=None, sample_weight=None)	卡帕检验
metrics.confusion_matrix	confusion_matrix(y_true, y_pred, labels=None, sample_weight=None)	混淆矩阵
metrics.f1_score	f1_score(y_true, y_pred, labels=None, pos_label=1, average='binary', sample_weight= None)	F1 值
metrics.fbeta_score	fbeta_score(y_true, y_pred, beta, labels=None, pos_label=1, average='binary', sample_weight=None)	F 分数
metrics.hamming_loss	hamming_loss(y_true, y_pred, labels=None, sample_weight=None)	平均 Hamming 损失
metrics.hinge_loss	hinge_loss(y_true, pred_decision, labels=None, sample_weight=None)	平均铰链损失
metrics.jaccard_similarity_score	jaccard_similarity_score(y_true, y_pred, normalize=True, sample_weight=None)	Jaccard 相似系数
metrics.log_loss	log_loss(y_true, y_pred, eps=1e-15, normalize=True, sample_weight=None, labels=None)	对数损失
metrics.matthews_corrcoef	matthews_corrcoef(y_true, y_pred, sample_weight=None)	Matthews 相关系数（MCC）

Python 机器学习编程与实战

评价函数	格式	评价方法
metrics.precision_recall_curve	precision_recall_curve(y_true, probas_pred, pos_label=None, sample_weight=None)	不同概率阈值的精确召回对
metrics.precision_recall_fscore_support	metrics.precision_recall_fscore_support(y_true, y_pred, beta=1.0, labels=None, pos_label=1, average=None, warn_for=('precision', 'recall', 'f-score'), sample_weight=None)	各个类别的精确度、召回率、F 测量和支持率
metrics.precision_score	precision_score(y_true, y_pred, labels=None, pos_label=1, average='binary', sample_weight=None)	精确率
metrics.recall_score	recall_score(y_true, y_pred, labels=None, pos_label=1, average='binary', sample_weight=None)	召回率
metrics.roc_auc_score	roc_auc_score(y_true, y_score, average='macro', sample_weight=None)	AUC 值
metrics.roc_curve	roc_curve(y_true, y_score, pos_label=None, sample_weight=None, drop_intermediate=True)	ROC 曲线
metrics.zero_one_loss	zero_one_loss(y_true, y_pred, normalize=True, sample_weight=None)	0-1 损失

使用分类模型评价函数可以评估数据的准确率、混淆矩阵、ROC 曲线与对应的 AUC 值，如代码 6-73 所示。

代码 6-73　评估数据的准确率、混淆矩阵、ROC 曲线与对应的 AUC 值

```
In[7]:    from sklearn.svm import SVC
          SVC_model = SVC()
          SVC_model.fit(x_train, y_train)
          y_pred = SVC_model.predict(x_test)
          # 准确率
          from sklearn.metrics import accuracy_score
          print('准确率为: ', accuracy_score(y_true=y_test, y_pred=y_pred))
Out[7]:   准确率为: 0.631578947368421
In[8]:    # 混淆矩阵
          from sklearn.metrics import classification_report
          print('混淆矩阵为: \n', classification_report(y_true=y_test,
                                       y_pred=y_pred))
Out[8]:   混淆矩阵为:
                       precision    recall  f1-score   support
                   0        0.00      0.00      0.00        63
                   1        0.63      1.00      0.77       108

          avg / total       0.40      0.63      0.49       171
```

In[9]:
```
# ROC 曲线
import matplotlib.pyplot as plt
from sklearn.metrics import roc_curve, auc
fpr, tpr, thresholds = roc_curve(y_test, y_pred)
roc_auc = auc(fpr, tpr)
plt.plot(fpr, tpr, lw=1, label='ROC(area = %0.2f)'%(roc_auc))
plt.rcParams['font.sans-serif'] = 'SimHei'
plt.rcParams['axes.unicode_minus'] = False
plt.xlabel("FPR (假正率)")
plt.ylabel("TPR (真正率)")
plt.title("ROC 曲线, ROC(AUC = %0.2f)"%(roc_auc))
plt.show()
```

Out[9]:

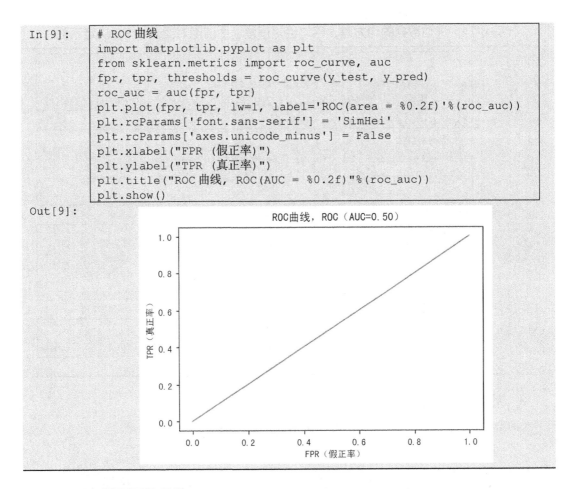

2. 回归模型评价函数

metrics 模块中包含 6 种回归模型评价函数, 如表 6-68 所示。

表 6-68　回归模型评价函数

评价函数	格式	评价方法
metrics.explained_variance_score	explained_variance_score(y_true, y_pred, sample_weight=None, multioutput='uniform_average')	可解释方差
metrics.mean_absolute_error	mean_absolute_error(y_true, y_pred, sample_weight=None, multioutput='uniform_average')	平均绝对误差
metrics.mean_squared_error	mean_squared_error(y_true, y_pred, sample_weight=None, multioutput='uniform_average')	均方差
metrics.mean_squared_log_error	mean_squared_log_error(y_true, y_pred, sample_weight=None, multioutput='uniform_average')	对数均方差
metrics.median_absolute_error	median_absolute_error(y_true, y_pred)	中值绝对误差
metrics.r2_score	r2_score(y_true, y_pred, sample_weight=None, multioutput= 'uniform_average')	R2 决定系数

使用回归模型评价函数可以评估数据的均方差、平均绝对误差、中值绝对误差与 R2 决定系数, 如代码 6-74 所示。

代码 6-74 评估数据的均方差、平均绝对误差、中值绝对误差与 R2 决定系数

```
In[10]:    # 均方差
           from sklearn.metrics import mean_squared_error
           print('均方差为: ', mean_squared_error(y_true=y_test, y_pred=y_pred))
Out[10]:   均方差为: 0.3684210526315789
In[11]:    # 平均绝对误差
           from sklearn.metrics import mean_absolute_error
           print('平均绝对误差为: ', mean_absolute_error(y_true=y_test,
                                                        y_pred=y_pred))
Out[11]:   平均绝对误差为: 0.3684210526315789
In[12]:    # 中值绝对误差
           from sklearn.metrics import median_absolute_error
           print('中值绝对误差为: ', median_absolute_error(y_true=y_test,
                                                          y_pred=y_pred))
Out[12]:   中值绝对误差为: 0.0
In[13]:    from sklearn.metrics import r2_score
           print('R2 决定系数为: ', r2_score(y_true=y_test, y_pred=y_pred))
Out[13]:   R2 决定系数为: -0.5833333333333333
```

3. 聚类模型评价函数

metrics 模块中包含 14 种聚类模型评价函数，如表 6-69 所示。

表 6-69 聚类模型评价函数

评价函数	格式	评价方法
metrics.adjusted_mutual_info_score	adjusted_mutual_info_score(labels_true, labels_pred, average_method='warn')	调整互信息评分
metrics.adjusted_rand_score	adjusted_rand_score(labels_true, labels_pred)	调整 Rand 系数
metrics.calinski_harabaz_score	calinski_harabaz_score(X, labels)	Calinski-Harabaz 指数
metrics.davies_bouldin_score	davies_bouldin_score(X, labels)	Davies-Bouldin 指数
metrics.completeness_score	completeness_score(labels_true, labels_pred)	完整性
.metrics.cluster.contingency_matrix	contingency_matrix(labels_true, labels_pred, eps=None, sparse=False)	描述标签间关系的混淆矩阵
metrics.fowlkes_mallows_score	fowlkes_mallows_score(labels_true, labels_pred, sparse=False)	Fowlkes-Mallows 指数
metrics.homogeneity_completeness_v_measure	homogeneity_completeness_v_measure(labels_true, labels_pred)	同时输出同质性、完整性与调和平均
metrics.homogeneity_score	homogeneity_score(labels_true, labels_pred)	同质性
metrics.mutual_info_score	mutual_info_score(labels_true, labels_pred, contingency=None)	互信息评分
metrics.normalized_mutual_info_score	normalized_mutual_info_score(labels_true, labels_pred, average_method='warn')	标准化互信息评分

续表

评价函数	格式	评价方法
metrics.silhouette_score	silhouette_score(X, labels, metric='euclidean', sample_size=None, random_state=None, **kwds)	平均轮廓系数
metrics.silhouette_samples	silhouette_samples(X, labels, metric= 'euclidean', **kwds)	各个样本的轮廓系数
metrics.v_measure_score	v_measure_score(labels_true, labels_pred)	调和平均

使用聚类模型评价函数可以评估 K-Means 模型聚类结果的轮廓系数、同质性、完整性与调和平均，如代码 6-75 所示。

代码 6-75　评估 K-Means 模型的轮廓系数、同质性、完整性与调和平均

```
In[14]:    from sklearn.cluster import KMeans
           # 使用 K-Means 聚类
           km = KMeans(n_clusters=2, random_state=0).fit(x)
           # 轮廓系数
           from sklearn.metrics import silhouette_score
           print('轮廓系数为: ', silhouette_score(x, km.labels_,
                                        metric= 'euclidean'))
Out[14]:   轮廓系数为: 0.6972646156059464
In[15]:    # 同质性、完整性与调和平均
           from sklearn.metrics import homogeneity_completeness_v_measure
           km_pred = km.predict(x)
           print('同质性、完整性与调和平均分别为: \n',
                 homogeneity_completeness_v_measure(y, km_pred))
Out[15]:   同质性、完整性与调和平均分别为:
            (0.4222907124699913, 0.5168089972809707, 0.46479332792160805)
```

小结

本章介绍了机器学习的开源框架 sklearn 的相关知识，主要内容如下。

（1）数据准备，介绍了数据的标准化、归一化、二值化、独热编码等常见数据处理方法。

（2）降维，介绍了 PCA、ICA、LDA 3 种常见降维方法的实现。

（3）聚类，介绍了 K-Means、层次聚类、DBSCAN 和 GMM 4 种分属不同类型的聚类模型的构建方法。

（4）分类，介绍了 Logistic 回归、SVM、决策树、KNN、朴素贝叶斯、随机森林和 MLP 等分属不同类型的分类模型的构建方法。

（5）回归，介绍了最小二乘回归、岭回归、Lasso 回归 3 种基本的回归模型的构建方法。

（6）模型验证，介绍了数据集划分、交叉验证、自动调参、模型评价等模型验证相关功能的实现。

课后习题

1. 选择题

（1）【多选】常见的数据预处理方法有（　　　）。

  A. 标准化   B. 归一化

  C. 非线性变换   D. 二值化

  E. 独热编码

（2）【多选】关于 preprocessing 模块，下列说法正确的是（ ）。

  A. MinMaxScaler 类用于标准差标准化处理

  B. Normalizer 类用于归一化处理

  C. QuantileTransformer 类用于非线性变换

  D. Binarizer 类用于特征二值化

  E. OneHotEncoder 类用于独热编码

（3）【多选】关于标准差标准化，下列说法正确的是（ ）。

  A. 处理后的数据标准差为 1，均值为 0，符合标准正态分布

  B. 处理后的数据在 0 和 1 之间

  C. StandardScaler 类用于标准差标准化

  D. fit 方法用于生成计算规则

（4）梯度提升树属于（ ）模型。

  A. 概率模型   B. 集成模型

  C. 距离模型   D. 神经网络模型

（5）【多选】LogisticRegression 函数的 solver 参数有（ ）。

  A. newton-cg   B. lbfgs

  C. liblinear   D. sag 或 saga

（6）【多选】svm 模块提供的用于构建 SVM 分类模型的函数有（ ）。

  A. SVC   B. NuSVC

  C. LinearSVC   D. svm

（7）【多选】关于随机森林，下列说法正确的是（ ）。

  A. 它是 Bagging 集成方法 B. 预测结果采用简单投票法

  C. 在噪声较大的时候容易过拟合 D. 属性选择引入随机

（8）关于岭回归，下列说法错误的是（ ）。

  A. 属于线性回归   B. 使用 L2 正则项

  C. 使用 L1 正则项   D. 基于最小二乘法

（9）下列不属于 Lasso 对象属性的是（ ）。

  A. coef_   B. sparse_coef_

  C. intercept_   D. n_features_

（10）下列不属于 MLPClassifier 对象方法的是（ ）。

  A. predict   B. score

  C. fit   D. predict_proba

（11）关于降维，下列说法错误的是（ ）。

  A. 降维后的数据集的维度将比降维前少

  B. 有效降维能减少冗余信息，提高模型精度和运行效率

C．特征选择不会改变数据，仅从原有变量中找出主要变量

D．特征提取从原有数据中提取主要成分，不会改变原有数据

（12）关于降维算法，下列说法错误的是（　　　）。

A．PCA 是有监督学习算法

B．ICA 能够使数据中的分量最大化独立，而 PCA 不能

C．LDA 是有监督学习算法

D．LDA 降维后，同类别的数据分布更为密集

（13）关于聚类，下列说法错误的是（　　　）。

A．聚类属于无监督算法

B．聚类可用于数据预处理中的数据离散化

C．聚类的划分原则是样本距离最小化

D．聚类是根据数据相似度进行样本分组的方法

（14）关于聚类算法，下列说法正确的是（　　　）。

A．K-Means 算法适用于发现任意形状的簇

B．层次聚类适用于大型数据集

C．DBSCAN 能在具有噪声的空间中发现任意形状的簇

D．GMM 是混合模型中计算速度最快的算法，且占用的计算资源较小

（15）【多选】下列聚类算法容易陷入局部最优的是（　　　）。

A．K-Means　　　　　　　　　B．层次聚类

C．DBSCAN　　　　　　　　　D．GMM

（16）下列聚类算法中不需要指定聚类个数的是（　　　）。

A．K-Means　　　　　　　　　B．层次聚类

C．DBSCAN　　　　　　　　　D．GMM

（17）关于数据集划分，下列说法正确的是（　　　）。

A．训练集的数据总是越多越好

B．训练集与测试集的理想划分比例是 5：5

C．庞大数据集的训练集与测试集的划分比例可以为 9：1

D．训练集的数据量越大，模型的泛化能力越好

（18）关于交叉验证与自动调参，下列说法错误的是（　　　）。

A．交叉验证将数据集分为多组训练集与测试集对

B．交叉验证能有效降低测试准确率的差异

C．GridSearchCV 类会遍历所有参数值的组合

D．GridSearchCV 类适用于数据量较大的数据集

（19）【多选】下列评价函数属于分类模型的是（　　　）。

A．accuracy_score　　　　　　B．mean_squared_error

C．mean_absolute_error　　　　D．confusion_matrix

E．homogeneity_score　　　　 F．completeness_score

G．roc_auc_score

（20）【多选】下列评价函数属于回归模型的是（　　　　）。

A. accuracy_score   B. mean_squared_error

C. mean_absolute_error   D. confusion_matrix

E. homogeneity_score   F. completeness_score

G. roc_auc_score

2. 填空题

（1）sklearn 提供的用于数据预处理的模块是_____。

（2）Normalizer 类中用于对特征进行转换的方法是_____。

（3）将特征按比例缩放，使之落入一个小的特定区间的数据预处理方法是_____标准化。

（4）Logistic 回归模型属于对数线性模型，它的预测函数基于_____函数。

（5）决策树的主要算法有_____、_____、_____。

（6）用于构建 KNN 分类模型的函数是_____。

（7）GaussianNB 对象的_____方法用于追加训练模型。

（8）LinearRegression 对象的_____属性用于返回模型截距。

（9）在 sklearn 的降维算法中，_____的降维效果与用户的预期最为相近，但对数据分布的要求较高，容易出现_____现象。

（10）层次聚类可以发现类别的_____。

（11）GMM 算法运行后得到的是_____。

（12）_____函数可以同时得到分类模型的精确率、召回率、F 测量和支持率。

3. 操作题

（1）使用 sklearn 库提供的方法对二维数组[[1,–1,2]，[2,0,0]，[0,1,–1]]中的数据进行离差标准化。

（2）使用多层感知机模型预测 sklearn 官方 iris（鸢尾花）数据集类别。

（3）使用决策树模型预测 sklearn 官方 diabetes（糖尿病）数据集的目标值。

（4）使用 PCA 模型对 load_breast_cancer［（美国）威斯康星州乳腺癌］数据集进行降维，分别使用指定保留 20 个主成分与指定保留方差比的方式进行降维，并查看降维后所保留的各特征的方差占比。

（5）使用默认参数的 DBSCAN 对 iris（鸢尾花）数据集进行聚类，并与 K-Means 聚类结果进行对比。

（6）按 7：3 的比例将 iris（鸢尾花）数据集划分为训练集与测试集，使用 SVC 算法对簇标签进行预测，并查看分类结果的混淆矩阵。

第 7 章　餐饮企业综合分析与预测

必须坚持在发展中保障和改善民生，鼓励共同奋斗创造美好生活，不断实现人民对美好生活的向往。在"互联网+"背景下，餐饮企业的经营方式发生了很大的变革，如团购和O2O拓宽了销售渠道，微博、微信等社交网络加强了企业与消费者、消费者与消费者之间的沟通，电子点餐、店内 Wi-Fi 等信息技术提升了服务水平，大数据、私人定制更好地满足了细分市场的需求，等等。同时，餐饮企业也面临着更多的问题，如如何提高服务水平、如何留住客户、如何提高利润等。

本章结合聚类中的 K-Means 算法和分类中的决策树算法，分别构建了客户价值分析模型和客户流失预测模型，依据客户基本信息和消费产生的订单信息，分析不同客户类型的价值，预测客户流失的概率，为餐饮企业针对不同类型的客户调整销售策略提供了依据。

7.1　餐饮企业需求分析

餐饮企业的增长陷入迟滞，期望通过分析订单和客户数据找到改善现状、增加营业收入、减少客户流失的途径。

7.1.1　餐饮企业现状与需求

餐饮行业作为我国第三产业中的传统服务性行业，始终保持着旺盛的发展势头，展现出繁荣兴旺的新局面。与此同时，我国餐饮业发展的质量和内涵也发生了重大变化。本章以2006～2015 年餐饮行业餐费收入的变化情况为例进行分析。数据显示，2006～2015 年餐饮行业餐费收入一直呈现增长的态势，但是同比增长率有很大的波动，如图 7-1 所示。

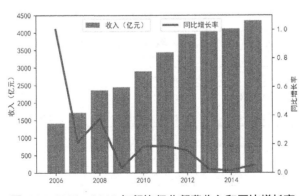

图 7-1　2006～2015 年餐饮行业餐费收入和同比增长率

本例中的餐饮企业正面临着房租价格高、人工费用高、服务工作效率低等问题。企业经营最大的目的就是盈利，而餐饮企业盈利的核心是其菜品和客户，也就是其提供的产品和服务对象。如何在保证产品质量的同时提高企业利润，已成为该餐饮企业急需解决的问题。

7.1.2　餐饮企业数据基本状况

该餐饮企业的系统数据库中积累了大量与客户用餐相关的数据，包括客户信息表、菜品详情表、订单表和订单详情表等。客户信息表（users）的数据说明如表 7-1 所示。

表 7-1　客户信息表（users）的数据说明

名称	含义	名称	含义
USER_ID	客户 ID	DESCRIPTION	备注
MYID	客户自编码	QUESTION_ID	问题代码
ACCOUNT	账号	ANSWER	回复
NAME	姓名	ISONLINE	是否在线
ORGANIZE_ID	组织代码	CREATED	创建日期
ORGANIZE_NAME	组织名称	LASTMOD	修改日期
DUTY_ID	职位代码	CREATER	创建人
TITLE_ID	职等代码	MODIFYER	修改人
PASSWORD	密码	TEL	电话
EMAIL	电子邮箱	stuNo	学号
LANG	语言	qq	QQ 号码
THEME	样式	weixin	微信
FIRST_VISIT	第一次登录	meal_arithmetic_id	算法 ID
PREVIOUS_VISIT	上一次登录	arithmetic_name	算法名称
LAST_VISITS	最后一次登录	sex	性别
LOGIN_COUNT	登录次数	poo	籍贯
ISEMPLOYEE	是否职工	address	地址
STATUS	状态	age	年龄
IP	IP 地址		

订单表（meal_order_info）的数据说明如表 7-2 所示。

表 7-2　订单表（meal_order_info）的数据说明

名称	含义	名称	含义
info_id	订单 ID	lock_time	锁单时间
emp_id	客户 ID	cashier_id	收银 ID
number_consumers	消费人数	pc_id	终端 ID
mode	消费方式	order_number	订单号
dining_table_id	桌子 ID	org_id	门店 ID
dining_table_name	桌子名称	print_doc_bill_num	打印 doc 账单的编码
expenditure	消费金额	lock_table_info	桌子关闭信息
dishes_count	总菜品数	order_status	0 表示未结算；1 表示结算；2 表示已锁单
accounts_payable	付费金额	phone	电话号码
use_start_time	开始时间	name	名称
check_closed	支付结束		

7.1.3　餐饮企业数据分析的步骤与流程

通过对该餐饮企业的数据进行分析，最终为餐饮企业提出改善的建议。餐饮企业数据分析流程图如图 7-2 所示。

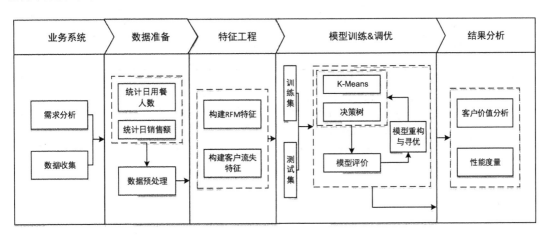

图 7-2　餐饮企业数据分析流程图

（1）从系统数据库中迁移与分析相关的数据到分析数据库中，包括客户信息表、菜品详情表、订单表和订单详情表等。

（2）对数据进行预处理，统计菜品数据中的每日用餐人数、每日销售额并进行数据清洗等。

（3）进行特征工程，构建 RFM 特征和客户流失特征。

（4）使用 K-Means 算法对客户进行聚类分析，并基于聚类结果进行客户价值分析。

（5）使用决策树算法构建客户流失预测模型，并对模型性能进行评价。

7.2　数据准备

订单表（meal_order_info）和客户信息表（users）中包含 2016 年 8 月份的订单和对应客户的数据，本节将使用这一部分数据进行客户价值聚类分析。历史订单表（info_new）和历史客户信息表（user_loss）中包含 2016 年 1～7 月的订单和对应客户的数据，7.4 节将使用这一部分数据构建客户流失预测模型。

7.2.1　统计每日用餐人数与销售额

统计订单表和历史订单表中每日的用餐人数与销售额，其中订单状态为 1 的记录才是完成订单的记录，所以只统计状态为 1 的订单数据，如代码 7-1 所示。

代码 7-1　统计订单表和历史订单表中每日的用餐人数与销售额

```
In[1]:    import pandas as pd
          import matplotlib.pyplot as plt

          # 导入数据
          info = pd.read_csv('../data/meal_order_info.csv', encoding=
          'utf-8')
```

```
info_before   =   pd.read_csv('../data/info_new.csv',   encoding=
'utf-8')
# 合并数据
info_all = pd.concat([info_before,info])
print('查看各表的维数: \n', info.shape, info_before.shape, info_all.
shape)
```

Out[1]:　查看各表的维数:
　　　　 (945, 21) (6611, 21) (7556, 21)

In[2]:

```
# 提取订单状态为 1 的数据
info = info_all[info_all['order_status'].isin(['1'])]
info = info.reset_index(drop=True)
# 统计每日用餐人数与销售额
for i, k in enumerate(info['use_start_time']):
    y = k.split()
    y = pd.to_datetime(y[0])
    info.loc[i, 'use_start_time'] = y

groupbyday = info[['use_start_time', 'number_consumers',
                'accounts_payable']].groupby(by='use_ start_time')
sale_day = groupbyday.sum()
sale_day.columns = ['人数', '销量']

# 绘制每日用餐人数折线图
# 解决中文显示问题
plt.rcParams['font.sans-serif'] = ['SimHei']
plt.rcParams['axes.unicode_minus'] = False
plt.figure(figsize=(12, 6))
plt.title('每日用餐人数折线图')
plt.xlabel('日期')
plt.ylabel('用餐人数')
plt.plot(sale_day['人数'])
plt.close
```

Out[2]:

In[3]:

```
# 画出每日销售额的折线图
# 新建画板
plt.figure(figsize=(12, 6))
plt.title('每日销售额的折线图')
plt.xlabel('日期')
plt.ylabel('销售额')
plt.plot(sale_day['销量'])
plt.close
```

Out[3]:

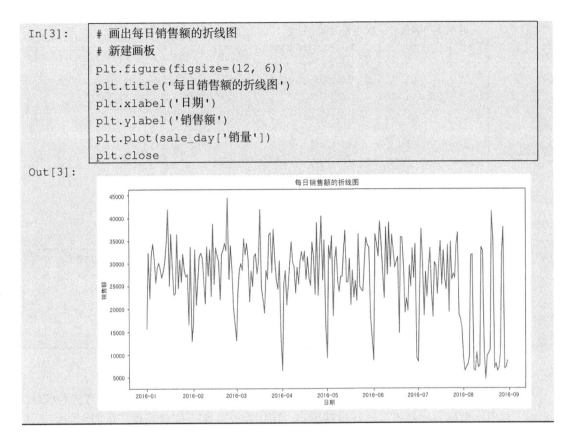

在代码 7-1 绘制的折线图中，可以看到每日用餐人数的曲线变化呈现强烈的周期性，且进入 8 月后用餐人数的变化幅度变大，而每日的销售额的变化与之一致。

7.2.2　数据预处理

1. 客户价值分析预处理

原始数据中的客户信息表中没有直接给出客户最后一次消费的时间，订单表中存在未完成的订单，如订单状态为 0 或 2，且存在不相关、弱相关或冗余的特征，所以需要先对原始数据进行预处理，如代码 7-2 所示。

代码 7-2　客户价值分析预处理

In[1]:

```
info_august = pd.read_csv('../data/meal_order_info.csv',
                          encoding = 'utf-8')
users_august = pd.read_csv('../data/users.csv', encoding='gbk')
# 提取订单状态为 1 的数据
info_august_new                                                =
info_august[info_august['order_status'].isin(['1'])]
info_august_new = info_august_new.reset_index(drop=True)
print('提取的订单数据维数: ', info_august_new.shape)
info_august_new.to_csv('../tmp/info_august_new.csv',
                       index=False, encoding='utf-8')
```

Out[1]:　提取的订单数据维数:　(933, 21)

```
In[2]:    # 匹配用户的最后一次用餐时间
          for i in range(1, len(info_august_new)):
              num = users_august[users_august['USER_ID'] ==
                                info_august_new.iloc[i-1, 1]].index.tolist()
              users_august.iloc[num[0], 14] = info_august_new.iloc[i-1, 9]
          users_august.iloc[num[0], 14] = info_august_new.iloc[i-1, 9]

          user = users_august
          user['LAST_VISITS'] = user['LAST_VISITS'].fillna(999)
          user = user.drop(user[user['LAST_VISITS'] == 999].index.tolist())
          user = user.iloc[:, [0, 2, 12, 14]]
          print(user.head())
          user.to_csv('../tmp/users_august.csv', index=False,
                     encoding= 'utf-8')
```

```
Out[2]:   USER_ID ACCOUNT              FIRST_VISIT          LAST_VISITS
          2       982     叶亦凯    2014/8/18 21:41:57   2016/8/26 13:53:46
          3       983     邓彬彬    2015/8/23 13:47:17   2016/8/21 17:16:00
          4       984     张建涛    2014/12/24 19:26:30  2016/8/25 11:32:59
          6       986     莫子建    2014/9/11 11:38:10   2016/8/20 11:15:06
          7       987     易子歆    2015/2/24 21:25:34   2016/8/28 12:34:59
```

2. 客户流失预测预处理

在选取的历史客户信息表中，客户的最后一次用餐时间需要结合历史订单表进行统计。此外，在原始数据中，有很多特征没有用到，所以在合并客户信息表和订单表之前需要选取与本案例相关的特征，如代码 7-3 所示。

代码 7-3　客户流失预测预处理

```
In[1]:    # 读取数据
          users = pd.read_csv('../data/user_loss.csv', encoding='gbk')
          info = pd.read_csv('../data/info_new.csv', encoding='utf-8')
          print('历史客户信息表的维数: ', users.shape)
          print('历史订单表的维数: ', info.shape)
```

```
Out[1]:   历史客户信息表的维数:  (2431, 38)
          历史订单表的维数:  (6611, 21)
```

```
In[2]:    # 将时间转换为时间格式
          users['CREATED'] = pd.to_datetime(users['CREATED'])
          info['use_start_time'] = pd.to_datetime(info['use_start_time'])
          info['lock_time'] = pd.to_datetime(info['lock_time'])

          # 匹配用户的最后一次用餐时间
          for i in range(len(users)):
                  info1 = info.iloc[info[info['name']==
                                        users.iloc[i,2]]. index.tolist(),:]
                  if sum(info['name']==users.iloc[i,2]) != 0:
                      users.iloc[i,14]= max(info1['use_start_time'])

          # 特征选取
          # 提取有效订单
```

```
info = info.loc[info['order_status'] == 1,
                ['emp_id', 'number_ consumers', 'expenditure']]
info = info.rename(columns={'emp_id': 'USER_ID'})  # 修改列名
print(info.head())
```

```
Out[2]:      USER_ID  number_consumers  expenditure
        0    3556     4                 423
        1    1874     7                 1101
        2    3484     5                 437
        3    3639     2                 251
        4    3835     2                 3
```

```
In[3]:   user = users.iloc[:, [0, 2, 14, 37]]
         print(user.head())
```

```
Out[3]:      USER_ID   ACCOUNT   LAST_VISITS          type
        0    3300 艾朵   2016-05-23 21:14:00  非流失
        1    3497 艾国真  2016-07-18 13:40:00  非流失
        2    2863 艾锦程  2016-04-16 20:51:00  已流失
        3    3006 艾穹   2016-03-26 20:47:00  已流失
        4    3160 艾融乐  2016-07-17 11:40:00  非流失
```

```
In[4]:   # 合并两张表
         info_user = pd.merge(user, info, left_on='USER_ID', right_on=
         'USER_ID', how='left')
         info_user.to_csv('../tmp/info_user.csv', index=False,
                          encoding= 'utf-8')
         print(info_user.head())
```

```
Out[4]:     USER_ID  ACCOUNT   LAST_VISITS type number_consumers expenditure
        0 3300 艾朵   2016-05-23 21:14:00 非流失      10.0            1782.0
        1 3300 艾朵   2016-05-23 21:14:00 非流失      2.0             345.0
        2 3300 艾朵   2016-05-23 21:14:00 非流失      10.0            1295.0
        3 3300 艾朵   2016-05-23 21:14:00 非流失      6.0             869.0
        4 3497 艾国真 2016-07-18 13:40:00 非流失       3.0             589.0
```

7.3　　使用 K-Means 算法进行客户价值分析

聚类可以从消费者中区分出不同的消费群体，并且概括出每一类消费者的消费模式或消费习惯，其中，K-Means 算法是最为经典的基于划分的聚类方法。

识别客户价值应用最广泛的模型是 RFM 模型，根据 RFM 模型，本案例中客户价值分析的关键特征如表 7-3 所示。

表 7-3　客户价值分析的关键特征

特征名称	含义
R	客户最近一次消费距观测窗口结束的天数
F	客户在观测窗口中的总消费次数
M	客户在观测窗口中的总消费金额

7.3.1　构建 RFM 特征

结合预处理后的数据构建 R、F、M 特征，如代码 7-4 所示。

代码 7-4　构建 R、F、M 特征

| In[1]: | ```python
import pandas as pd
from sklearn.preprocessing import StandardScaler
import numpy as np

info = pd.read_csv('../tmp/info_august_new.csv',
                   encoding = 'utf-8')
user = pd.read_csv('../tmp/users_august.csv', encoding='utf-8')

# 构建 R、F、M 特征
# 构建 F 特征
# 统计每个人的用餐次数
user_value1                                                      =
pd.DataFrame(info['emp_id'].value_counts()).reset_index()
user_value1.columns = ['USER_ID', 'F']   # 修改列名
print('F 特征的最大值: ', max(user_value1['F']))
print('F 特征的最小值: ', min(user_value1['F']))
``` |
|---|---|
| Out[1]: | F 特征的最大值: 10
F 特征的最小值: 1 |
| In[2]: | ```python
# 构建 M 特征
user_value2 = info[['emp_id',
'expenditure']].groupby(by='emp_id').sum()
user_value2  = pd.DataFrame(user_value2).reset_index()
user_value2.columns = ["USER_ID", "M"]
user_value = pd.merge(user_value1, user_value2, on='USER_ID')
print('M 特征的最大值: ', max(user_value['M']))
print('M 特征的最小值: ', min(user_value['M']))
``` |
| Out[2]: | M 特征的最大值: 6037
M 特征的最小值: 80 |
| In[3]: | ```python
# 构建 R 特征
user_value = pd.merge(user_value, user, on='USER_ID')  # 合并两张表
# 转换时间格式
for i, k in enumerate(user_value['LAST_VISITS']):
    y = k.split()
    y = pd.to_datetime(y[0])
    user_value.loc[i, 'LAST_VISITS'] = y
last_time = pd.to_datetime(user_value['LAST_VISITS'])
deadline = pd.to_datetime("2016-8-31")   # 观测窗口结束时间
user_value['R'] = deadline - last_time
print('R 特征的最大值: ', max(user_value['R']))
print('R 特征的最小值: ', min(user_value['R']))
``` |
| Out[3]: | R 特征的最大值: 30 days 00:00:00
R 特征的最小值: 0 days 00:00:00 |

RFM 指标取值范围如表 7-4 所示。

表 7-4　RFM 指标取值范围

指标名称 指标取值	R	F	M
最小值	0	1	80
最大值	30	10	6037
```

通过表 7-4 中的数据可以发现，各个指标数据的取值范围差异较大，为了消除数量级数据带来的影响，需要对数据进行标准化处理，如代码 7-5 所示。

代码 7-5　标准化处理

```
In[4]:    # 特征提取
          user_value = user_value.iloc[:, [0, 3, 6, 1, 2]]
          user_value.to_csv("../tmp/user_value.csv",
                            encoding="utf-8_sig",index=False)

          USER_ID = user_value['USER_ID']
          ACCOUNT = user_value['ACCOUNT']
          user_value = user_value.iloc[:, [2, 3, 4]]
          user_value.iloc[:, 0] = [i.days for i in user_value.iloc[:, 0]]

          # 标准差标准化
          standard = StandardScaler().fit_transform(user_value)
          np.savez('../tmp/standard.npz', standard)
          print(standard)
Out[4]:   [[-1.66012717  5.05680698  5.74031189]
           [-1.18304405  3.7942877   3.05131992]
           [-1.54085639  3.7942877   4.17910811]
           ...
           [ 0.60601762 -0.62452979 -0.97762964]
           [ 1.08310074 -0.62452979 -0.22198886]
           [-0.3481486  -0.62452979  0.02535301]]
```

注：此处部分结果已省略。

7.3.2　构建 K-Means 模型

建模之前需要先确定聚类的合理个数，一般要求簇内距离尽可能小，簇间距离尽可能大。基于标准化之后的数据，聚类数目设为 3，构建 K-Means 模型，如代码 7-6 所示。

代码 7-6　构建 K-Means 模型

```
In[1]:    import numpy as np
          import pandas as pd
          from sklearn.cluster import KMeans

          standard = np.load('../tmp/standard.npz')['arr_0']
          k = 3  # 聚类数目

          # 构建模型
          kmeans_model = KMeans(n_clusters=k, n_jobs=3, random_state=123)
          fit_kmeans = kmeans_model.fit(standard)  # 模型训练
          print('聚类中心: \n', kmeans_model.cluster_centers_)
Out[1]:   聚类中心:
           [[-0.46247917 -0.30329708 -0.31029264]
            [-1.22280098  1.70981576  1.63072329]
            [ 0.95856801 -0.55335836 -0.51034304]]
In[2]:    print('样本的类别标签: \n', kmeans_model.labels_)
```

Python 机器学习编程与实战

```
Out[2]:    样本的类别标签:
           [1, 1, 1, 1, 1, 1, 1,
           ...,
           2, 2, 0, 2, 2, 2, 0]
In[3]:     # 统计不同类别样本的数目
           r1 = pd.Series(kmeans_model.labels_).value_counts()
           print('最终每个类别的数目为: \n', r1)
Out[3]:    最终每个类别的数目为:
           2    204
           0    169
           1     96
```

采用 K-Means 聚类算法对客户进行分群，聚成 3 类后，每一类的聚类中心如表 7-5 所示。

表 7-5　每一类的聚类中心

聚类类别	聚类中心		
客户群 1	−0.46247917	−0.30329708	−0.31029264
客户群 2	−1.22280098	1.70981576	1.63072329
客户群 3	0.95856801	−0.55335836	−0.51034304

7.3.3　K-Means 模型结果分析

雷达图又称为蜘蛛网图，适用于显示 3 个或更多维度的变量。使用雷达图可以从多维度对聚集结果中的不同类别进行对比分析。针对聚类结果绘制雷达图，如代码 7-7 所示。

代码 7-7　针对聚类结果绘制雷达图

```
In[4]:    %matplotlib inline
          import matplotlib.pyplot as plt

          # 中文和负号的正常显示
          plt.rcParams['font.sans-serif'] = 'SimHei'
          plt.rcParams['axes.unicode_minus'] = False

          # 绘制雷达图
          N = len(kmeans_model.cluster_centers_[0])
          # 设置雷达图的角度，用于平均切开一个圆面
          angles = np.linspace(0, 2 * np.pi, N, endpoint=False)
          # 使雷达图一周封闭起来
          angles = np.concatenate((angles, [angles[0]]))

          # 绘图
          fig = plt.figure(figsize=(7, 7))
          ax = fig.add_subplot(111, polar=True)
          sam = ['r','g','b']
          lstype = ['-','--','-.']
          lab = []
          for i in range(len(kmeans_model.cluster_centers_)):
              values = kmeans_model.cluster_centers_[i]
              feature = ['R','F','M']
```

```
        values = np.concatenate((values, [values[0]]))
        # 绘制折线图
        ax.plot(angles, values, sam[i], linestyle=lstype[i],
linewidth=2, markersize=10)
        ax.fill(angles, values, alpha=0.5)  # 填充颜色
        ax.set_thetagrids(angles * 180 / np.pi, feature,
                          fontsize= 15)  # 添加每个特征的标签
        plt.title('客户群特征分布图')  # 添加标题
        ax.grid(True)
        lab.append('客户群' + str(i+1))
plt.legend(lab)
plt.show()
plt.close
```

Out[4]:

客户群特征分布图

由代码 7-7 可知，客户群 2 的 F、M 特征值最大，R 特征值最小；客户群 1 的 F、M、R 特征值较小；客户群 3 的 R 特征值最大，F、M 特征值最小。

结合业务分析，通过比较各个特征在群间的大小对某一个群的特征进行评价分析。如客户群 2 的 F、M 特征值最大，R 特征值最小，可以认为 F、M 在群 2 中是优势特征；以此类推，F、M 在群 3 中是劣势特征，从而总结出每个群的优势和劣势特征，如表 7-6 所示。

表 7-6　每个群的优势和劣势特征

群类别	优势特征			弱势特征		
客户群 2	F	M	R			
客户群 3				F	M	R
客户群 1		R			F	M

通过代码 7-7 和表 7-6 可以看出，每个客户群都有显著不同的表现特征，基于该特征描述，本案例定义了重要保持客户、一般价值客户、低价值客户 3 个等级的客户类别，每

个客户类别的特征如下。

（1）重要保持客户。这类客户用餐的次数（F）和用餐总花费（M）较高，且最近在餐厅消费时间长度（R）低。他们是餐饮企业的高价值客户，是最为理想的客户类型，对企业的贡献最大，但是所占比例最小。对于这类客户，餐饮企业可以制定一对一的服务，以提高这类客户的忠诚度与满意度，尽可能延长这类客户的高水平消费。

（2）一般价值客户。这类客户用餐的次数（F）和用餐总花费（M）较低，且最近在餐厅消费时间长度（R）较低。他们是一般价值客户，虽然当前价值并不是特别高，但是有较大的发展潜力，餐饮企业可以不定期地制定相应的营销策略，刺激这类客户的消费，加强这类客户的满意度。

（3）低价值客户。这类客户用餐的次数（F）和用餐总花费（M）较低，且最近在餐厅消费时间长度（R）较高。他们是餐饮企业的低价值客户，可能是某一次经过顺便消费的，也可能是因为刚开业时有促销活动才来消费的，之后来消费的概率比较小。

客户群分类排名结果如表 7-7 所示。

表 7-7　客户群分类排名结果

客户群	排名	排名含义
客户群 1	2	一般价值客户
客户群 2	1	重要保持客户
客户群 3	3	低价值客户

7.4　使用决策树算法实现餐饮客户流失预测

客户流失是指客户与企业不再有交易互动关系。在激烈的市场竞争环境中，客户拥有更多的选择空间和消费渠道。如何提高客户的忠诚度是现代企业营销人员一直在讨论的问题。大规模客户的异常变动往往意味着一个市场的变更和调整，甚至会对局部（区域）市场带来致命的打击。

在本案例中，客户流失因素主要有以下 4 个。

（1）菜品因素，如菜品味道不好、菜品单一或不齐全、菜品不新鲜等。

（2）服务因素，如服务环境脏、服务秩序乱、服务态度差、服务效率低、服务能力弱、收费不合理等。

（3）客户自身因素，客户往往对菜品或服务期望太高，而实际的消费体验比较差，导致心理不平衡，产生了不满情绪；客户消费逐渐多样化、多层次化、复杂多变性和非理性化，因此，客户在消费时，并不承诺放弃尝试其他餐厅的就餐体验；客户工作和生活地点变更，采取就近就餐的原则。

（4）竞争者因素，其他餐饮企业通过优惠活动或广告宣传等建立了某种竞争优势，可能吸引更多客户。

7.4.1　构建客户流失特征

在餐饮企业中，客户流失的特征主要体现在以下 4 个方面。

（1）用餐次数越来越少。

（2）很长时间没有来店里消费。

（3）平均消费水平越来越低。

（4）总消费金额越来越少。

基于这 4 个方面，本案例需要构造 4 个相关客户流失特征。

（1）总用餐次数（frequence），即观测时间内每个客户的总用餐次数。

（2）客户最近一次用餐的时间距离观测窗口结束的天数（recently）。

（3）客户在观测时间内用餐人均销售额（average），即客户在观察时间内的总消费金额除以用餐总人数。

（4）客户在观测时间内的总消费金额（amount）。

基于合并后的历史客户信息表和历史订单表，使用分组聚合的方法构建这 4 个特征，如代码 7-8 所示。

代码 7-8　构建客户流失特征

```
In[1]:   import pandas as pd

         # 构建特征
         info_user = pd.read_csv('../tmp/info_user.csv', encoding='utf-8')

         # 提取 info 表中的用户名和用餐时间，并按人名对用餐人数和金额进行分组求和
         info_user1 = info_user['USER_ID'].value_counts()

         info_user1 = info_user1.reset_index()
         info_user1.columns = ['USER_ID', 'frequence']  # 修改列名

         # 求出每个人的消费总金额
         # 分组求和
         info_user2 = info_user[['number_consumers',
                     "expenditure"]].groupby(info_user 'USER_ID']).sum()
         info_user2 = info_user2.reset_index()
         info_user2.columns = ['USER_ID', 'numbers', 'amount']
         # 合并两张表
         info_user_new = pd.merge(info_user1,info_user2,
                                  left_on='USER_ID',right_on='USER_ID',
                                  how='left')

         # 对合并后的数据进行处理
         info_user = info_user.iloc[:, :4]
         info_user = info_user.groupby(['USER_ID']).last()
         info_user = info_user.reset_index()
         # 合并两张表
         info_user_new = pd.merge(info_user_new, info_user,
                                  left_on='USER_ID', right_on='USER_ID',
                                  how='left')
         print(info_user_new.head())
```

Python 机器学习编程与实战

		USER_ID	frequence	numbers	amount	ACCOUNT	LAST_VISITS	type
Out[1]:	0	2361 41	237.0	34784.0	薛浩天	2016-07-30	13:29:00	非流失
	1	3478 37	231.0	33570.0	帅栎雁	2016-07-27	11:14:00	非流失
	2	3430 34	224.0	31903.0	柴承德	2016-07-26	13:38:00	非流失
	3	3307 33	199.0	30400.0	葛时逸	2016-07-22	11:28:00	非流失
	4	2797 33	198.0	30849.0	关狄梨	2016-07-23	13:28:00	非流失

In[2]:
```
# 去除空值
print('合并后表中的空值数目: ', info_user_new.isnull().sum().sum())
info_user_new = info_user_new.dropna(axis=0)
# 删除 numbers 为 0 的客户
info_user_new = info_user_new[info_user_new['numbers'] != 0]
```

Out[2]: 合并后表中的空值数目: 46

In[3]:
```
# 求平均消费金额，并保留两位小数
info_user_new['average'] = info_user_new['amount']/\
            info_user_new ['numbers']
info_user_new['average'] = info_user_new['average'].apply(
        lambda x: ' %.2f'% x)


# 计算每个客户最近一次点餐的时间距离观测窗口结束的天数
# 修改时间列，将其改为日期
info_user_new['LAST_VISITS'] = pd.to_datetime(
        info_user_new ['LAST_VISITS'])
datefinally = pd.to_datetime('2016-7-31')   # 观测窗口结束时间
time = datefinally - info_user_new['LAST_VISITS']
# 计算时间差
info_user_new['recently'] = time.apply(lambda x: x.days)
# 特征选取
info_user_new = info_user_new.loc[:,['USER_ID', 'ACCOUNT',
                                     'frequence',
                                     'amount', 'average',
                                     'recently', 'type']]
info_user_new.to_csv('../tmp/info_user_clear.csv', index=False,
            encoding='gbk')
print(info_user_new.head())
```

		USER_ID	ACCOUNT	frequence	amount	average	recently	type
Out[3]:	0	2361	薛浩天	41	34784.0	146.77	0	非流失
	1	3478	帅栎雁	37	33570.0	145.32	3	非流失
	2	3430	柴承德	34	31903.0	142.42	4	非流失
	3	3307	葛时逸	33	30400.0	152.76	8	非流失
	4	2797	关狄梨	33	30849.0	155.80	7	非流失

7.4.2 构建客户流失预测模型

在本案例中，主要是对准流失的客户进行预测。基于代码 7-8 得到的数据，将构建客户流失特征后的数据划分为训练集和测试集，使用 CART 算法构建决策树模型，如代码 7-9 所示。

代码 7-9　使用 CART 算法构建决策树模型

```
In[1]:      from sklearn.model_selection import train_test_split
            from sklearn.tree import DecisionTreeClassifier as DTC
            from sklearn.metrics import confusion_matrix

            # 划分训练集、测试集
            info_user = pd.read_csv('../tmp/info_user_clear.csv',
                                        encoding='gbk')

            # 删除流失用户
            info_user = info_user[info_user['type'] != "已流失"]
            model_data = info_user.iloc[:, [2, 3, 4, 5, 6]]
            x_tr, x_te, y_tr, y_te = train_test_split(model_data.iloc[:, :-1],
                                        model_data['type'],
                                        test_size=0.2, random_state=12345)
            # 初始化决策树对象，基于信息熵
            dtc = DTC()
            dtc.fit(x_tr, y_tr)   # 训练模型
            pre = dtc.predict(x_te)
            print('预测结果: \n', pre)
```

```
Out[1]:     预测结果:
            ['准流失' '非流失' '准流失' '准流失' '准流失' '准流失' '准流失' '准流失'
            '准流失' '准流失'
            ...
            '非流失' '非流失' '准流失' '非流失' '准流失' '非流失' '非流失' '非流失'
            '准流失' '准流失']
```

注：此处部分结果已省略。

7.4.3　分析决策树模型结果

计算构建的决策树模型的混淆矩阵、精确率、召回率和 F1 值，如代码 7-10 所示。

代码 7-10　计算构建的决策树模型的混淆矩阵、精确率、召回率和 F1 值

```
In[2]:      # 混淆矩阵
            hx = confusion_matrix(y_te, pre, labels=['非流失', '准流失'])
            print('混淆矩阵: \n', hx)
```

```
Out[2]:     混淆矩阵:
             [[155  17]
              [  9 201]]
```

```
In[3]:      # 精确率
            P = hx[1, 1] / (hx[0, 1] + hx[1, 1])
            print('精确率: ', round(P, 3))
            # 召回率
            R = hx[1, 1] / (hx[1, 0] + hx[1, 1])
            print('召回率: ', round(R, 3))
            # F1 值
            F1 = 2 * P * R / (P + R)
            print('F1 值: ', round(F1, 3))
```

```
Out[3]:     精确率: 0.922
            召回率: 0.957
            F1 值: 0.939
```

通过代码 7-10，得到预测结果的混淆矩阵，如表 7-8 所示。

表 7-8　预测结果的混淆矩阵

	非流失	准流失
非流失	155	17
准流失	9	201

通过代码 7-10 得到准流失客户预测的精确率为 $201 \div (201 + 17) = 0.922$，召回率为 $201 \div (201 + 9) = 0.957$，F1 值为 $2 \times 0.922 \times 0.957 \div (0.922 + 0.957) = 0.939$，这 3 个指标的值都很高，说明决策树的预测效果很好。

小结

本章介绍了餐饮企业综合分析与预测案例，主要内容如下。

（1）分析需求，介绍了餐饮企业的现状、需求、数据的基本状况和分析的步骤及流程。

（2）数据准备，对每日用餐人数与销售额进行了统计分析，并对数据进行了预处理。

（3）客户价值分析，通过 K-Means 算法对客户进行聚类分析，包括构建 RFM 特征和构建 K-Means 聚类模型。

（4）客户流失预测，通过决策树算法对客户是否会流失构建分类预测模型，包括客户流失特征和客户流失预测模型，并对模型的结果进行了分析。

课后习题

操作题

（1）在篮球运动中，一般情况下，控球后卫与得分后卫的助攻数较多，小前锋的得分数较多，而大前锋与中锋的助攻数与得分数较少。表 7-9 所示为 21 名篮球运动员每分钟助攻数和每分钟得分数数据集，请运用 K-Means 算法将这 21 名篮球运动员划分为 5 类，并通过画图判断他们分别属于什么位置。

表 7-9　21 名篮球运动员每分钟助攻数和每分钟得分数数据集

序号	assists_per_minute	points_per_minute
1	0.0888	0.5885
2	0.1399	0.8291
3	0.0747	0.4974
4	0.0983	0.5772
5	0.1276	0.5703
6	0.1671	0.5835
7	0.1906	0.5276
8	0.1061	0.5523
9	0.2446	0.4007
10	0.1670	0.4770
11	0.2485	0.4313

序号	assists_per_minute	points_per_minute
12	0.1227	0.4909
13	0.1240	0.5668
14	0.1461	0.5113
15	0.2315	0.3788
16	0.0494	0.5590
17	0.1107	0.4799
18	0.2521	0.5735
19	0.1007	0.6318
20	0.1067	0.4326
21	0.1956	0.4280

（2）商品销量受多种因素的影响，某连锁店作为大型连锁企业，销售的商品种类比较多，涉及的分店所处的位置也不同，数目比较多。因此，为了让决策者准确了解和销量有关的一系列影响因素，需要构建分类模型来分析天气、是否周末和是否有促销活动对销量的影响。商品的部分销售数据如表 7-10 所示，请构建决策树模型预测商品销量的高低。

表 7-10　商品的部分销售数据

序号	天气	是否周末	是否有促销活动	销量
1	坏	是	是	高
2	坏	是	是	高
3	坏	是	是	高
4	坏	否	是	高
…	…	…	…	…
32	好	否	是	低
33	好	否	否	低
34	好	否	否	低

第8章 通信运营商用户流失分析与预测

许多企业往往不知道自己失去了哪些客户，也不知道造成客户流失的原因和客户什么时候会流失，更不知道这样会给企业的销售收入和利润带来怎样的影响。而获得一个新客户的成本比保持一个满意客户的成本要高得多，争取一个新客户的工作量是维护一个旧客户的6~10倍。只有用普遍联系的、全面系统的、发展变化的观点观察事物，才能把握事物发展规律。分析与预测客户流失，对企业应对危机、保持健康成长具有十分重要的意义。

本案例使用神经网络中的MLP算法构建用户流失预测模型，依据用户的基本信息特征和行为信息特征预测用户流失的概率。运营商可参考模型预测结果及时调整运营策略，以达到挽留用户、提高运营收益的目的。

8.1　通信运营商用户流失需求分析

用户流失可能会对通信运营商造成严重的损失，运营商期望通过分析用户的使用记录，得出流失用户存在哪些特征，并能够预测哪部分用户可能会流失。

8.1.1　通信运营商现状与需求

随着业务的快速发展、移动业务市场的竞争愈演愈烈，如何最大限度地挽留在网用户、吸引新用户，是电信企业最关注的问题之一。竞争对手的促销、公司资费软着陆措施的出台和政策法规的不断变化，都会影响用户的消费心理和消费行为，导致用户的流失特征不断变化。对于电信运营商而言，流失会带来市场占有率下降、营销成本增加、利润下降等一系列问题。在用户每月增加的同时，挽留和争取更多的用户，是一项非常重要的工作。

随着机器学习技术的不断发展和应用，移动运营商希望能够借助机器学习算法识别哪些用户可能流失，什么时候会流失。而通过建立流失预测模型，分析用户的历史数据和当前数据，可以帮助移动运营商提取辅助决策的关键性数据，并从中发现隐藏关系和模式，进而预测未来可能发生的行为。

8.1.2　通信运营商数据基本情况

某运营商提供了不同用户的3个月的使用记录，共900000条数据、33个特征，其中存在重复值、缺失值与异常值，其字段说明如表8-1所示。

表8-1　某运营商用户使用记录数据字段说明

名称	字段描述
MONTH_ID	月份
USER_ID	用户ID

续表

名称	字段描述
INNET_MONTH	在网时长
IS_AGREE	是否合约有效用户
AGREE_EXP_DATE	合约计划到期时间
CREDIT_LEVEL	信用等级
VIP_LVL	VIP 等级
ACCT_FEE	本月费用（元）
CALL_DURA	通话时长（秒）
NO_ROAM_LOCAL_CALL_DURA	本地通话时长（秒）
NO_ROAM_GN_LONG_CALL_DURA	国内长途通话时长（秒）
GN_ROAM_CALL_DURA	国内漫游通话时长（秒）
CDR_NUM	通话次数（次）
NO_ROAM_CDR_NUM	非漫游通话次数（次）
NO_ROAM_LOCAL_CDR_NUM	本地通话次数（次）
NO_ROAM_GN_LONG_CDR_NUM	国内长途通话次数（次）
GN_ROAM_CDR_NUM	国内漫游通话次数（次）
P2P_SMS_CNT_UP	短信发送数（条）
TOTAL_FLUX	上网流量（MB）
LOCAL_FLUX	本地非漫游上网流量（MB）
GN_ROAM_FLUX	国内漫游上网流量（MB）
CALL_DAYS	有通话天数
CALLING_DAYS	有主叫天数
CALLED_DAYS	有被叫天数
CALL_RING	语音呼叫圈
CALLING_RING	主叫呼叫圈
CALLED_RING	被叫呼叫圈
CUST_SEX	性别
CERT_AGE	年龄
MANU_NAME	手机品牌名称
MODEL_NAME	手机型号名称
OS_DESC	操作系统描述
TERM_TYPE	终端硬件类型（0=无法区分，4=4G、3=3G、2=2G）
IS_LOST	用户在 3 月是否流失标记（1=是，0=否），1 月和 2 月值为空

8.1.3　通信运营商用户流失分析与预测的步骤与流程

通信运营商用户流失分析与预测的总体流程图如图 8-1 所示，具体步骤如下所述。

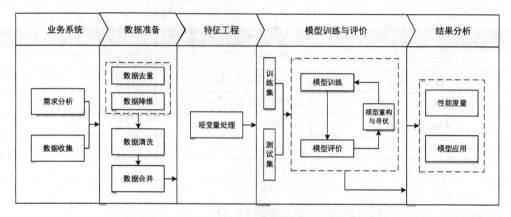

图 8-1　通信运营商用户流失分析与预测总体流程图

（1）导入原始数据，查找并删除完全重复的数据。

（2）剔除与预测相关性不强的特征，降低维数。

（3）对整理后的数据集进行清洗，查找缺失值和异常值，对存在缺失的数据按照一定的规则赋值，删除异常数据。

（4）合并用户的基本信息特征，将 3 个月的记录合并为一条。

（5）简化手机品牌和操作系统特征，并进行独热编码，以便于构建模型。

（6）将合并后的数据集划分为训练集和测试集，并对数据进行标准化处理。

（7）基于训练集构建用户流失预测模型。

（8）在测试集中应用用户流失预测模型，并对预测结果进行评价。

8.2　数据准备

原始数据中存在重复记录、缺失值与异常值，需要对这部分数据进行处理，才能不影响到后续的建模结果。同时，原始数据中存在着许多与用户流失相关性不强的特征，将这部分特征删除将有效减少计算量。

8.2.1　数据去重与降维

原始数据中存在一部分重复记录，删除这一部分重复记录，并查找原始数据中是否存在重复的特征，如代码 8-1 所示。

代码 8-1　查找并删除重复记录

```
In[1]:    import pandas as pd
          # 读取数据文件
          data = pd.read_csv('../data/USER_INFO_M.csv', index_col=0,
                             encoding='gbk')
          print('原始数据形状为: ',data.shape)
Out[1]:   原始数据形状为:  (900000, 34)
In[2]:    # 去除重复记录
          data_drop = pd.DataFrame.drop_duplicates(data, subset=None,
                                   keep='first', inplace=False)
          print('删除重复记录后的数据形状为: ', data_drop.shape)
```

```
Out[2]:     删除重复记录后的数据形状为：(899904, 34)
In[3]:      # 查找是否有重复特征
            # 定义求取特征是否完全相同的矩阵的函数
            def FeatureEquals(df):
                dfEquals=pd.DataFrame([],columns=df.columns,
                                        index=df.columns)
                for i in df.columns:
                    for j in df.columns:
                        dfEquals.loc[i,j]=df.loc[:,i].equals(df.loc[:,j])
                return dfEquals

            detEquals=FeatureEquals(data_drop)  # 应用 FeatureEquals 函数
            # 遍历所有数据
            lenDet = detEquals.shape[0]
            dupCol = []
            for k in range(lenDet):
                for l in range(k+1,lenDet):
                    if detEquals.iloc[k,l] &
                    (detEquals.columns[l] not in dupCol):
                        dupCol.append(detEquals.columns[l])
            # 删除重复列
            data_drop.drop(dupCol, axis=1, inplace=True)
            print('删除重复列后的数据形状：', data_drop.shape)
Out[3]:     删除重复列后的数据形状：(899904, 34)
```

由代码 8-1 可知，原始数据中存在 96 条重复记录，且没有发现重复的特征。

原始数据中的用户性别和年龄等信息与用户流失预测相关性很小，因此，可以对原数据集进行降维处理，如代码 8-2 所示。

代码 8-2　数据降维

```
In[4]:      # 数据降维
            del data_drop['MODEL_NAME']            # 手机型号
            del data_drop['AGREE_EXP_DATE']        # 删除合约是否到期
            del data_drop['CUST_SEX']   # 性别
            del data_drop['CERT_AGE']   # 年龄
            print('降维后的数据形状为:', data_drop.shape)
Out[4]:     降维后的数据形状为：(899904, 29)
```

8.2.2　数据清洗

1. 缺失值处理

检测数据中是否存在缺失值，如代码 8-3 所示。

代码 8-3　检测数据中是否存在缺失值检测

```
In[5]:      # 统计各个特征的缺失率
            naRate = (data_drop.isnull().sum()/
                    data_drop.shape[0]*100). astype('str')+'%'
            print('data 每个特征的缺失率为: \n', naRate)
```

```
Out[5]:    data 每个特征的缺失率为：
           USER_ID                                        0.0%
           INNET_MONTH                                    0.0%
           IS_AGREE                                       0.0%
           CREDIT_LEVEL                                   0.0%
           VIP_LVL                            34.58268882014082%
           ACCT_FEE                                       0.0%
           ……
           CALLED_RING                                    0.0%
           MANU_NAME                      0.00022224592845459073%
           OS_DESC                           4.243230389019273%
           TERM_TYPE                                      0.0%
           IS_LOST                           66.63633009743262%
           dtype: object)
```

注：此处部分结果已省略。

由代码 8-3 可知，IS_LOST 为用户是否流失的标签字段，不需要进行插补；VIP 等级（VIP_LVL）和操作系统（OS_DESC）的缺失值较多，需要进行插补，如代码 8-4 所示。

代码 8-4　缺失值插补

```
In[6]:     # VIP 等级为 NaN 的填补 0
           data_drop['VIP_LVL'] = data_drop['VIP_LVL'].fillna(0)
           # 操作系统缺失的填补 ANDROID
           data_drop['OS_DESC'] = data_drop['OS_DESC'].fillna('ANDROID')
           print('处理缺失值后数据集的形状为: ', data_drop.shape)
Out[6]:    处理缺失值后数据集的形状为:  (899904, 29)
```

2. 异常值处理

对数据集中的每一列进行统计分析，查看是否存在异常值，如代码 8-5 所示。

代码 8-5　查看是否存在异常值

```
In[7]:     # 对列进行统计分析
           data_drop.describe()
```

Out[7]:	INNET_MONTH	IS_AGREE	CREDIT_LEVEL	VIP_LVL	ACCT_FEE…
count	899904.000000	899904.000000	899904.000000	899904.000000 899904.000000	
mean	34.507915	0.510393	66.016826	52.388983 118.595064…	
std	34.232039	0.499892	0.958607	48.936066 167.792836…	
min	-251.000000	0.000000	0.000000	0.000000 0.010000…	
25%	10.000000	0.000000	65.000000	0.000000 54.850000…	
50%	24.000000	1.000000	66.000000	99.000000 86.000000…	
75%	49.000000	1.000000	67.000000	99.000000 143.580000…	
max	249.000000	1.000000	67.000000	99.000000 65007.210000…	

注：此处部分结果已省略。

由代码 8-5 可知，在网时长（INNET_MONTH）出现了小于 0 的异常值，本月费用（ACCT_FEE）出现了大于 40000 的异常值，需要对这部分异常数据进行删除处理，如代码 8-6 所示。

代码 8-6　删除异常值

```
In[8]:    # 删除异常值
          data_drop = data_drop[data_drop['INNET_MONTH'] >= 0]
          data_drop = data_drop[data_drop['ACCT_FEE'] < 400000]
          print('处理异常值后数据集的形状为: ', data_drop.shape)
          data_drop.to_csv('../tmp/data_drop.csv', index=True
                          header='infer', encoding='utf8')
Out[8]:   处理异常值后数据集的形状为:  (899901, 29)
```

8.2.3　数据合并

1. 分组计算用户基本特征的中位数和方差

将数据按照用户 ID 进行分组，求出每个用户的费用、通话时长等基本特征数据在 3 个月内的中位数和方差，如代码 8-7 所示。

代码 8-7　分组计算用户基本特征的中位数和方差

```
In[1]:    import pandas as pd
          import numpy as np

          data_drop = pd.read_csv('../tmp/data_drop.csv', encoding='utf8')
          data_group = data_drop.groupby("USER_ID").agg({
                          'ACCT_FEE':[np. median,np.var],\
                          'CALL_DURA': [np.median,np.var],\
                          'CDR_NUM': [np.median, np.var],\
                          'NO_ROAM_LOCAL_CALL_DURA': [np.median, np.var],\
                          'NO_ROAM_LOCAL_CDR_NUM': [np.median, np.var],\
                          'NO_ROAM_GN_LONG_CALL_DURA': [np.median, np.var],\
                          'NO_ROAM_GN_LONG_CDR_NUM': [np.median, np.var],\
                          'GN_ROAM_CALL_DURA': [np.median, np.var], \
                          'GN_ROAM_CDR_NUM': [np.median, np.var], \
                          'NO_ROAM_CDR_NUM': [np.median, np.var],\
                          'P2P_SMS_CNT_UP': [np.median, np.var],
                          'TOTAL_FLUX': [np.median, np.var], \
                          'LOCAL_FLUX': [np.median, np.var], \
                          'GN_ROAM_FLUX': [np.median, np.var],\
                          'CALL_DAYS': [np.median, np.var], \
                          'CALLING_DAYS': [np.median, np.var],\
                          'CALLED_DAYS': [np.median, np.var],\
                          'CALL_RING': [np.median, np.var],\
                          'CALLING_RING': [np.median, np.var],\
                          'CALLED_RING': [np.median, np.var],\
                          'INNET_MONTH': [np.median, np.var], })

          print('data_group 的形状为:', data_group.shape)
          data_group.columns = ['ACCT_FEE_median', 'ACCT_FEE_var',
                          'CALL_DURA_median', 'CALL_DURA_var',
                          'CDR_NUM_median', 'CDR_NUM_var',
                          'NO_ROAM_LOCAL_CALL_DURA_median',
                          'NO_ROAM_LOCAL_CALL_DURA_var',
                          'NO_ROAM_LOCAL_CDR_NUM_median',
                          'NO_ROAM_LOCAL_CDR_NUM_var',
```

```
                        'NO_ROAM_GN_LONG_CALL_DURA_median',
                        'NO_ROAM_GN_LONG_CALL_DURA_var',
                        'NO_ROAM_GN_LONG_CDR_NUM_median',
                        'NO_ROAM_GN_LONG_CDR_NUM_var',
                        'GN_ROAM_CALL_DURA_median',
                        'GN_ROAM_CALL_DURA_var',
                        'GN_ROAM_CDR_NUM_median',
                        'GN_ROAM_CDR_NUM_var',
                        'NO_ROAM_CDR_NUM_median',
                        'NO_ROAM_CDR_NUM_var',
                        'P2P_SMS_CNT_UP_median',
                        'P2P_SMS_CNT_UP_var',
                        'TOTAL_FLUX_median', 'TOTAL_FLUX_var',
                        'LOCAL_FLUX_median', 'LOCAL_FLUX_var',
                        'GN_ROAM_FLUX_median', 'GN_ROAM_FLUX_var',
                        'CALL_DAYS_median', 'CALL_DAYS_var',
                        'CALLING_DAYS_median', 'CALLING_DAYS_var',
                        'CALLED_DAYS_median', 'CALLED_DAYS_var',
                        'CALL_RING_median', 'CALL_RING_var',
                        'CALLING_RING_median', 'CALLING_RING_var',
                        'CALLED_RING_median', 'CALLED_RING_var',
                        'INNET_MONTH_median', 'INNET_MONTH_var']

data_group.to_csv('../tmp/data_group.csv', index=True,
                        header='infer', encoding='utf8')
```

Out[1]:　　`data_group` 的形状为：(299967, 42)

2. 合并合约有效情况

将 3 个月的合约有效情况合并为一条记录。当 3 个月的合约有效情况取值不全为 1 时，用第 3 个月的值减去前两个月的均值；当 3 个月的取值都是 1 时，取 1.5。最后得到的所有合约有效情况的取值将为-1、-0.5、0、0.5、1、1.5，如代码 8-8 所示。

代码 8-8　合并合约有效情况

```
In[2]:    # 定义合并合约有效记录函数
          def fun1(data):
              if data.shape[0] != 3:
                  return 0
              elif sum(data.iloc[:, 1] == 1) == 3:
                  return 1.5
              else:
                  return data.iloc[-1, 1] - data.iloc[:2, 1].mean()

          data_agree = data_drop[["USER_ID",
                                  "IS_AGREE"]].groupby("USER_ID").
          apply(lambda x: fun1(x))
          print('data_agree 的形状为:', data_agree.shape)
          print(data_agree.head())
          data_agree.to_csv('../tmp/data_agree.csv',index=True,
                                  header='infer', encoding='utf8')
```

Out[2]:   data_agree 的形状为: (299967,)
          USER_ID
          U3114031824148707   0.0
          U3114031824148874   1.5
          U3114031824148975   1.5
          U3114031824149138   0.0
          U3114031824149150   0.0
          dtype: float64

3. 合并 VIP 等级

按用户 ID 分组，对于同一个用户 ID，若 3 个月 VIP 等级的值相等，则取第 3 个月的值；若 3 个月 VIP 等级的值都不相等，则使用第 3 个月的值减去前两个月的均值。这样处理就可以突出用户在 3 个月内的 VIP 等级的变化情况，如代码 8-9 所示。

代码 8-9　合并 VIP 等级

```
In[3]:   # 将每个用户 3 个月的 VIP 等级合并为一条记录
         def fun2(data):
             if data.shape[0] != 3:
                 return 0
           elif(data.iloc[0,1] == data.iloc[1, 1]) & (data.iloc[0, 1]==
         data.iloc[2, 1]):
                 return data.iloc[2, 1]
             else:
                 return data.iloc[2, 1] - data.iloc[:2, 1].mean()

         data_vip = data_drop[['USER_ID',
                               'VIP_LVL']].groupby('USER_ID').
         apply(lambda x: fun2(x))
         print('data_vip 的形状为:', data_vip.shape)
         print(data_vip.head())
         data_vip.to_csv('../tmp/data_vip.csv', index=True,
                         header='infer', encoding='utf8')

Out[3]:  data_vip 的形状为: (299967,)
         USER_ID
         U3114031824148707      99.0
         U3114031824148874      99.0
         U3114031824148975      99.0
         U3114031824149138      99.0
         U3114031824149150      99.0
         dtype: float64
```

4. 合并信用等级

按用户 ID 分组，对每个用户 3 个月的信用等级求平均值，将其合并为一条记录，如代码 8-10 所示。

代码 8-10　合并信用等级

```
In[4]:   # 取每个用户 3 个月的信用等级的平均数作为一行记录
         data_credit = data_drop.groupby('USER_ID').agg({'CREDIT_LEVEL':
         np.mean, })
         data_credit.iloc[:10]
         print('data_credit 的形状为:', data_credit.shape)
         print(data_credit.head())
         data_credit.to_csv('../tmp/data_credit.csv',index=True, header=
         'infer', encoding='utf8')

Out[4]:  data_credit 的形状为: (299967, 1)
         USER_ID              CREDIT_LEVEL
         U3114031824148707    67.0
```

U3114031824148874	65.0
U3114031824148975	65.0
U3114031824149138	65.0
U3114031824149150	65.0

5. 简化手机品牌和操作系统

将手机品牌简化为"苹果""小米""华为""三星""诺基亚""联想""LG"和"其他"等8种，将操作系统简化为"ANDROID""IOS""WINDOWS""LINUX""BLACKBERRY""BADA"和"BB"7种，如代码 8-11 所示。

代码 8-11　简化手机品牌和操作系统

```
In[5]:      # 简化手机品牌
            string = ['苹果', '小米', '华为', '三星', '诺基亚', '联想', 'LG']

            def Replace(x=None,string=string):
                if x not in string:
                    x = '其他'
                return x
            # 每个 ID 的手机品牌只取第一个月的记录
            data_str = data_drop.groupby("USER_ID").apply(lambda x: x.iloc[0])
            data_manu = data_str['MANU_NAME'].apply(Replace)
            print('data_manu 的形状为:', data_manu.shape)
            print(data_manu.head())
```

```
Out[5]:     data_manu 的形状为: (299967,)
            USER_ID
            U3114031824148707    苹果
            U3114031824148874    苹果
            U3114031824148975    苹果
            U3114031824149138    苹果
            U3114031824149150    三星
            Name: MANU_NAME, dtype: object
```

```
In[5]:      # 简化操作系统
            # 每个 ID 的手机操作系统也只取第一个月的记录
            data_id = data_drop.groupby("USER_ID").apply(lambda x: x.iloc[0])
            data_os = data_id["OS_DESC"].str.extract("([A-Z]+)")
            # 保留所有字母
            print('data_os 的形状为:', data_os.shape)
            print(data_os.head())
            data_manu.to_csv('../tmp/data_manu.csv', index=True,
                            header='infer', encoding='utf8')
            data_os.to_csv('../tmp/data_os.csv', index=True,
                            header='infer', encoding='utf8')
```

```
Out[5]:     data_os 的形状为: (299967, 1)
                                 0
            USER_ID
            U3114031824148707    IOS
            U3114031824148874    IOS
            U3114031824148975    IOS
            U3114031824149138    IOS
            U3114031824149150    ANDROID
```

8.3　特征工程

原始数据并不适合直接用来建模，需要经过特征工程转换成适合建模的形式，本案例的特征工程为独热编码。

8.3.1　独热编码

因为手机品牌和手机操作系统都是非数值型的数据，而算法模型要求输入的特征为数值型，所以需要对非数值型的数据进行独热编码，如代码 8-12 所示。

代码 8-12　独热编码

| In[6]: | ```python
# 手机品牌独热编码
import pandas as pd
data_manu = pd.read_csv('../tmp/data_manu.csv', encoding='utf8')
data_manu.index = data_manu.iloc[:, 0]
data_manu = data_manu.drop(columns='USER_ID')

data_os = pd.read_csv('../tmp/data_os.csv', encoding='utf8')
data_os.index = data_os.iloc[:, 0]
data_os = data_os.drop(columns='USER_ID')

data_drop = pd.read_csv('../tmp/data_drop.csv', encoding='utf8')

data_group = pd.read_csv('../tmp/data_group.csv',
                         encoding='utf8')
data_group.index = data_group.iloc[:, 0]
data_group = data_group.drop(columns='USER_ID')

data_agree = pd.read_csv('../tmp/data_agree.csv',
                         encoding='utf8')
data_agree.index = data_agree.iloc[:, 0]
data_agree = data_agree.drop(columns='USER_ID')

data_credit = pd.read_csv('../tmp/data_credit.csv',
                          encoding='utf8')
data_credit.index = data_credit.iloc[:, 0]
data_credit = data_credit.drop(columns='USER_ID')

data_vip = pd.read_csv('../tmp/data_vip.csv', encoding='utf8')
data_vip.index = data_vip.iloc[:, 0]
data_vip = data_vip.drop(columns='USER_ID')
data_manu = pd.get_dummies(data_manu)
print('独热编码后的手机品牌的形状: ', data_manu.shape)
print(data_manu.head())
data_manu.to_csv('../tmp/data_manu.csv', encoding='utf8')
``` |

Out[6]:	独热编码后的手机品牌的形状： (299967, 8)

USER_ID	LG	三星	其他	华为	小米	联想	苹果	诺基亚
U3114031824148707	0	0	0	0	0	0	1	0
U3114031824148874	0	0	0	0	0	0	1	0
U3114031824148975	0	0	0	0	0	0	1	0
U3114031824149138	0	0	0	0	0	0	1	0
U3114031824149150	0	1	0	0	0	0	0	0
```

```
In[7]:    # 操作系统独热编码
          data_os = pd.get_dummies(data_os)
          print('独热编码后的操作系统的形状: ', data_os.shape)
          print(data_os.head())
          data_os.to_csv('../tmp/data_os.csv', encoding='utf8')
```

```
Out[7]:   独热编码后的操作系统的形状:  (299967, 7)
          USER_ID  0_ANDROID    0_BADA    0_BB0_BLACKBERRY    0_IOS    0_LINUX
              0_WINDOWS
          U3114031824148707    0    0    0    0    1    0    0
          U3114031824148874    0    0    0    0    1    0    0
          U3114031824148975    0    0    0    0    1    0    0
          U3114031824149138    0    0    0    0    1    0    0
          U3114031824149150    1    0    0    0    0    0    0
```

8.3.2 合并预处理后的数据集

对预处理完毕的数据集进行合并，保证在待合并的数据框行数一致的情况下，从左往右逐一合并，并为合并后的新数据框重新赋列名，如代码 8-13 所示。

代码 8-13 合并预处理后的数据集

```
In[8]:    print('data_drop 的形状: ', data_drop.shape)
          print(' data_group 的形状: ', data_group.shape)
          print(' data_agree 的形状: ', data_agree.shape)
          print(' data_vip 的形状: ', data_vip.shape)
          print(' data_credit 的形状: ', data_credit.shape)
          print(' data_manu 的形状: ', data_manu.shape)
          print(' data_os 的形状: ', data_os.shape)
```

```
Out[8]:   data drop 的形状:  (899901, 30)
          data group 的形状:  (299967, 42)
          data agree 的形状:  (299967,)
          data vip 的形状:  (299967,)
          data credit 的形状:  (299967, 1)
          data manu 的形状:  (299967, 8)
          data os 的形状:  (299967, 7)
```

```
In[9]:    data_preprocessed = pd.concat([data_group, data_agree,
                                          data_vip,
                                          data_credit,
                                          data_manu,
                                          data_os, ],
                                          axis=1)
          print('合并后数据集的形状为:', data_preprocessed.shape)

          data_preprocessed.columns = ['ACCT_FEE_median', 'ACCT_FEE_var',
                                       'CALL_DURA_median', 'CALL_DURA_var',
                                       'CDR_NUM_median', 'CDR_NUM_var',
                                       'NO_ROAM_LOCAL_CALL_DURA_median',
                                       'NO_ROAM_LOCAL_CALL_DURA_var',
                                       'NO_ROAM_LOCAL_CDR_NUM_median',
                                       'NO_ROAM_LOCAL_CDR_NUM_var',
                                       'NO_ROAM_GN_LONG_CALL_DURA_median',
                                       'NO_ROAM_GN_LONG_CALL_DURA_var',
                                       'NO_ROAM_GN_LONG_CDR_NUM_median',
```

```
                                        'NO_ROAM_GN_LONG_CDR_NUM_var',
                                        'GN_ROAM_CALL_DURA_median',
                                        'GN_ROAM_CALL_DURA_var',
                                        'GN_ROAM_CDR_NUM_median',
                                        'GN_ROAM_CDR_NUM_var',
                                'NO_ROAM_CDR_NUM_median',
                                'NO_ROAM_CDR_NUM_var',
                                'P2P_SMS_CNT_UP_median',
                                'P2P_SMS_CNT_UP_var',
                                'TOTAL_FLUX_median', 'TOTAL_FLUX_var',
                                'LOCAL_FLUX_median', 'LOCAL_FLUX_var',
                                'GN_ROAM_FLUX_median', 'GN_ROAM_FLUX_var',
                                'CALL_DAYS_median', 'CALL_DAYS_var',
                                'CALLING_DAYS_median', 'CALLING_DAYS_var',
                                'CALLED_DAYS_median', 'CALLED_DAYS_var',
                                'CALL_RING_median', 'CALL_RING_var',
                                'CALLING_RING_median', 'CALLING_RING_var',
                                'CALLED_RING_median', 'CALLED_RING_var',
                                'INNET_MONTH_median', 'INNET_MONTH_var',
                                'IS_AGREE', 'VIP_LVL', 'CREDIT_LEVEL',
                                'LG', '三星', '其他', '华为', '小米',
                                '联想', '苹果', '诺基亚',
                                '0_ANDROID', '0_BADA', '0_BB',
                                '0_BLACKBERRY',
                                '0_IOS', '0_LINUX', '0_WINDOWS']
print(data_preprocessed.head())
data_preprocessed.to_csv('../tmp/data_preprocessed.csv',
                        encoding='utf8')
```

```
Out[9]:  合并后数据集的形状为：(299967, 60)
         USER_ID ACCT_FEE_median ACCT_FEE_var   CALL_DURA_median…
         U3114031824148707   76.0    27.907500    11901…
         U3114031824148874   260.3   2889.998633  22991…
         U3114031824148975   166.0   0.003333     18972…
         U3114031824149138   146.2   2150.297500  42921…
         U3114031824149150   77.3    48.823333    1206…
         5 rows×60 columns
```

注：此处部分结果已省略。

8.4　使用 MLP 算法实现通信运营商用户流失预测

将数据集划分为训练集和测试集，依据训练集中的数据，使用神经网络算法中的 MLP 算法构建客户流失预测模型；对构建好的模型使用测试集进行评价，依据评价结果判断模型的性能。

8.4.1　数据集划分与数据标准化

在预处理完后的数据集中，随机抽取 80% 的数据作为训练集，随机抽取 20% 的建模数据集作为测试集。为了消除各特征之间量纲和取值范围的差异，需要对数据进行标准化处理，如代码 8-14 所示。

代码 8-14 数据标准化

| In[1]: | ```python
#导入库
import pandas as pd
from sklearn.model_selection import train_test_split
from sklearn.preprocessing import StandardScaler
from sklearn.neural_network import MLPClassifier
from sklearn.metrics import classification_report

# 导入数据
data_drop = pd.read_csv('../tmp/data_drop.csv',
                        encoding='utf-8',index_col=0 )
data_preprocessed = pd.read_csv('../tmp/data_preprocessed.csv',
                                encoding='utf-8',
                                index_col = 0 )
# 取 data_preprocessed 作为输入，取 data_drop 中 3 月的数据的目标变量作
# 为输出
data_target = data_drop.loc[:, ['USER_ID', 'IS_LOST']]
data_target = data_target.loc[
     data_target["USER_ID"].isin(data_preprocessed.index)]
data_target = data_target.loc[201603].drop_duplicates()
print('目标变量数据集的形状为:', data_target.shape)
``` |
|---|---|
| Out[1]: | 目标变量数据集的形状为: (299967, 2) |
| In[2]: | ```python
# 划分数据集
x = data_preprocessed
y = data_target
x_train, x_test, y_train, y_test = train_test_split(x,
                                   y['IS_ LOST'], test_size=0.2,
                                   random_state=42)
print('训练集数据的形状为: ', x_train.shape)
print('训练集标签的形状为: ', y_train.shape)
print('测试集数据的形状为: ', x_test.shape)
print('测试集标签的形状为: ', y_test.shape)
``` |
| Out[2]: | 训练集数据的形状为: (239973, 60)
训练集标签的形状为: (239973,)
测试集数据的形状为: (59994, 60)
测试集标签的形状为: (59994,) |
| In[3]: | ```python
# 数据标准化
stdScaler = StandardScaler().fit(x_train)
x_stdtrain = stdScaler.transform(x_train)
x_stdtest = stdScaler.transform(x_test)
print('标准化后的 x_stdtrain:\n', x_stdtrain)
print('标准化后的 x_stdtest:\n', x_stdtest)
``` |
| Out[3]: | 标准化后的 x_stdtrain:
[[3.60085096e+00 1.62976772e-01 1.80357715e+00 ...
1.03237316e+00
  -2.04136054e-03 -6.40026339e-02]
 ...
 [-3.13896190e-01 -4.02014279e-03 4.95623880e-01 ...
1.03237316e+00
  -2.04136054e-03 -6.40026339e-02]]
标准化后的 x_stdtest:
[[-1.89615756e-01 -3.98502466e-03 4.28483334e+00 ...
1.03237316e+00
  -2.04136054e-03 -6.40026339e-02]
 ...
 [1.23824687e-01 -3.49158199e-03 6.59684018e-01 ...
-9.68641996e-01
  -2.04136054e-03 -6.40026339e-02]] |

注: 此处部分结果已省略。
```

8.4.2　构建用户流失预测模型

使用 MLP 算法构建用户流失预测模型。输入为用户基本信息和呼叫信息的指标变量，输出为用户在 3 个月内是否流失的指标，如代码 8-15 所示。

代码 8-15　构建用户流失预测模型

```
In[4]:     # 建立模型
           bpnn = MLPClassifier(hidden_layer_sizes=(17, 10),\
                 max_iter=200, solver= 'lbfgs', random_state=50)
           bpnn.fit(x_stdtrain, y_train)
           print('构建的模型为:\n', bpnn)
Out[4]:    构建的模型为:
            MLPClassifier(activation='relu', alpha=0.0001, batch_size=
           'auto', beta_1=0.9,
                 beta_2=0.999, early_stopping=False, epsilon=1e-08,
                 hidden_layer_sizes=(17, 10), learning_rate='constant',
                 learning_rate_init=0.001, max_iter=200, momentum=0.9,
                 nesterovs_momentum=True, power_t=0.5, random_state=50,
           shuffle=True,
                 solver='lbfgs', tol=0.0001, validation_fraction=0.1,
           verbose=False,
                 warm_start=False)
```

8.4.3　模型评价

使用构建好的模型对测试集进行预测，使用精确率、召回率和 F1 值对模型预测结果进行评价，并绘制 ROC 曲线，如代码 8-16 所示。

代码 8-16　模型评价

```
In[5]:     # 模型预测
           y_pre = bpnn.predict(x_stdtest)
           print('多层感知器预测结果评价报告: \n',
                 classification_report (y_test, y_pre))
Out[5]:    多层感知器预测结果评价报告:
                        precision    recall    f1-score    support

              0.0         0.97        1.00       0.98       58070
              1.0         0.25        0.00       0.00        1924

           avg / total    0.94        0.97       0.95       59994
In[6]:     %matplotlib inline
           from sklearn.metrics import roc_curve
           import matplotlib.pyplot as plt

           # 绘制 ROC 曲线
           plt.rcParams['font.sans-serif'] = 'SimHei'  # 显示中文
           plt.rcParams['axes.unicode_minus'] = False  # 显示负号
           fpr, tpr, thresholds = roc_curve(y_pre, y_test)  # 求出 TPR 和 FPR
           plt.figure(figsize=(6, 4))  # 创建画布
           plt.plot(fpr, tpr)  # 绘制曲线
           plt.title('用户流失模型的 ROC 曲线')  # 标题
```

```
    plt.xlabel('FPR')  # x轴标签
    plt.ylabel('TPR')  # y轴标签
    plt.show()  # 显示图形
    plt.close
```

Out[6]:

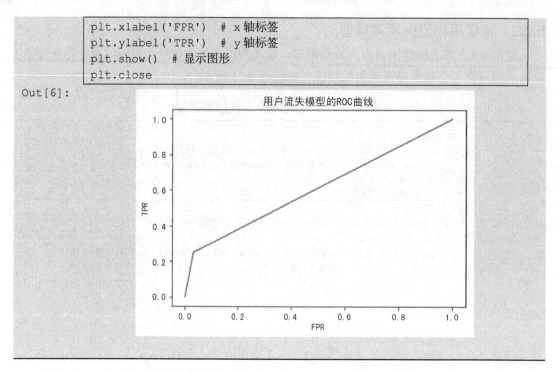

由代码 8-16 可知，模型预测结果的精确率为 0.94，召回率达到了 0.97，F1 值为 0.95，再结合 ROC 曲线，可以认为模型预测效果良好，可考虑将其用于实际预测，即预测用户未来是否会发生流失，对及时挽留用户和提高运营商收益提供了帮助。

小结

本章介绍了通信运营商用户流失分析与预测案例，主要内容如下。

（1）需求分析，介绍了通信运营商的现状、需求、数据的基本状况和分析的步骤与流程。

（2）数据准备，对原始数据进行了去重和降维处理，并对数据中的缺失值和异常值进行了处理。数据清洗后的数据按照用户 ID 分组将 3 个月的记录合并为 1 条，并对手机品牌和操作系统进行了特征简化。

（3）特征工程，对简化后的手机品牌和操作系统特征进行了独热编码，用于后续的建模。

（4）用户流失预测，通过 MLP 算法对用户是否会流失构建了分类预测模型，包括将数据集划分为训练集和测试集、对数据进行标准化处理、构建用户流失预测模型以及对模型的预测结果进行分析评价。

课后习题

操作题

如表 8-2 所示，此数据集用于判断西瓜的好坏，请根据此数据集，采用神经网络算法训练得到模型，判断西瓜的好坏。

表 8-2 西瓜数据集

序号	色泽	根蒂	敲声	纹理	脐部	触感	密度	含糖率	好瓜与否
1	青绿	蜷缩	浊响	清晰	凹陷	硬滑	0.697	0.46	是
2	乌黑	蜷缩	沉闷	清晰	凹陷	硬滑	0.774	0.376	是
3	乌黑	蜷缩	浊响	清晰	凹陷	硬滑	0.634	0.264	是
4	青绿	蜷缩	沉闷	清晰	凹陷	硬滑	0.608	0.318	是
5	浅白	蜷缩	浊响	清晰	凹陷	硬滑	0.556	0.215	是
6	青绿	稍蜷	浊响	清晰	稍凹	软粘	0.403	0.237	是
7	乌黑	稍蜷	浊响	稍糊	稍凹	软粘	0.481	0.149	是
8	乌黑	稍蜷	浊响	清晰	稍凹	硬滑	0.437	0.211	是
9	乌黑	稍蜷	沉闷	稍糊	稍凹	硬滑	0.666	0.091	否
10	青绿	硬挺	清脆	清晰	平坦	软粘	0.243	0.267	否
11	浅白	硬挺	清脆	模糊	平坦	硬滑	0.245	0.057	否
12	浅白	蜷缩	浊响	模糊	平坦	软粘	0.343	0.099	否
13	青绿	稍蜷	浊响	稍糊	凹陷	硬滑	0.639	0.161	否
14	浅白	稍蜷	沉闷	稍糊	凹陷	硬滑	0.657	0.198	否
15	乌黑	稍蜷	浊响	清晰	稍凹	软粘	0.36	0.37	否
16	浅白	蜷缩	浊响	模糊	平坦	硬滑	0.593	0.042	否
17	青绿	蜷缩	沉闷	稍糊	稍凹	硬滑	0.719	0.103	否